機械系 大学講義シリーズ

⑫

改訂 機　構　学

名古屋大学名誉教授　工学博士
安　田　仁　彦　著

コ　ロ　ナ　社

機械系　大学講義シリーズ　編集機構

編集委員長

藤　井　澄　二　(東京大学名誉教授　工学博士)

編 集 委 員 (五十音順)

臼　井　英　治　(東京工業大学名誉教授　工学博士)
大　路　清　嗣　(大阪大学名誉教授　工学博士)
大　橋　秀　雄　(東京大学名誉教授　工学博士)
岡　村　弘　之　(東京大学名誉教授　工学博士)
黒　崎　晏　夫　(東京工業大学名誉教授　工学博士)
下　郷　太　郎　(慶應義塾大学名誉教授　工学博士)
田　島　清　灝　(早稲田大学名誉教授　工学博士)
得　丸　英　勝　(京都大学名誉教授　工学博士)

改訂版のまえがき

本書は「機構学」初版の改訂版である。初版の出版にあたって著者は，この分野の新しい動向を取り入れた，新鮮な形の機構学を提示したいという目的を掲げ，その実現に向けて情熱を傾けて執筆したことを思い出す。この目的がいくらかでも実現できたのか，幸いにして，初版は多くの読者を得，今日まで版を重ねることができた。

初版出版後 20 年が経過した昨年，新しい内容を取り入れ，もう一度当時と同じ情熱を持って，ふたたび新鮮な形で機構学を提示したいという希望を持った。それから１年８か月，ようやく改訂版を脱稿できたのはうれしい限りである。

改訂版では，この分野の最近の動向を反映させ，ロボット機構の運動学に関する新しい章を設けた。一方で，学部レベルの機構学では必ずしも必須といえない，歯車理論の高度な部分を削除した。これによって，全体として，現代的でかつ内容的にバランスのとれた著書になったと思う。

この改訂版では，内容の取捨選択による改訂のほか，初版から引き継いだすべての章に目を通し，わかりにくかった部分を書き直し，また新しい章との整合性が保たれるよう，全体に手を加えた。これによって，基本事項を順序立て，統一的に解説するという，初版で実現したいと思ったことをさらに進めた形で実現できたと自負している。

今回の改訂にあたって，初版に対して読者からいただいたご意見を参考にさせていただいた。これについて読者に心から感謝申し上げたい。改訂版についてもお気づきの点をお聞かせいただきたい。

この本の初版は，著者としては初めて世に問うた著書である。この著書の後に「振動工学（基礎編）」，「振動工学（応用編）」，「機械音響学」，「CAD と CAE」などを出版させていただくことになったのは，初めての著書に対する読者の反響によって，出版の喜びを知ったからである。著者にとって思い入れ深いこの著書の改訂版が，ふたたび多くの読者に受け入れられ，機構学に興味を持っていただくきっかけとなれば，著者にとってこれにまさる大きな喜びはない。

2005 年 4 月

安田　仁彦

ま　え　が　き

近年，機械へのエレクトロニクスの導入はめざましいものがあり，機構学にも内容・手法に新しい傾向が生まれてきている。この本は，これらの新しい傾向を反映した機構学の入門書となることを目的としたものである。

解説に当たっては，いたずらな知識の羅列はさけ，そのかわり，基本事項に関してはできる限りていねいに解説するよう努めた。

内容の選択に当たっては次のような点で機構学の最近の傾向を反映させた。従来の機構学の教科書では，立体機構に関する記述は相対的に少なくなっている。これは，これまで実用とされている機構が平面機構であることが多かったためである。近年，立体機構が重要視されているので，この本では，立体機構に関する記述を多くした。

次に，従来の機構学の教科書では，機構の解析の方法として図式解法が重視されている。図式解法は直接的で理解しやすく便利なものであるが，計算機が発達した今日では，数式解法を十分理解しておくことも重要である。この本では，図式解法と同時に，数式解法についての記述も多くし，両方の解法の関係を明確にするよう努めた。

以上のように，著者は，この本がわかりやすくかつ現代的であるよう心がけたが，著者の意図したことがどの程度達成されているかは，読者の批判を待つほかはない。浅学非才ゆえ，大きな誤りをおかしているかもしれないが，読者の御批判によって，今後，訂正改良していきたいと考えている。

幸いにして著者の意図したことが少しでも達成され，この本が，読者に機構学に興味をもっていただくきっかけとなれば，著者の望外の喜びである。

終わりに，著者にこの本の執筆をすすめて下さった著者の恩師，名古屋大学の山本敏男教授に深く感謝の意を表す。

1983 年 1 月

安 田　仁 彦

目　　　次

〈注〉 本書を教科書として使用する場合，短期の課程では＊印をつけた節・項は省略してもよい。

1 緒　　論

1.1 機　　械 ……1
1.2 機構と機構学 ……3
1.2.1 機構と機構学 ……3
1.2.2 機構の解析と総合 ……4
1.3 対　　偶 ……5
1.4 対偶の自由度 ……7
1.4.1 面対偶の自由度 ……7
1.4.2 点対偶と線対偶の自由度 ……8
1.5 連　　鎖 ……9
1.6 連鎖の自由度 ……11
1.6.1 平面連鎖の自由度 ……11
1.6.2 立体連鎖の自由度 ……13
1.6.3 連鎖の自由度と適合条件 ……14
演習問題 ……16

2 機構の運動

2.1 平面機構の運動と瞬間中心 ……17
2.2 3瞬間中心の定理 ……22
2.3 瞬間中心の求め方 ……23
2.4 中心軌跡 ……27

2.5 球面機構の運動と瞬間回転軸 …… 29
2.6* 一般の立体機構の運動と瞬間らせん軸 …… 32
演 習 問 題 …… 33

3 機構の変位の解析

3.1 平面機構の変位 …… 34
3.2 立体機構の変位 …… 37
3.3 局所座標系の利用 …… 40
3.4* 多数の局所座標系の利用 …… 43
演 習 問 題 …… 47

4 機構の速度と加速度

4.1 平面機構の速度と加速度の基礎式 …… 48
4.1.1 平面運動する点の速度と加速度 …… 48
4.1.2 平面運動する剛体上の点の速度と加速度 …… 50
4.2 平面機構の速度 …… 55
4.2.1 写像法による機構の速度の導出 …… 55
4.2.2 瞬間中心法による機構の速度の導出 …… 57
4.2.3 異なった節上の 2 点の相対速度が関係する機構の速度 …… 59
4.3 平面機構の加速度 …… 61
4.3.1 写像法による機構の加速度の導出 …… 61
4.3.2 異なった節上の 2 点の相対加速度が関係する機構の加速度 …… 64
4.4 平面機構の速度と加速度の数式解法 …… 66
4.5* 立体機構の速度と加速度の基礎式 …… 69
演 習 問 題 …… 71

5 機構の力学

5.1　機構の静力学 ……73
5.1.1　釣合いの条件による解析 ……74
5.1.2　仮想仕事の原理による解析 ……75
5.2　摩　擦　力 ……78
5.3　機構の動力学 ……80
5.3.1　質点の動力学 ……80
5.3.2　剛体の動力学 ……82
演習問題 ……85

6 リンク機構

6.1　平面リンク機構 ……86
6.2　四節回転連鎖から得られる機構 ……88
6.2.1　四節回転連鎖 ……88
6.2.2　てこクランク機構 ……90
6.2.3　てこクランク機構の応用 ……93
6.2.4　両クランク機構とその応用 ……94
6.3　スライダクランク連鎖から得られる機構 ……97
6.3.1　スライダクランク連鎖 ……97
6.3.2　ピストンクランク機構 ……97
6.3.3　回転スライダクランク機構 ……99
6.4　両スライダクランク連鎖とクロススライダ連鎖から得られる機構 ……101
6.4.1　両スライダクランク連鎖から得られる機構 ……101
6.4.2　クロススライダ連鎖から得られる機構 ……103
6.5　球面リンク機構 ……104

6.5.1 球面連鎖 …… 104
6.5.2 フック継手 …… 105
演習問題 …… 109

7 カム装置

7.1 カ　　ム …… 110
7.2 カムの種類 …… 111
7.3 板カム装置の解析 …… 114
7.3.1 板カム装置の速度と加速度 …… 114
7.3.2 板カム装置の伝動状態と圧力角 …… 115
7.4 図式解法による板カムの輪郭曲線の求め方 …… 117
7.4.1 ポイントフォロワに対する板カムの輪郭曲線 …… 118
7.4.2 ローラフォロワに対する板カムの輪郭曲線 …… 120
7.4.3 平面フォロワに対する板カムの輪郭曲線 …… 121
7.5* 数式解法による板カムの輪郭曲線の求め方 …… 122
7.5.1 ポイントフォロワに対する板カムの輪郭曲線 …… 122
7.5.2 ローラフォロワに対する板カムの輪郭曲線 …… 124
7.5.3 平面フォロワに対する板カムの輪郭曲線 …… 125
演習問題 …… 127

8 転がり接触車

8.1 転がり接触の条件 …… 128
8.2 転がり接触する輪郭曲線の条件 …… 130
8.3 転がり接触する輪郭曲線の例 …… 133
8.3.1 だ　　円 …… 133
8.3.2 対数渦巻き線 …… 134
8.4 転がり接触する輪郭曲線の求め方 …… 136
8.4.1 図式解法 …… 136

8.4.2 数 式 解 法 …… 137
8.5 円 筒 摩 擦 車 …… 139
8.6 角速度比が変化する転がり接触車 …… 140
8.6.1 だ 円 車 …… 141
8.6.2 対数渦巻き線車 …… 142
8.7 円 す い 車 …… 143
8.8* 回転双曲面車 …… 146
演 習 問 題 …… 149

9 歯　　車

9.1 歯　　車 …… 150
9.2 歯 車 の 種 類 …… 151
9.2.1 円 筒 歯 車 …… 152
9.2.2 傘　歯　車 …… 153
9.2.3 食違い軸歯車 …… 153
9.3 歯車各部の用語 …… 154
9.4 歯形の定め方 …… 156
9.4.1 滑り接触による角速度比 …… 156
9.4.2 歯形の機構学的必要条件 …… 158
9.4.3 歯形の求め方 …… 159
9.4.4 歯形の実用的必要条件 …… 160
9.5 平歯車の実用歯形 …… 161
9.5.1 サイクロイド歯形 …… 162
9.5.2 インボリュート歯形 …… 165
演 習 問 題 …… 167

10 歯 車 装 置

10.1 歯　車　列 …… 168

10.2　中心固定の歯車装置 ……169
10.3　遊星歯車装置 ……172
10.3.1　公　式　法 ……173
10.3.2　作　表　法 ……174
10.4　差動歯車装置 ……176
演習問題 ……180

11　巻掛け伝動装置

11.1　巻掛け伝動装置 ……181
11.2　ベ　ル　ト ……182
11.3　ベルト車の角速度比 ……185
11.4　ベルトの伝達動力 ……190
11.5　Vベルトとロープ ……193
演習問題 ……196

12　ロボット機構の運動学

12.1　ロボット機構の運動学 ……197
12.2　座標変換マトリックス ……198
12.2.1　回転を表す座標変換マトリックス ……198
12.2.2　回転と直動のある場合の座標変換マトリックス ……202
12.3　順　運　動　学 ……204
12.3.1　2関節マニピュレータの順運動学 ……205
12.3.2　3関節マニピュレータの順運動学 ……206
12.4　逆　運　動　学 ……208
12.4.1　2関節マニピュレータの逆運動学 ……209
12.4.2　3関節マニピュレータの逆運動学 ……211
12.5　微　分　関　係 ……212

12.5.1　ヤコビ行列 …… 212
12.5.2　逆運動学への応用 …… 214
12.5.3　特異姿勢 …… 215
12.6　マニピュレータの静力学 …… 217
演習問題 …… 220

参考文献

演習問題の解答

索　　引

1

緒　　論

この章では，機構と機構学の基礎事項を取り上げる。はじめに，機構とは何か，機構学でどんなことを扱うかなどを考える。つぎに，機構がどのような構成となっているかを検討する。

1.1 機　　械

機構とは何か，機構学でどんなことを扱うかを知るには，まず**機械**（machine）とは何かを知らなければならない。身近な機械，例えば，自動車などの交通機械，施盤などの工作機械，洗濯機などの家庭用機械を思い浮かべ，これらに共通した特徴を拾い上げて，機械がどのように定義されるかを考えてみよう。

第一に機械は，望みの運動を伴って有用な仕事をする。例えば自動車は，望む方向に望む速さで人や物を運ぶ。第二に機械は，自然界に存在するエネルギーを利用して仕事をする。自動車は，内燃機関の中で燃料を燃焼させ，そのとき得られる機械エネルギーによって仕事をする。第三に機械は，仕事をするのに耐える強度を持ついくつかの構成部分からなり，各部分はそれぞれ所定の運動をしている。自動車の内部には，内燃機関によって得られる運動を，車輪の回転運動に変換するため，十分な強度を持ついくつかの部分から構成されている。

以上のような考察によって，**ルロー**（F. Reuleaux）が与えた機械の定義が妥当なものであると納得できよう。ルローは，機械とはつぎの四つの条件を満たすものと定義した。

（*1*）　機械は数個の部分から構成されている。

（*2*）　機械を構成する各部分は，一定の相対運動をするように拘束されている。

（*3*）　機械を構成する各部分は，そこを通じて伝えられる力に耐えられる強度を持つ。

（*4*）　機械は，動力源から与えられたエネルギーを変形して，有用な仕事をする。

上の条件でいう機械の構成部分は剛体であることが多いが，剛体でない場合もある。ベルト，ロープのような撓性（どうせい）物体は，引っ張られた状態で用いられれば，機械の構成部分となり得る。また液体も，容器の中に密閉して使用されれば，圧縮に対して十分な強度を持つから，機械の構成部分となる。

ルローの定義によって，機械を他のものから区別できる。ヤスリ，ノコギリなどの**工具**（tool），鉄橋，鉄塔などの**構造物**（structure），タンク，ボイラなどの**装置**（apparatus）は，いずれも上記の四つの条件のいくつかを満たしていないので，機械ではない。

光学機械，時計，計測装置などの**器具**(instrument)は，外部に対し機械的な仕事をしないので，上記の条件のうち条件(*4*)を満たさず，ルローの定義からは機械ではない。しかしこれらの器具は，機械的仕事の代わりに，情報の伝達・変換といった働きをする。これらの働きは今日ではきわめて重要なものであるので，仕事にこのような意味を含め，器具を機械に含めるのが妥当である。

複雑な機械になると，それをいくつかの部分に分け，その一つ一つがまた機械の条件を満たしているようにすることができる。本書に述べるリンク機構，カム装置，歯車装置などは，それだけが単独で機械として用いられるが，複雑な機械の一部分となっていることも多い。

簡単な機械，複雑な機械のいずれにしても，機械は，外部のエネルギー源からエネルギーを受け取る部分，外部に仕事をする部分，これらを結び付ける中間に配置されている部分，およびこれらを支持している部分からなっている。特に簡単な機械では，中間に配置される部分がないこともある。

1.2　機構と機構学

1.2.1　機構と機構学

機械を設計するのに，設計者は種々の問題を考えなければならない。そのうちの一つとして，機械に所要の運動を行わせるため，機械の各部分をどのような形状にし，それをどのように組み合わせたらよいかを考える問題がある。**機構学**（study of mechanisms）とは，このような問題を扱う学問分野である。

外部からのエネルギー源によって直接動かされる機械の構成部分の運動は，エネルギー源によってほぼ決められており，ふつう，回転運動あるいは往復直線運動などの簡単なものである。これに対し，機械に要求される運動はさまざまであるから，機械の運動を扱う機構学の役割は，機械にとって基本的で重要なものといえよう。

機構（mechanism）とは，ある与えられた運動から，機械に必要な運動を作り出すために，抵抗性のある物体を組み合わせたものを意味し，運動という観点から見た機械ということができる。

例を挙げて説明しよう。**図 1.1**（*a*）は内燃機関の概略図である。これに対応する機構を考えよう。この機構は，内燃機関のクランク軸 A，連接棒 B，ピストン C，シリンダとその支持部分をまとめた部分 D に対応して，四つの

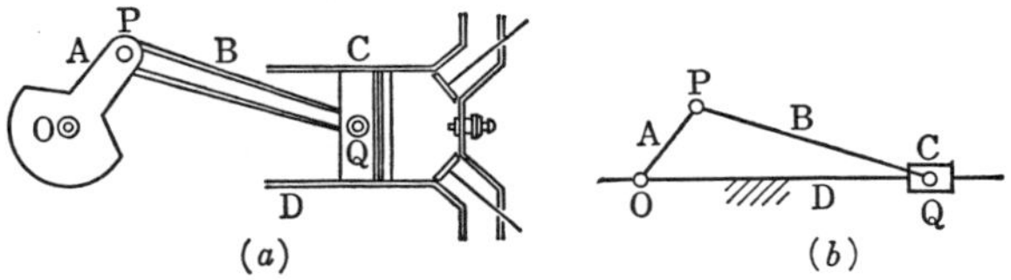

図 1.1　機械と機構

部分 A，B，C，D を組み合わせたものでなければならない。この各部分は，図（a）の機械と同じ運動をするためつぎのようになっていなければならない。機構の A は D 上の 1 点 O の回りに回転運動できること，A と B，B と C はそれぞれ点 P，Q で結び付けられ，たがいに回転運動できること，C は D に対し直線的に滑り運動をし，その方向は直線 OQ に平行であること，A と B の長さは，それぞれ図（a）の $\overline{\mathrm{OP}}$ と $\overline{\mathrm{PQ}}$ に等しいことの各条件を満たすことである。これらを満たすものが図（a）に対応する機構であり，このようにして，図 *1.1*（b）に示す機構を得る。

図 *1.1*（b）の機構で，例えば A と B は，長さ $\overline{\mathrm{OP}}$，$\overline{\mathrm{PQ}}$ だけが機構学的に重要であるから，これらは O と P，P と Q を結んだ線分で表されている。一般に機構は，図（b）のように，機構学的な意味が失われない範囲で点と線を用いて簡単に表示される。このような表示を**スケルトン**（skeleton）による表示という。

機構を実際の機械として使用するためには，機構を構成する各部分の材質，構造などを，強度，作用その他の面から十分吟味しなければならない。新しい機械を設計するには，まず機構を設計し，つぎに各部分を肉付けするという段階を踏むことになる。

機構を構成する各部分を**節**（link）という。このうち外部からエネルギーを取り入れて動く節を**原動節**（driver），所要の運動を伴って外部に仕事をする節を**従動節**（follower），中間にある節を**中間節**（intermediate connector）という。以上の各節を支持している節を**台枠**（frame）という。簡単な機構では，原動節から直接従動節に運動が伝えられることもある。図（b）の機構は，A，B，C，D の四つの節からなり，このうち C は原動節，A は従動節で，D は台枠となっている。

1.2.2 機構の解析と総合

機構学で扱う問題を大きく二つに分けることできる。第一の問題は，与えられた機構がどのような運動をするかを予測する，**機構の解析**（analysis of mechanisms）である。機構学で扱う第二の問題は，解析の問題とは逆に，要求される運動を行わせるために，どのような形状の節をどのように組み合わせたらよいかを考える，**機構の総合**（synthesis of mechanisms）である。機構の総合は難しい問題であって，新しい機構を作り出すには，設計者の発明的な能力に依るところが大きい。

新しい機構を作り出すのに，機構の解析の手法を，つぎのよう役立たせることができる。まず要求される運動をおおよそ果たす機構を作る。つぎにこの機構の寸法，形状などを少し変えたらどうなるかを解析の問題として扱い，これによってより望ましい機構を見出す。これを繰り返せば，より良い機構が得られる。

1.3 対　　　偶

1.2 節で述べたように，機構とは抵抗性のあるいくつかの部分を組み合わせて所要の運動を得るようにしたものである。したがって機構全体の運動の基本は，機構の中で，たがいに接触する二つの部分の間の運動ということになる。

一般に機構において，二つの部分がたがいに接触して，一方が他方に対してある運動を行うようになっているとき，この接触する部分のそれぞれを**対偶素**（pairing element，element of pair）といい，組み合わせを**対偶**（pair）という。またこれら二つの部分は，対偶をなしている，あるいは対偶によって結ばれているなどという。例えば二つの物体の一方に軸，他方に軸受が設けられ，両者の間に回転運動ができるようになっているとき，軸と軸受のそれぞれを対偶素，軸と軸受の組み合わせを対偶といい，またこの二つの物体は対偶によって結ばれているという。対偶のほかの例として，ボルトとナット，歯車どうしのかみ合いなどがある。

対偶にはいろいろな種類がある。重要なものは面で接触する対偶で，これを**面対偶**あるいは**低次対偶**（lower pair）という。もう一つ重要なものは，線または点で接触する対偶で，これをそれぞれ**線対偶**または**点対偶**といい，両者を合わせて**線点対偶**あるいは**高次対偶**（higher pair）という。以上の二つほど広く用いられるものではないが，特別なものとして，ベルト，ロープのような撓性物体とこれを巻き掛ける車の間の引張り対偶，容器内に閉じ込められた液体とピストンの間の圧力対偶などがある。

対偶において問題になるのは，対偶をなす二つの部分の間の相対運動である。ここでは二つの部分がともに剛体である場合を取り上げ，これらの間の相対運動を考えよう。空間に対し，二つの剛体が両方とも静止している，または両方とも同一の運動をしているとき，両者の間に相対運動はない。二つの剛体が空間に対し異なった運動をするとき，両者の間にはある相対運動がある。相対運動は，いずれか一方の剛体上にいるときに観察される，他方の剛体の運動ということもできる。

対偶をなす二つの剛体の間の相対運動の仕方がただ一通りであるとき，いい方を変えると，相対運動がただ一つの量で表されるとき，この対偶を**拘束対偶**（closed pair）という。

面対偶で拘束対偶となるものは，機構にしばしば用いられる重要なものである。ここでこれを調べておこう。この対偶は，**図 *1.2*** に示す 3 種類に限られる。この図（*a*）の対偶では，剛体 B に対する剛体 A の相対運動は並進運動のみであり，A の運動は B に対し軸方向の変位という一つの量で表されるから，拘束対偶である。この対偶を**滑り対偶**（sliding pair）という。図（*b*）の対偶では，可能な相対運動は軸まわりの回転運動であり，この対偶を**回り対偶**（turning pair）という。図（*c*）の対偶では，軸方向の並進運動と軸まわりの回転運動の両方の相対運動が可能であるが，相対回転角と相対並進量の間に一定の比例関係があるため，運動は一つの量で表される。この対偶を**ねじ対偶**（screw pair）という。

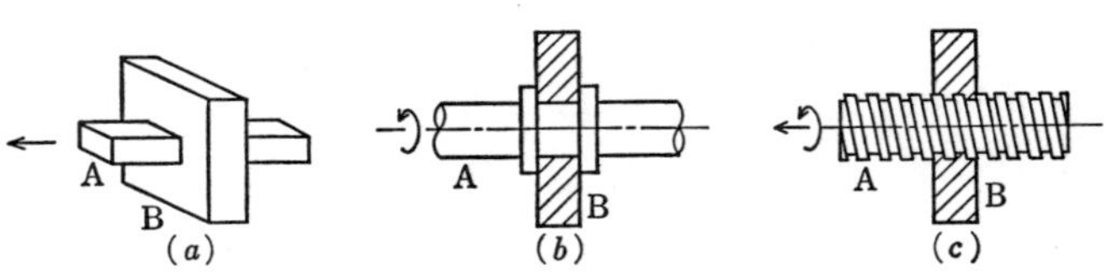

図 *1.2* 拘束面対偶

1.4 対偶の自由度

図 *1.2*（*a*）の剛体 A を円筒で置き換えた**図 *1.3*** の対偶を考えてみよう。この対偶では，剛体 A，B の相対運動として軸まわりの回転運動と軸方向の並進運動が可能であり，しかもねじ対偶と異なって，両方の運動の間に特別な制限はない。したがって剛体 A，B の相対運動を表すには，相対回転角と相対並進量の二つの量を指定する必要がある。このように，対偶をなす二つの剛体の相対運動が二つの量を指定して表されるとき，この対偶の**自由度**（degree of freedom）は 2 であるという。一般に対偶をなす二つの剛体の間の相対運動が f 個の量を指定して表されるとき，この対偶の自由度は f であるという。*1.3* 節で述べた拘束対偶は，自由度 1 の対偶ということになる。対偶の自由度は重要である。以下これについて調べておこう。

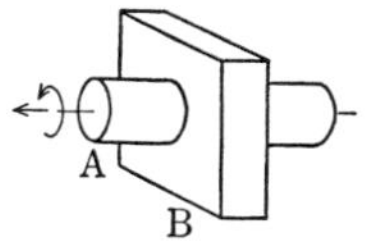

図 *1.3*　無拘束面対偶

1.4.1 面対偶の自由度

一方の剛体が，他方の剛体に対してつねに平行に動くとき，この二つの剛体の相対運動は平面運動であるという。平面運動する二つの剛体の間では，平面に平行な 2 方向の並進運動と平面に垂直な軸まわりの回転運動の 3 通りの運動が可能である。したがって，以上のことから，平面接触する面対偶の自由度は一般には 3 である。これに適当な拘束を加えると，自由度は 2 または 1 となる。例えば図 *1.2*（*a*）では，平面の面対偶において，平面上の 1 方向の並進運動以外はできないような拘束によって自由度 1 の対偶を得ている。図（*b*）では，平面に垂直な軸まわりの回転運動以外はできないような拘束によって自由度 1 の対偶を得ている。

二つの剛体が，それぞれの剛体上の 1 点でたがいに固定されている以外はたがいに自由に動き得るとき，相対運動は，二つの剛体を結び付けている固定点まわりの球面運動となる。球面運動する二つの剛体の間では，固定点を通る異なった3軸まわりに3通りの回転運動が可能である。したがって，**図 *1.4***（a）のように，球面で面接触する**球面対偶**の自由度は，上述の剛体の場合と同じように，一般には3である。これに対し図（b）のように，球面対偶の変形と考えられる円筒対偶では，可能な相対運動は軸方向の並進運動と軸まわりの回転運動となるから，自由度は2である。さらに図（c）のように，任意の回転面で接触する対偶では，図（b）の場合からさらに軸方向の並進運動の自由度が減り，自由度は1となる。

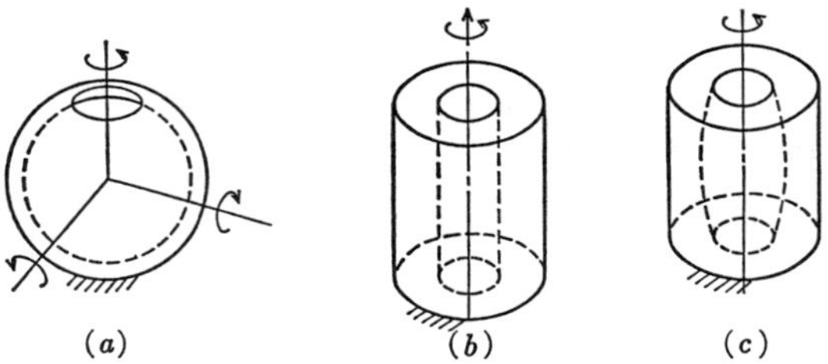

図 *1.4*　面対偶の自由度

以上からわかるように，一般に面対偶の自由度は最大3で，面の形状によってそれより小さくなる。

1.4.2　点対偶と線対偶の自由度

点対偶の自由度を考えよう。ある基準の剛体に対し，別の剛体がまったく自由に動くような相対運動では，後者の剛体は，異なる3方向の並進運動，異なる3方向まわりの回転運動の6自由度を持つ。点対偶では，剛体の動きが基準の剛体の表面から離れないように拘束されているので，自由度6から自由度1が減り，自由度は5となる。

線対偶をなす二つの剛体の間の自由度は，**図 *1.5*** に示す例のように最大4で，剛体の形状によってそれ以下となる。各例について以下に検討する。

図（a）は，球状の剛体および球と同じ半径の円筒面を持つ剛体が円弧で接触している線対偶を表す。円筒面を持つ剛体を基準として，球状の剛体を，線接触を保ったまま円筒面の軸方向へ並進運動させ，あるいは図に示す直交3軸まわりに回転運動させることができるから，この対偶の自由度は4である。

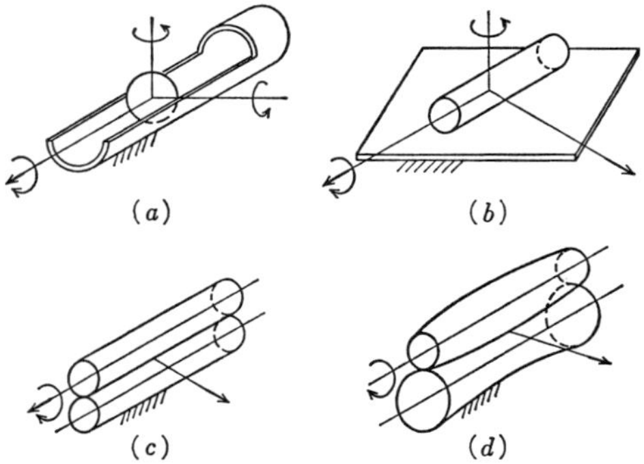

図 1.5　線対偶の自由度

図（b）は平面状の剛体と円筒状の剛体が直線で接触する線対偶を表す。線接触を保ったまま，円筒状の剛体を，直交 2 方向の並進運動，直交 2 軸まわりの回転運動をさせることができるから，この対偶の自由度は 4 である。

図（b）において，平面状の剛体を円筒状の剛体で置き換えると，図（c）に示す線対偶を得る。図（b）の対偶では，回転運動は直交 2 軸まわりに可能であったが，図（c）の対偶では，円筒の軸に直角方向の回転運動に対しては線接触を保ち得ないので，回転運動は 1 軸まわりのみ可能である。したがって図（c）の対偶の自由度は 3 となる。

図（d）は，任意の回転面を持つ剛体が線接触する場合を表し，図（c）に比べて軸方向の並進運動が許されないから，自由度は 2 である。

1.5　連　　　　鎖

1.4 節で，機構のもとになる対偶を述べた。この節で，対偶から機構がどのように作られるかを考えよう。

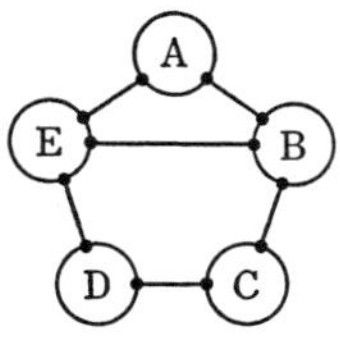

図 1.6　連　　鎖

抵抗性のある部分がいくつかあって，それらはそれぞれ二つ以上の対偶素を持っているとする。各対偶素を組み合わせて，これらの部分がつぎつぎに対偶をなし，全体が一つの閉じた形となっているものを**連鎖**

(chain) という。**図 *1.6*** は，A，B，C，D，E の五つの部分からなる連鎖の例で，対偶で結ばれていることを線で表している。図に示されるように，A，C，D は二つの対偶素，B，E は三つの対偶素を持ち，A と B，B と C，C と D，D と E，E と A，さらに B と E がそれぞれ対偶をなし，全体として閉じた形となっている。

連鎖を構成する各部分のことを，機構の場合と同じように**節** (link) という。特に撓性物体の節を**撓性節** (flexible link) という。二つの対偶素を持つ節を**単節** (simple link)，三つ以上の対偶素を持つ節を**複節** (compound link) という。図の A，C，D は単節，B，E は複節である。

各節の動き方によって連鎖を分類することができる。連鎖を構成する節の間で相対運動が不可能な連鎖を**固定連鎖** (locked chain) という。連鎖を構成する二つの節の間に相対運動を与えると，それに応じてすべての節が一通りの運動をするとき，この連鎖を**拘束連鎖** (constrained chain) という。連鎖を構成する二つの節の間に相対運動を与えたとき，残りの節の運動が一通りに決まらないとき，この連鎖を**無拘束連鎖** (unconstrained chain) という。

連鎖と機構の関係を調べよう。拘束連鎖の一つの節を固定し，これを機構の台枠とする。また別の一つの節を原動節とし，この節と台枠の間に相対運動を与える。拘束連鎖においては，すべての節は一通りの動き方をするから，原動節の運動に応じて，各節は台枠に対して一通りの運動をすることになる。このうちの一つの節が望みの運動をするように連鎖が構成されていれば，この節を従動節とすることによって，与えられた原動節の運動から，従動節に望みの運動を得る。このような働きをさせるものが機構であるから，機構を得るには，適当な拘束連鎖の一つの節を固定すればよいことがわかる。

拘束連鎖の一つの節を固定して機構を得るとき，どの節を固定するかは自由である。同じ拘束連鎖を用いても，固定する節を変えれば，一般に異なった機構を得る。このように，同じ拘束連鎖から，固定節の変更によって別の機構を得ることを**連鎖の置き換え** (inversion of chain) という。

1.6 連鎖の自由度

与えられた連鎖が拘束連鎖であるかどうかの検討は，その連鎖から機構が得られるかどうかを定める重要な問題である。ここでこの問題を扱うことにする。

対偶におけると同様に，連鎖においても，各節の動き方に拘束があるかどうかをいうのに**自由度**を用いる。相対運動，すなわち一つの節を基準にしたときの各節の動き方が一つの量で指定されるとき，この連鎖の自由度は1であるという。上で述べた拘束連鎖の自由度は1である。一つの節を基準にしたときの連鎖全体の位置をいうのに f 個の量を指定する必要があるとき，この連鎖の自由度は f であるという。

通常の機構は拘束連鎖から作られるが，特別な場合には，2以上の自由度を持つ連鎖から機構が作られることがある。ただしこの場合に連鎖が機構となるためには，独立な入力の数を，自由度の数に等しくしなければならない。例えば，差動歯車のもととなる連鎖は自由度2であるが，二つの入力で駆動することによって一通りの運動を得ている。ロボット機構のもとになる連鎖は，大きい自由度を持っているが，多数の入力を相互に関連づけて与えることによって一通りの運動を得ている。

各節の間の相対運動がすべて一つの平面に平行な平面運動である連鎖を**平面連鎖**（plane chain）という。各節の相対運動が平面運動に限らない連鎖を**立体連鎖**（spatial chain）という。以下，平面連鎖と立体連鎖に分けて，与えられた連鎖の自由度を求める式を導こう。

1.6.1 平面連鎖の自由度

まず平面連鎖の自由度を調べよう。n 個の剛体の節で構成されている連鎖を取り上げる。この連鎖において，基準とした一つの節に対し，残りの $n-1$ 個の節が平面上を自由に動くとしたとき，節の一つ一つの自由度は3であるから，このときの連鎖全体の自由度は $3(n-1)$ である。実際には節の間に対偶関係があるため，このうちのいくらかの自由度が失われる。これを考慮すれば連鎖の自由度が定められる。

連鎖の中のある二つの節が自由度 1 の対偶をなしているならば，それらの相対運動の自由度は 3 から 1 に減ずるから，失われる自由度は $3-1=2$ である。またある二つの節が自由度 2 の対偶をなしているならば，それらの相対運動の自由度は 3 から 2 に減ずるから，失われる自由度は $3-2=1$ である。したがって連鎖の中にある自由度 1，2 の対偶の総数をそれぞれ p_1，p_2 とすると，全体として失われる自由度は $2p_1+p_2$ となる。このようにして，連鎖の自由度 f は

$$f=3(n-1)-2p_1-p_2 \tag{1.1}$$

となる。

連鎖が与えられたとき，式（1.1）によって自由度 f を求めて 1 となれば，与えられた連鎖は拘束連鎖である。f が 2 以上になれば，与えられた連鎖は無拘束連鎖である。また f が 0 または負になれば，与えられた連鎖は固定連鎖である。f が負になるのは，f が 0 になるときより拘束が多いということであって，固定連鎖であることには変わりはない。

【例題 *1.1*】 図 *1.7* は倍力装置に用いられる連鎖である。この連鎖が拘束連鎖であることを示せ。

［**解答**］ 与えられた連鎖は，節 A，B，C，D，E，F から構成されているので，節の数 n は $n=6$ である。倍力装置は節 F を台枠としている。六つの節の間で F と A，A と B，C と F，B と C，B と D，D と E，E と F はそれぞれ対偶をなす。これを図では a，b，c，$\mathrm{d_1}$，$\mathrm{d_2}$，e，g で表した。$\mathrm{d_1}$，$\mathrm{d_2}$ の部分は，右側の拡大図に示したように，B と C，B と D の間の対偶が重なったものと解釈できる。a，b，c，$\mathrm{d_1}$，$\mathrm{d_2}$，e は回り対偶，g は滑り対偶で，いずれも自由度 1 であるから，自由度 1 の対偶の数 p_1 は $p_1=7$ である。自由度 2 の対偶は含まれないから $p_2=0$ である。これ

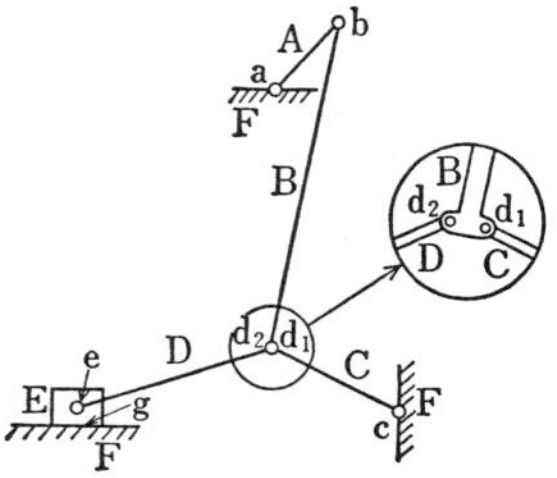

図 *1.7* 倍力装置

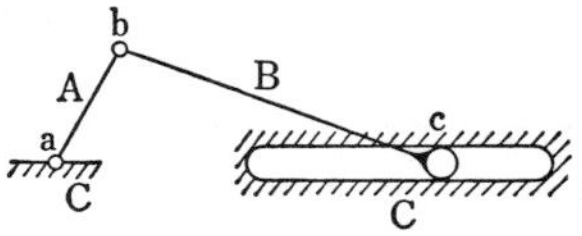

図 *1.8* 高次対偶を含む連鎖

らの値を式（*1.1*）に代入すると，自由度 f は

$$f=3\times(6-1)-2\times7-0=1$$

となる。したがって与えられた連鎖は拘束連鎖である。

【例題 *1.2*】 図 *1.8* に示す連鎖は拘束連鎖であることを示せ。

［**解答**］ 与えられた連鎖は節 A，B，C から構成されるので，節の数 n は $n=3$ である。この連鎖は，C と A，A と B，B と C の間に対偶 a，b，c を持ち，このうち，a，b は自由度 1 の面対偶，c は自由度 2 の線対偶であるから，$p_1=2$，$p_2=1$ である。これらの値を式（*1.1*）に代入すると，自由度 f は

$$f=3\times(3-1)-2\times2-1=1$$

となる。したがって与えられた連鎖は拘束連鎖である。

1.6.2 立体連鎖の自由度

ここで立体連鎖の自由度を求める。立体連鎖の自由度も，平面連鎖の場合と同様にして求めることができる。立体連鎖を構成している節の数を n とする。連鎖の相対運動を考えるのであるから，一つの節を基準とすると，これに対し動き得る節は $n-1$ 個ある。この $n-1$ 個の節がもし空間内を自由に動くならば，一つの節あたりの自由度は 6 であるから，このときの連鎖の自由度は $6(n-1)$ である。実際には連鎖中の節の間に対偶関係があるから，このうちのいくつかの自由度は失われる。

自由度 1 の対偶の一つに対しては，上では自由度 6 と数えていたのが，実際は自由度 1 であるから，失われる自由度は $6-1=5$ である。同様に，自由度 i の対偶一つに対して失われる自由度は $6-i$ である。このようにして，連鎖中の自由度 i の対偶の総数を p_i で表せば，連鎖の自由度 f は

$$f=6(n-1)-\sum_i(6-i)p_i \tag{1.2}$$

となる。

式（*1.2*）は，最も一般的な場合について，立体連鎖の自由度を与える式である。立体連鎖でも特別な場合には，節の運動の仕方に加えられた制限によって，自由度を与える式は異なったものとなる。例えば球面連鎖では，対偶関係を考慮しないとき，基準の節に対する一つの節の自由度が 3 であることに注意

すれば，この場合の連鎖の自由度は式（*1.1*）で与えられることがわかる。

【例題 *1.3*】　図 *1.9* に示す立体連鎖が拘束連鎖であることを示せ。

［**解答**］　与えられた連鎖は節 A，B，C，D からなるので，節の数 n は $n=4$ である。この連鎖は対偶 a，b，c，d を含み，このうち a，c は自由度 1 の対偶，d は自由度 2 の対偶，b は自由度 3 の対偶であるから，自由度 i の対偶の総数 p_i は $p_1=2$，$p_2=1$，$p_3=1$ で，これ以外は 0 である。これらの値を式（*1.2*）に代入すると

$$f=6\times(4-1)-(6-1)\times2-(6-2)\times1-(6-3)\times1=1$$

を得る。したがって与えられた連鎖は拘束連鎖である。

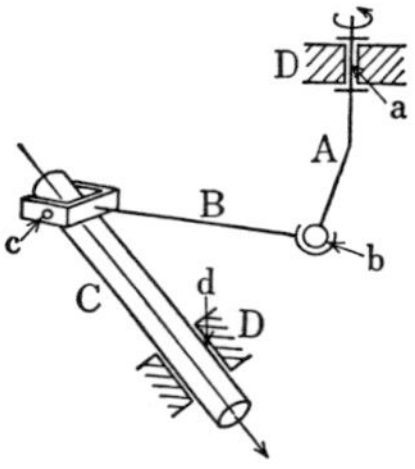

図 *1.9*　立体連鎖

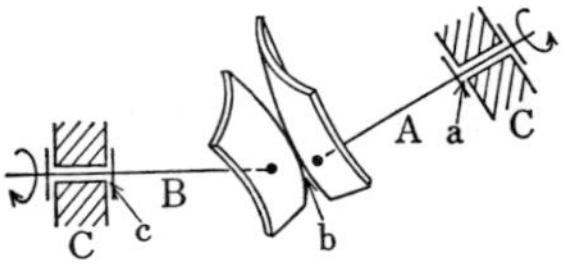

図 *1.10*　立体連鎖

【例題 *1.4*】　図 *1.10* に示す立体連鎖が拘束連鎖であることを示せ。

［**解答**］　図の連鎖は節 A，B，C からなるので，節の数 n は $n=3$ である。この連鎖は対偶 a，b，c を含み，このうち a，c は自由度 1 の対偶，b は自由度 5 の対偶であるから，自由度 i の対偶の総数 p_i は $p_1=2$，$p_5=1$ で，これ以外は 0 である。これらの値を式（*1.2*）に代入すると

$$f=6\times(3-1)-(6-1)\times2-(6-5)\times1=1$$

を得る。したがって与えられた連鎖は拘束連鎖である。

1.6.3　連鎖の自由度と適合条件

前項で連鎖の自由度を与える一般式を導いた。この式は一般の連鎖について成り立つ式であり，連鎖を構成する節の寸法の間に特別な関係があると，一般式から求めた自由度と，実際の自由度とが異なることがある。この寸法上の特別な関係を**適合条件**（condition of compatibility）という。自由度を求めるとき，この適合条件の有無に注意を払う必要がある。

例を挙げて説明しよう。**図 *1.11***（*a*），（*b*）の連鎖は，いずれも A，B，C，D，E の五つの節を自由度 1 の六つの回り対偶で結び付けて作られた平面

連鎖である。この連鎖において，図（a）では節の寸法の間に特別の関係がないのに対し，図（b）では図に示す寸法 a，b，c，d_1，d_2，e_1，e_2 の間に

$$a=b=c, \quad d_1=e_1, \quad d_2=e_2 \tag{1.3}$$

の関係があるとする。図（a），（b）いずれの連鎖においても，節の数 n は $n=5$，自由度 1 の対偶の総数 p_1 は $p_1=6$ であるから，これらを式（1.1）に代入すると，自由度 f は

$$f=3\times(5-1)-6\times2=0 \tag{1.4}$$

となる。実際，図（a）の連鎖は固定連鎖であって相対運動せず，$f=0$ は予想される値である。しかし図（b）の場合には，上述の寸法の間の特別な関係によって，節 A，B，C および節 D，E はそれぞれ平行となり，この連鎖の運動は節 B がない場合と同じになる。節 B がない場合の自由度は，節の数 $n=4$，自由度 1 の対偶の総数 $p_1=4$ を代入して

$$f=3\times(4-1)-2\times4=1 \tag{1.5}$$

となる。適合条件によって，図（b）の連鎖の自由度が 0 から 1 に増加させられたのである。

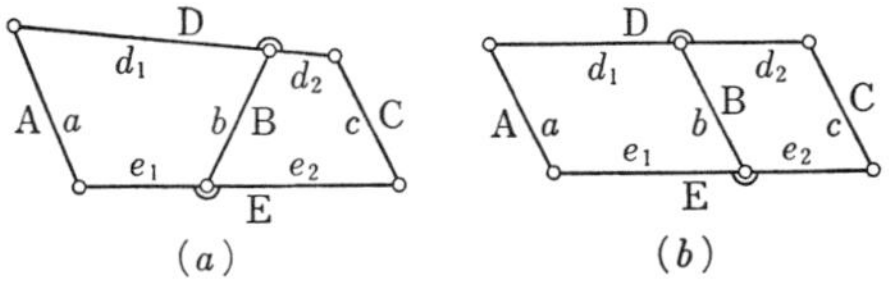

図 1.11 連鎖の自由度と適合条件

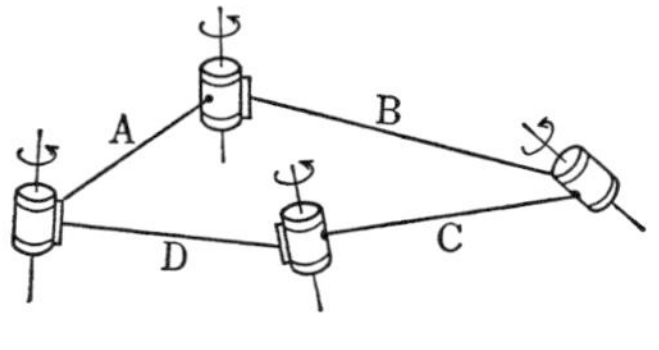

図 1.12 ベネット機構

もう一つ例を挙げよう。**図 1.12** は，A，B，C，D の四つの節を自由度 1 の四つの対偶で結びつけて作られた立体連鎖である。この連鎖の自由度を求めるため，$n=4$，$p_1=4$ を式（1.2）に代入すると，自由度 f は

$$f=6\times(4-1)-4\times(6-1)=-2 \tag{1.6}$$

のように負の値となり，この連鎖は一般には相対運動は不可能である。しかしイギリスの数学者ベネットが示したベネットの条件といわれる適合条件が満たされると，この連鎖は自由度 1 の拘束連鎖となる。この場合，適合条件によっ

て，自由度が3だけ増加させられたのである。この連鎖から作られた機構をベネット機構という。

演　習　問　題

〔*1*〕　面接触する二つの剛体の間の自由度を，**図 *1.13*** に示すつぎの三つの場合について求めよ。

（*a*）　図（*a*）のように，円柱の端を平板に接触させる場合

（*b*）　図（*b*）のように，円柱の端を，円柱の直径に等しい幅の溝の中で平板に接触させる場合

（*c*）　図（*c*）のように，正方形を断面とする角柱の端を，正方形の一辺の長さに等しい幅の溝の中で平板に接触させる場合

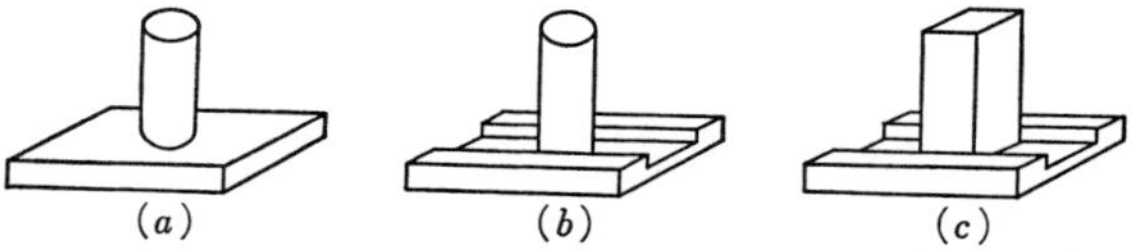

図 *1.13*　二つの剛体の間の自由度

〔*2*〕　**図 *1.14*** の平面連鎖の自由度を求めよ。

〔*3*〕　**図 *1.15*** の平面連鎖の自由度を求めよ。

〔*4*〕　**図 *1.16*** に示す立体連鎖の自由度を求めよ。

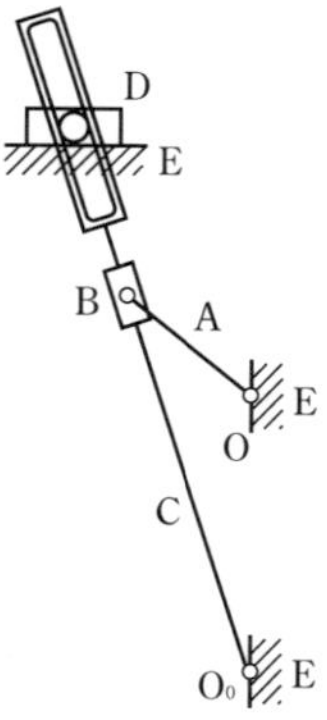

図 *1.14*　平面連鎖の自由度

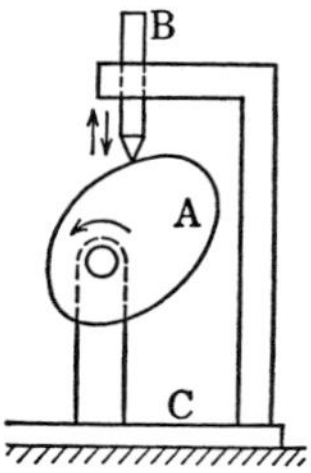

図 *1.15*　平面連鎖の自由度

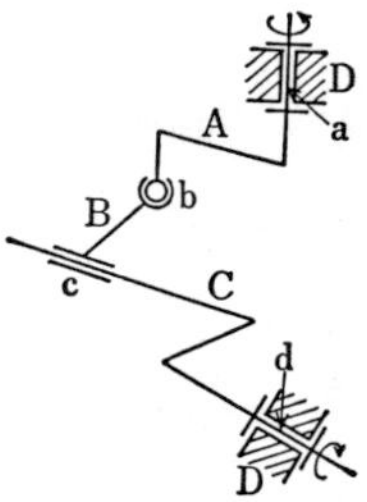

図 *1.16*　立体連鎖の自由度

2

機構の運動

この章では，はじめ平面機構，ついで球面機構，最後に一般の立体機構を取り上げ，それぞれの場合について，機構の運動の基礎となる事項を述べる。

2.1 平面機構の運動と瞬間中心

機構を運動の仕方によって分類すると，平面機構と立体機構になる。**平面機構**（plane mechanism）とは，機構を構成する各節が，すべて一つの平面に平行な運動をするものをいう。これに対し**立体機構**（spatial mechanism）とは，各節の運動が平面運動に限られていないものをいう。

機構の運動の基本は，節と節の間の相対運動である。この相対運動について，平面機構から議論を始める。

平面機構を構成する剛体の節の中から，任意の二つの節 A，B を取り上げ，節 A を基準とするときの節 B の相対運動を考える。この運動を論ずるのに，節 B 上のすべての点の運動を記述する必要はなく，運動平面に平行な断面で B を切断して得られる断面上の異なる 2 点，あるいはこの 2 点を結ぶ線分の運動を記述すれば十分である。

図 *2.1* において，節 A を基準にした節 B の運動を考える。節 B を代表す

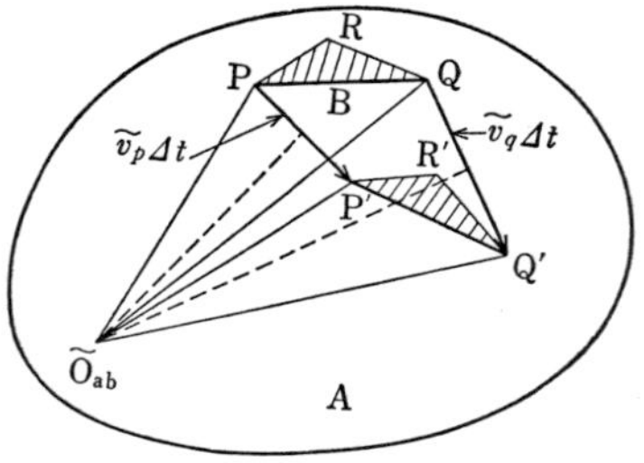

図 2.1　平面機構の相対運動

る線分を PQ とする。この線分が，ある時刻 t において図の PQ の位置にあり，短い時間 $\varDelta t$ が経過したとき，P′Q′ の位置に来たとする。この間の運動を，ある点まわりの回転運動として表現することがつねに可能である。これを以下に示す。

線分 PP′，QQ′ の垂直二等分線の交点を $\widetilde{O}_{ab}$ とする。容易にわかるように $\varDelta\widetilde{O}_{ab}PQ \equiv \varDelta\widetilde{O}_{ab}P'Q'$ であり，$\angle P\widetilde{O}_{ab}P' = \angle Q\widetilde{O}_{ab}Q'$ が成り立つ。したがって時間 $\varDelta t$ の間の線分 PQ の運動は，点 $\widetilde{O}_{ab}$ を中心として，角度 $\angle P\widetilde{O}_{ab}P'$（あるいは $\angle Q\widetilde{O}_{ab}Q'$）だけの回転運動と考えることができる。

以上は時間 $\varDelta t$ の間の運動である。つぎに $\varDelta t \to 0$ とした極限でどうなるか考える。点 P，Q における，時間 $\varDelta t$ 内の平均の相対速度をそれぞれ $\tilde{\boldsymbol{v}}_p$，$\tilde{\boldsymbol{v}}_q$ とすると，点 P から点 P′ に至るベクトル $\overrightarrow{PP'}$，点 Q から Q′ に至るベクトル $\overrightarrow{QQ'}$ は，それぞれ $\overrightarrow{PP'} = \tilde{\boldsymbol{v}}_p\varDelta t$，$\overrightarrow{QQ'} = \tilde{\boldsymbol{v}}_q\varDelta t$ で与えられる。この式で $\varDelta t$ を 0 に近づけると，ベクトル $\overrightarrow{PP'}$，$\overrightarrow{QQ'}$ の方向は，点 P，Q における，時刻 t の瞬間の相対速度 $\boldsymbol{v}_p$，$\boldsymbol{v}_q$ の方向に近づく。したがって点 $\widetilde{O}_{ab}$ は，点 P，Q において速度 $\boldsymbol{v}_p$，$\boldsymbol{v}_q$ を表すベクトルに立てた垂線の交点 O_{ab} に近づく。以上のようにして，考えている瞬間において，A に対する B の相対運動は，点 O_{ab} を中心とする回転運動ということができる。

回転の中心となる点 O_{ab} を，A に対する B の**瞬間中心**（instantaneous center, centro）という。記号 O_{ab} の添字 a，b は，A に対する B の瞬間中心であることを表す。

これまで節 B の運動を線分 PQ の運動で代表させ，B の大きさは考えなかった。ここで節 B は点 O_{ab} を覆う大きさを持つとする。節 B は点 O_{ab} を中心に回転するので，節 B 上の点 O_{ab} は，節 A 上の点 O_{ab} に対して相対運動はない。節 B 上の他の点は，節 A に対し必ず相対運動を持つ。したがって瞬間中心 O_{ab} は，二つの節 A，B が相対運動を持たないただ一つの点であるということができる。

以上の議論では，A を基準にして B の運動を考えてきた。逆に B を基準にして A の運動を考えれば，B に対する A の瞬間中心 O_{ba} を定めることができる。瞬間中心は二つの節 A，B が相対運動を持たないただ一つの点であることに注意すれば，瞬間中心 O_{ba} は瞬間中心 O_{ab} と一致することは明らかである。このように記号 O_{ab} と O_{ba} の添字の順序はあまり意味を持たない。

二つの節 A，B が回り対偶で結び付けられているときは，この二つの節の間の瞬間中心は，明らかに回り対偶の回転軸上の点となる。これを特に**永久中心**（permanent center）という。さらにこのとき A，B のいずれかの節が固定されていると，この瞬間中心は固定された位置にあることになる。これを特に**固定中心**（fixed center）という。

瞬間中心の位置は，一般には定義にしたがって求めることができるが，特別な場合に注意する必要がある。これを**図 2.2** で考える。この図で基準とする節 A は紙面と一体になっているとし，節 B の 2 点 P，Q の相対速度 $\boldsymbol{v}_p$，$\boldsymbol{v}_q$ が与えられて瞬間中心 O_{ab} を求めたいとする。

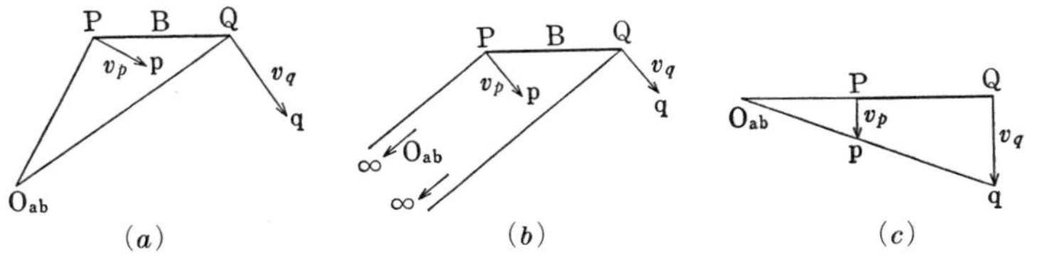

図 2.2　瞬間中心の求め方

速度 $\boldsymbol{v}_p$，$\boldsymbol{v}_q$ を，点 P，Q を始点として適当な尺度のベクトル $\overrightarrow{Pp}$，$\overrightarrow{Qq}$ で表す。点 P，Q において，ベクトル $\overrightarrow{Pp}$，$\overrightarrow{Qq}$ に直角な 2 直線を描く。この 2 直線が図 2.2（*a*）のように 1 点で交わるときは，定義のとおりにこの交点が瞬間中心 O_{ab} である。

つぎに 2 直線が図（*b*）のように平行になって交わらないとき，瞬間中心は無限遠に存在し，節 B はベクトル $\overrightarrow{Pp}$，$\overrightarrow{Qq}$ の方向に直線運動する。なおベクトル $\overrightarrow{Pp}$ と $\overrightarrow{Qq}$ の大きさ $\overline{Pp}$，$\overline{Qq}$ はたがいに等しくなっているはずである。

なぜなら，ベクトル $\overrightarrow{\mathrm{Pp}}$，$\overrightarrow{\mathrm{Qq}}$ の直線PQ方向の成分が等しくないとすると，線分 $\overline{\mathrm{PQ}}$ が伸び縮みすることになるからである。

最後に，2点P，Qでベクトル $\overrightarrow{\mathrm{Pp}}$，$\overrightarrow{\mathrm{Qq}}$ に直角に引いた2直線が図（c）のように一致するときは，ベクトル $\overrightarrow{\mathrm{Pp}}$，$\overrightarrow{\mathrm{Qq}}$ の先端の点p，qを結んだ直線と直線PQの交点が瞬間中心 $\mathrm{O_{ab}}$ である。実際図（c）の場合には，$\mathrm{O_{ab}}$ を中心とするBの回転運動を考えれば，点Pの速度が $\overrightarrow{\mathrm{Pp}}$ のとき，点Qの速度は $\overrightarrow{\mathrm{Qq}}$ となる。なお図（c）の場合には，$\overline{\mathrm{Pp}} \neq \overline{\mathrm{Qq}}$ としても $\overline{\mathrm{PQ}}$ の伸び縮みに関係しないので，$\overline{\mathrm{Pp}} \neq \overline{\mathrm{Qq}}$ となり得る。特に $\overline{\mathrm{Pp}} = \overline{\mathrm{Qq}}$ となって交点が求まらなければ，瞬間中心は図（b）の場合と同じように，無限の遠方にあることになる。

機構を構成する任意の二つの節の間に一つずつの瞬間中心がある。節の総数を n として，瞬間中心の総数 N を求めよう。このため，n 個の節をA，B，C，…，Mと名づけると，瞬間中心は，節Aと節B，C，D，…，Mの間に $(n-1)$ 個，節Bと節C，D，…，Mの間に $(n-2)$ 個，…存在する。これらをすべて加え合わせると

$$N=(n-1)+(n-2)+\cdots+2+1=\frac{1}{2}n(n-1) \tag{2.1}$$

を得る。この結果は，n 個の節から2個の節を取り出す組み合わせの総数 ${}_nC_2$ としても求まる。

【例題 2.1】 四つの節A，B，C，Dを四つの回り対偶で結合した**図 2.3** の機構のすべての瞬間中心を求めよ。

［**解答**］ 節の数 $n=4$ を式（2.1）に代入すると，瞬間中心の総数 N として $N=(1/2)\times4\times3=6$ 個を得る。実際に瞬間中心を列挙すると，$\mathrm{O_{ab}}$，$\mathrm{O_{ac}}$，$\mathrm{O_{ad}}$，$\mathrm{O_{bc}}$，$\mathrm{O_{bd}}$，$\mathrm{O_{cd}}$ の6個である。

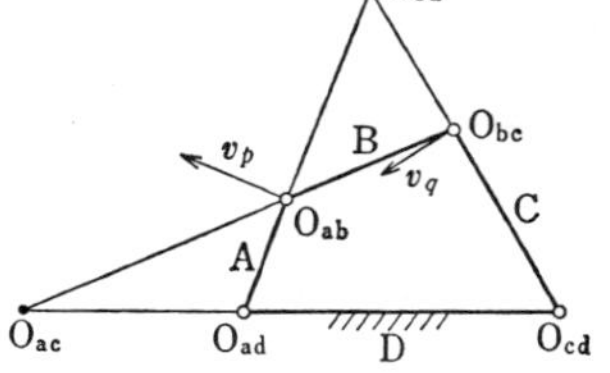

図 2.3　平面機構の瞬間中心

瞬間中心 $\mathrm{O_{ab}}$，$\mathrm{O_{bc}}$，$\mathrm{O_{cd}}$，$\mathrm{O_{ad}}$ は，AとB，BとC，CとD，DとAの間の永久中心である。その位置は直ちに求まり，図2.3に示すようになる。

つぎに瞬間中心 $\mathrm{O_{bd}}$ を求めるため，節BとDの間の相対運動を考える。このため，B，Dのいずれか，例えばDを固定し，他の節は機構の拘束に

したがって運動する場合を考えると，節A，Cは固定点O_{ad}，O_{cd}まわりに回転運動することになるので，B上の2点O_{ab}，O_{bc}の運動方向は，それぞれ直線$O_{ad}O_{ab}$，$O_{cd}O_{bc}$に直角方向となることがわかる。瞬間中心O_{bd}は，B上の2点において，その点の速度の方向に直角に引いた直線の交点であるから，直線$O_{ad}O_{ab}$，$O_{cd}O_{bc}$に直角方向のさらに直角方向に引いた直線，すなわち，図に示すように，直線$O_{ad}O_{ab}$，$O_{cd}O_{bc}$の交点として見出される。

最後に瞬間中心O_{ac}を求めるため，節AとCの間の相対運動を考える。このため，AとCのいずれか，例えばCを固定し，他の節は機構の拘束にしたがって運動するものと考える。このように考えると，瞬間中心O_{bd}を求めたときと同様にして，図に示すように，瞬間中心O_{ac}は，直線$O_{ab}O_{bc}$，$O_{ad}O_{cd}$の交点として見出される。

【例題 *2.2*】　四つの節A，B，C，Dを三つの回り対偶と一つの滑り対偶で結びつけてできた**図 *2.4***の機構のすべての瞬間中心を求めよ。

［**解 答**］　瞬間中心の総数は，O_{ab}，O_{ac}，O_{ad}，O_{bc}，O_{bd}，O_{cd}の6個である。このうちO_{ad}，O_{ab}，O_{bc}は永久中心であるから直ちに求まり，図*2.4*に示すようになる。

つぎに瞬間中心O_{bd}を求めるため，節Dを固定したとして節Bの相対運動を考えると，B上の点O_{ab}の速度は直線$O_{ad}O_{ab}$に直角の方向，点O_{bc}の速度は節Cが滑る直線$O_{ad}O_{bc}$方向となることがわかる。

したがって瞬間中心O_{bd}は，点O_{bc}において直線$O_{ad}O_{bc}$に立てた垂線と直線$O_{ad}O_{ab}$の交点となり，図に示すようになる。

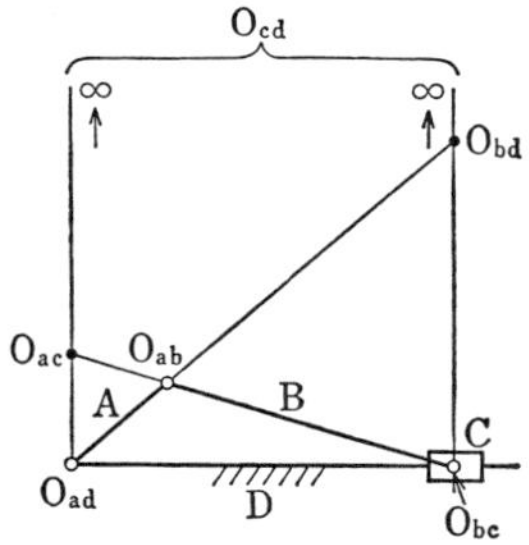

図 *2.4*　平面機構の瞬間中心

瞬間中心O_{ac}を求めるため，節Cを固定したと考えると，節A上の点O_{ab}の速度は直線$O_{bc}O_{ab}$に直角方向，点O_{ad}の速度は直線$O_{ad}O_{bc}$の方向をとることがわかる。

したがって瞬間中心O_{ac}は，点O_{ad}において直線$O_{ad}O_{bc}$に立てた垂線と直線$O_{ab}O_{bc}$の交点となり，図に示すようになる。

最後に瞬間中心O_{cd}を求めるため，節Dを固定したと考えると，節C上の各点の速度はすべて滑り方向をとる。

したがってこの場合は，図*2.2*（*b*）の場合に一致し，瞬間中心は，節C上の各点から見て，速度に直角方向の無限遠に存在する。

図*2.4*では，便宜的に，直線$O_{ad}O_{ac}$および直線$O_{bc}O_{bd}$の延長上にO_{cd}があるように描いてあるが，実際の意味は以上のとおりである。

2.2 3瞬間中心の定理

*2.1*節で，機構の節の間の相対運動は，瞬間中心まわりの回転運動として表されることを学んだ。したがって機構の運動を論ずるために，瞬間中心の位置を知ることがしばしば必要となる。簡単な機構では，*2.1*節で示したように，瞬間中心の位置を定義に基づいて求めることができる。複雑な機構では，瞬間中心の位置を求めるのに，つぎに述べる3瞬間中心の定理を利用するのが便利である。この節でこの定理を理解し，つぎの節でこれを利用して瞬間中心を求めることを考えよう。

一つの機構から任意の三つの節を選び出すと，これらの節の間の瞬間中心の総数は3である。**3瞬間中心の定理**（theorem of three centers）とは，“三つの節の間の3個の瞬間中心はすべて一直線上にある”というもので，この定理は**ケネディー**（Kennedy）によって見出された。この定理が一般に成り立つことを示す前に，具体例について，この定理が成り立つことを確かめよう。

例として図*2.3*の機構を取り上げる。この機構において，三つの節として，例えば，A，B，Cを選び出すと，これらの節の瞬間中心はO_{ab}，O_{bc}，O_{ac}の3個となる。これらが一直線上にあることは，図から直ちに確かめられる。また三つの節としてB，C，Dを選び出すと，これらの節の間の瞬間中心はO_{bc}，O_{cd}，O_{bd}の3個となる。これらが一直線にあることも図から直ちに確かめられる。同じようにして，この機構で三つの節をどのように選んでも，3瞬間中心の定理が成り立つことを確かめることができる。図*2.4*の機構についても同様に確かめることができる。

3瞬間中心の定理が一般に成り立つことを示そう。この証明法として，もし定理が成り立たないと仮定すると矛盾が生じるという，背理法を採用する。このため，一つの機構から任意の三つの節A，B，Cを選び出す。それらの間の瞬間中心O_{ab}，O_{bc}，O_{ac}が一直線上になく，**図*2.5***に示すように，点O_{bc}が点O_{ab}，O_{ac}を結んだ直線からはずれた点Pの位置にあると仮定して，矛盾が生じることを示す。

節Aを基準の節と考えると，節Bと節Cは，節Aに対しそれぞれ点 O_{ab} および O_{ac} を中心に回転している。したがって節Aを基準とする節B上の点Pの相対速度は直線 $O_{ab}P$ に直角となり，適当な尺度で，図 2.5 のベクトル $\overrightarrow{Pp_b}$ で示すようになる。同様に節Aを基準とする節C上の点Pの相対速度は直線 $O_{ac}P$ に直角となり，上と同じ尺度で，ベクトル $\overrightarrow{Pp_c}$ で示すようになる。点Pは直線 $O_{ab}O_{ac}$ 上にないから，ベクトル $\overrightarrow{Pp_b}$，$\overrightarrow{Pp_c}$ の方向は必ず異なったものとなる。ところが点Pは節BとCとの間の瞬間中心であるから，節BとCはこの点で相対運動を持たず，節Aに対し同一の速度を持たなければならない。したがって $\overrightarrow{Pp_b}$，$\overrightarrow{Pp_c}$ の方向は一致しなければならない。瞬間中心 O_{bc} が直線 $O_{ab}O_{ac}$ 上にないと仮定したことからこのような矛盾を生じたので，仮定が間違っていたことになり，定理が証明された。

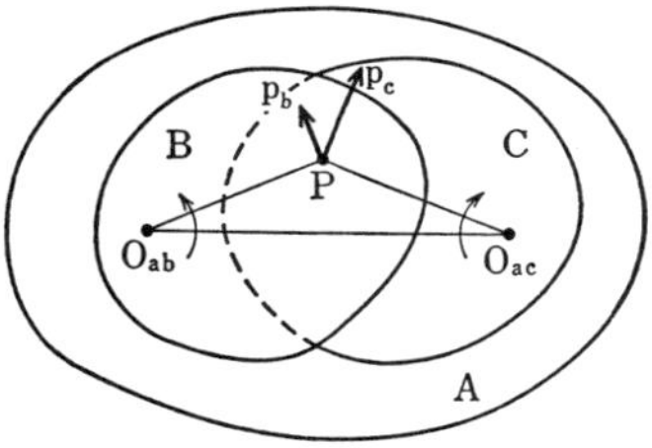

図 2.5　3瞬間中心の定理

2.3　瞬間中心の求め方

3瞬間中心の定理を利用して，与えられた機構の瞬間中心の位置を求める方法を考えよう。この定理を利用するには，あらかじめいくつかの瞬間中心がわかっている必要がある。これがわかっていれば，それらをもとにして，つぎのような方法で残りの瞬間中心を順次定めていくことができる。定理によって，三つの節の間の三つの瞬間中心は一直線上にあるので，もし機構中から適当に選んだ三つの節の間の瞬間中心のうち二つがわかっているとすると，未知の瞬間中心は，それらの瞬間中心を結んだ直線上にある。三つの節を別に選んで，同じ未知の瞬間中心を含む別の直線が得られれば，この直線と前の直線との交点を求めて，未知の瞬間中心の位置が求められる。

例として図 2.3 の機構をもう一度取り上げる。永久中心 O_{ab}，O_{bc}，O_{cd}，

O_{ad} は直ちに求まる。瞬間中心 O_{ac} を，これら既知の瞬間中心を利用して求める。まず三つの節 A，B，C を選べば，求める瞬間中心 O_{ac} は，既知の瞬間中心 O_{ab}，O_{bc} を結んだ直線上にある。また三つの節 A，C，D を選べば，求める瞬間中心 O_{ac} は，既知の瞬間中心 O_{ad}，O_{cd} を結んだ直線上にある。このようにして，O_{ab}，O_{bc} および O_{ad}，O_{cd} をそれぞれ結んだ2直線の交点として O_{ac} を得る。同様にして瞬間中心 O_{bd} は，既知の瞬間中心 O_{ad}，O_{ab} および瞬間中心 O_{bc}，O_{cd} をそれぞれ結んだ2直線の交点として求められる。

複雑な機構で3瞬間中心の定理を利用して瞬間中心の位置を求めるのに，この定理を手順よく適用していく必要がある。このために**中心多角形**（centro polygon）を用いると便利である。中心多角形の用い方を例題によって説明する。

【例題 *2.3*】 図 ***2.6***（*a*）の機構のすべての瞬間中心の位置を求めよ。

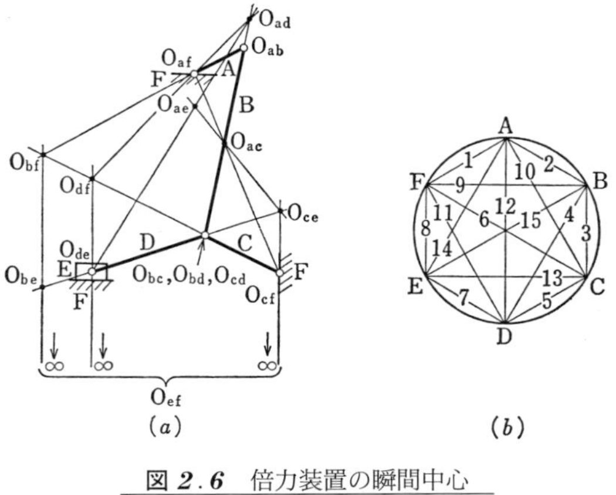

図 ***2.6***　倍力装置の瞬間中心

［**解答**］ 図 *2.6* の機構は A，B，C，D，E，F の六つの節からなるから，瞬間中心の総数 N は $N=(1/2)\times6\times5=15$ である。このうち O_{af}，O_{ab}，O_{bc}，O_{bd}，O_{cd}，O_{cf}，O_{de} は永久中心であり，また O_{ef} は E の滑り方向と直角な無限遠にあるので，いずれもその位置は直ちにわかり，図（*a*）に示したようになる。

これらの既知の瞬間中心をもとに，残りの瞬間中心の位置を求めるのに，図（*b*）に示した中心多角形を利用することにする。図（*b*）では，節 A，B，…，F を表す6点 A，B，…，F を円周上にとる。二つの節の間の瞬間中心を，対応する2点を結ぶ線分で表し，既知の瞬間中心を1から順に番号を付すと，図（*b*）の1から8までの線分を得る。

未知の瞬間中心 O_{bf} を得るため，図（*b*）の点BとFを見ると，2点B，Fを含む3点B，A，Fおよび3点B，C，Fから作られる三角形の2辺BA，AFおよびBC，CFは既に番号の付された線分となっていることに気づく。ゆえに瞬間中心 O_{bf} は，既知の瞬間中心 O_{ab}，O_{af} を結ぶ直線と，既知の瞬間中心 O_{bc}，O_{cf} を結ぶ直線の交点として得られる。図（*a*）でこのようにして O_{bf} を求め，図（*b*）の線分BFに番号9を付す。同様にして瞬間中心 O_{ac} は，既知の瞬間中心 O_{ab}，O_{bc} を結ぶ直線と O_{af}，O_{cf} を結ぶ直線の交点として図（*a*）のように得られ，図（*b*）の線分ACに番号10を付す。以下同様にして，図（*b*）で11から15までの番号を付した線分に対応する瞬間中心を順次求めることができ，図（*a*）に示したような結果を得る。

高次対偶を持つ機構の瞬間中心の求め方を，例を挙げて説明する。**図 2.7** はA，B，Cの三つの節からなる機構で，点Pにおける高次対偶によってA，Bが接触を続けて，Aの回転運動がBの回転運動に伝達されるものとする。

瞬間中心の総数は3個で，このうち節AとC，節BとCの間の瞬間中心 O_{ac}，O_{bc} は永久中心であるから直ちにわかる。節AとBの間の瞬間中心 O_{ab} は，O_{ac} と O_{bc} を結んだ直線上にあることはわかるが，もう一つの条件がないと1点には定まらない。この条件として，瞬間中心は2節の相対速度に直角の方向にあることを用いる。このため，点Pにおける，節AとBの間の相対速度を求めよう。

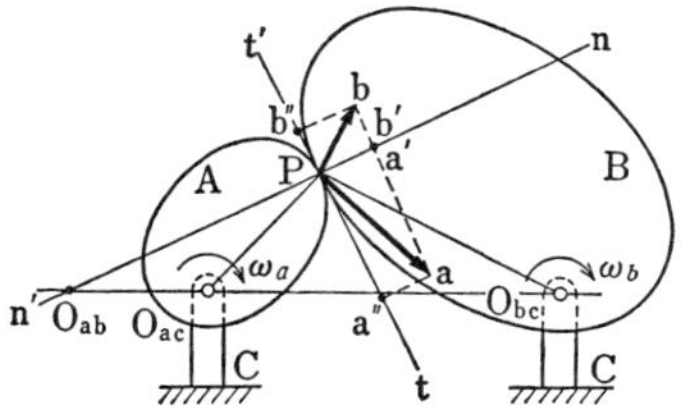

図 2.7　高次対偶を持つ機構の瞬間中心

節AはCに対し点 O_{ac} まわりに回転運動するから，節A上の点Pの速度は直線 $O_{ac}P$ に直角方向のベクトル $\overrightarrow{Pa}$ で与えられる。また節BはCに対し点 O_{bc} まわりに回転運動するから，節B上の点Pの速度は直線 $O_{bc}P$ に直角方向のベクトル $\overrightarrow{Pb}$ で与えられる。ベクトル $\overrightarrow{Pa}$ と $\overrightarrow{Pb}$ の差が節AとBの相対速度である。この差を求めるため，ベクトル $\overrightarrow{Pa}$，$\overrightarrow{Pb}$ を接触点Pにおける2節の法線nn′方向と接線tt′方向の成分に分け，$\overrightarrow{Pa}=\overrightarrow{Pa'}+\overrightarrow{Pa''}$，$\overrightarrow{Pb}=\overrightarrow{Pb'}+\overrightarrow{Pb''}$ とおく。2節が接触を続けるため，法線方向の成分 $\overrightarrow{Pa'}$ と $\overrightarrow{Pb'}$ は等しくなけれ

ばならない。したがって節 A と B との相対速度は，大きさは $\overline{a''b''}$ で接線 tt′ 方向のベクトルで与えられる。相対速度が求められたので，瞬間中心 O_{ab} は，点 P を通って接線 tt″ に直角に引いた直線，すなわち法線 nn′ と直線 $O_{ac}O_{bc}$ の交点として求められる。

【例題 *2.4*】 図 *2.8*（*a*）は形削り盤の機構を表す。図の機構の節 D には突出したピンが付けられ，節 C に設けられた滑り溝と高次対偶をなしている。この機構のすべての瞬間中心の位置を図示せよ。

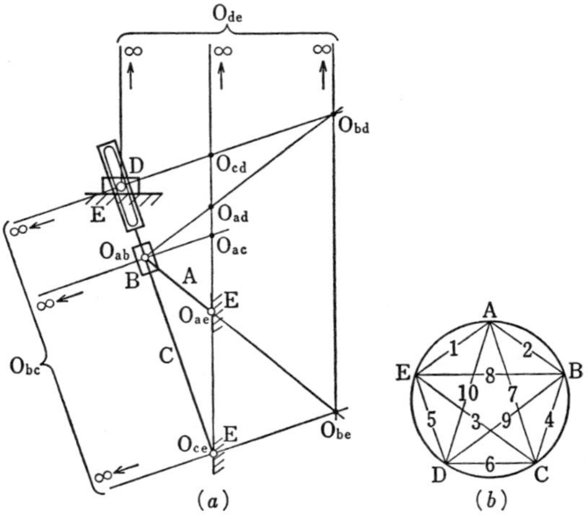

図 *2.8*　形削り盤の瞬間中心

［**解答**］ 図の機構は，A，B，C，D，E の五つの節からなるから，瞬間中心の総数 N は $N=(1/2)\times5\times4=10$ 個である。このうち瞬間中心 O_{ae}，O_{ab}，O_{ce} は永久中心であり，また O_{bc}，O_{de} は相対滑りの方向に直角方向で無限遠に存在するので，これらの五つの瞬間中心の位置は直ちにわかり，図 *2.8*（*a*）に示したようになる。これら既知の瞬間中心を図（*b*）の中心多角形に番号 1〜5 をつけて表す。

つぎに高次対偶をなす節 C と D の間の瞬間中心 O_{cd} を求めるため，図（*a*）において二つの節の相対滑り方向に直角方向に直線を引く。さらに図（*b*）によって，三つの節 C，D，E の間の瞬間中心のうち，O_{de}，O_{ce} が既知であることを知って，図（*a*）において O_{ce} から無限遠にある O_{de} に向かって直線を引く。この直線と先に定めた直線との交点によって O_{cd} の位置を得る。そこで図（*b*）の線分 CD に番号 6 をつける。番号 7 の瞬間中心 O_{ac} は，O_{ab} から無限遠にある瞬間中心 O_{bc} に向かって引いた直線と，O_{ae} と O_{ce} を結んだ直線との交点として求められる。以下同様にして，番号8から10までの瞬間中心を図（*a*）のように順次求めることができる。

2.4 中　心　軌　跡

機構を構成する任意の二つの節A，Bの間の相対運動は，瞬間中心O_{ab}まわりの回転運動で表されることを学んだ。この瞬間中心O_{ab}は，考えている瞬間の回転中心を表すもので，一般には固定されたものではなく，機構の運動とともに節A，B上にそれぞれ軌跡を描く。これらの軌跡を**中心軌跡**（centrode）という。節A，Bの一方が固定されているとき，固定された節上に描かれる軌跡を**固定中心軌跡**（fixed centrode）または**空間中心軌跡**（space centrode）といい，運動する節上に描かれる軌跡を**移動中心軌跡**（moving centrode）または**物体中心軌跡**（body centrode）という。

中心軌跡を図式解法によって求める方法を**図2.9**に示す。図でAを固定節，Bを運動する節とし，Bの運動を線分PQの運動で代表させている。

まず固定中心軌跡を求める。これは簡単である。節Bが運動するにつれて，線分PQがとる位置P_1Q_1，P_2Q_2，… を適当な間隔でとる。PQのはじめの位置およびP_1Q_1，P_2Q_2，… の各位置に対し，*2.3*節で述べた方法で瞬間中心O_{ab}，O_{ab1}，O_{ab2}，… を求めて，これらを滑らかな曲線で結べばよい。図に記号Fで示した曲線は，このようにして得た固定中心軌跡である。

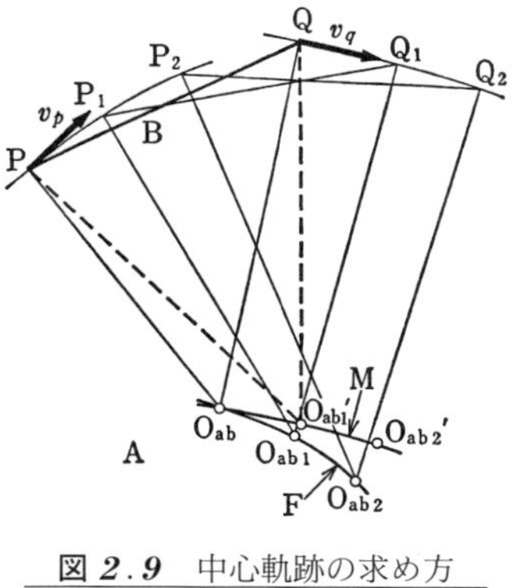

図2.9　中心軌跡の求め方

移動中心軌跡を求めることは面倒である。移動中心軌跡は動く節上に描くものであるから，瞬間中心O_{ab}，O_{ab1}，O_{ab2}，… をそのまま結んでも，それで得られる軌跡は，節の動きの分だけ正しい形からずれたものとなる。そのため移動中心軌跡を描くには，点O_{ab1}，O_{ab2}，… をそれぞれ節の動きの分だけ修正した点O_{ab1}'，O_{ab2}'，… を求める必要がある。ここで最初の節の上に移動中心軌跡を描く場合を考える。この場合の点 O_{ab1}' は，図に破線で示したように，$\triangle P_1Q_1O_{ab1}$ と合同になる $\triangle PQO_{ab1}'$ を，線分 P_1Q_1 を線分 PQ に一致させて描いて求める。点 O_{ab2}' なども同様にして求める。点 O_{ab1}'，O_{ab2}'，… を滑らかに結べば，図 *2.9* に記号 M で示したように，移動中心軌跡が得られる。

固定節 A 上に定められた固定中心軌跡と，動く節 B 上に定められた移動中心軌跡は，節 B が運動するにつれてそれぞれの軌跡上の対応する点，例えば，図 *2.9* の場合には点 O_{ab1} と O_{ab1}'，O_{ab2} と O_{ab2}'，… で順次接触する。このとき，瞬間中心において二つの節の間で相対運動がないことから，二つの軌跡は滑りを伴わず，後の章で論ずる転がり接触となる。逆に，A 上に固定された固定中心軌跡上の点と，B 上に固定された移動中心軌跡上の対応する点が順次転がり接触するように固定節 A に対して節 B を動かせば，節 B には，中心軌跡を生み出したもとの運動が実現される。

【例題 *2.5*】 円柱の節 B が**図 *2.10*** (*a*) のように，固定節 A の平面状の表面で，転がり接触するときの中心軌跡を求めよ。

［**解答**］ 節 A と B が転がり接触するとき，接触点 O_{ab} においてこれらの節の間に相対運動がないので，点 O_{ab} は瞬間中心である。B が動くにつれて，点 O_{ab} は図 *2.10* (*b*) の直線 F 上を O_{ab1}，O_{ab2}，… と移動するので，直線 F が固定中心軌跡である。つぎに移動中心軌跡を最初の節 B 上に描くため，点 O_{ab1}，O_{ab2}，… を節の動きの分だけ，その時の位置から戻すと，図 (*b*) の点 O_{ab1}'，O_{ab2}'，… を得る。したがって移動中心軌跡は，図で記号 M を付けた円となる。

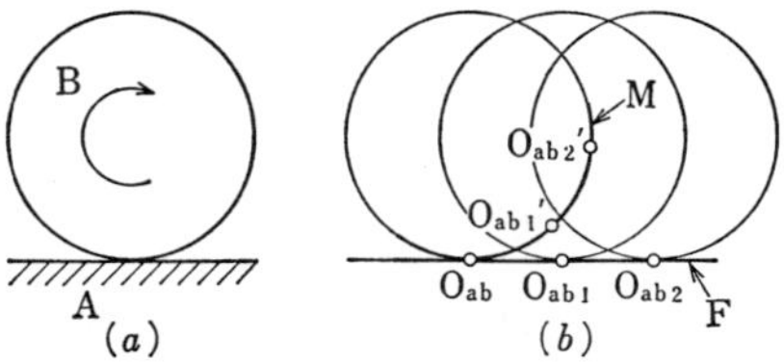

図 *2.10* 転がり接触する円柱

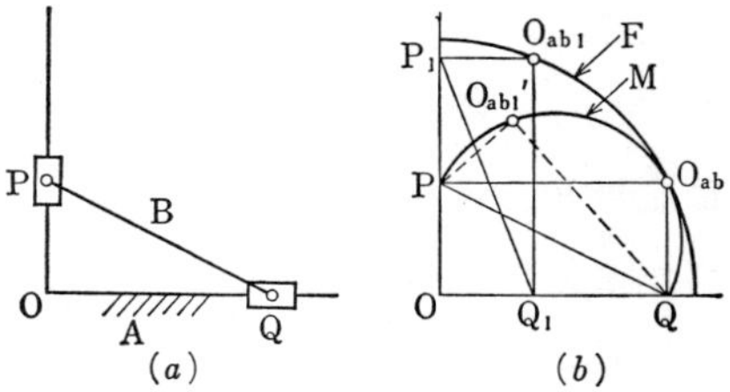

図 *2.11* だ円定規機構

【例題 *2.6*】 **図 *2.11*** (*a*) の機構の節 B は，その両端の点 P，Q が，固定節 A 上に設けられた，たがいに直角をなす滑り座に沿って滑る構造になっている。節 A に対する節 B の中心軌跡を求めよ。

［**解答**］　節 B の両端 P，Q の速度の方向は滑りの方向に一致するので，点 P，Q において滑りの方向と直角の方向に垂線を立てれば，その交点が瞬間中心 O_{ab} である。このようにして，図（*b*）の点 O_{ab} を得る。つぎに節 B が動いて，点 P，Q が P_1，Q_1 の位置にきたとき，瞬間中心は図（*b*）の点 O_{ab1} の位置にくる。求める固定中心軌跡は，点 O_{ab}，O_{ab1} を通る。容易にわかるように，四辺形 $OPO_{ab}Q$，$OP_1O_{ab1}Q_1$ は長方形で，対角線の長さは節 B の長さ $\overline{PQ}$ に等しいので，$\overline{OO_{ab}}$，$\overline{OO_{ab1}}$ は長さ $\overline{PQ}$ に等しくなる。このようにして，固定中心軌跡は，図（*b*）に記号 F で示すように，点 O を中心とし，$\overline{PQ}$ を半径とする四分円である。

つぎに移動中心軌跡を最初の位置の節 B 上に描くため，点 O_{ab1} を現在の位置から節の動きの分だけ戻す。このため，$\triangle P_1Q_1O_{ab1}$ に合同になる $\triangle PQO_{ab1}'$ を，線分 P_1Q_1 を線分 PQ に一致させて描いて点 O_{ab1}' を定める。求める移動中心軌跡は O_{ab}，O_{ab1}' を通る。容易にわかるように $\angle PO_{ab}Q=\angle PO_{ab1}'Q=90°$ が成り立つので，移動中心軌跡は，図（*b*）に記号 M で示すように，線分 PQ を直径とする半円である。

2.5　球面機構の運動と瞬間回転軸

立体機構のうちで，特に各節がすべて一つの固定点まわりの球面運動をするものを**球面機構**（spherical mechanism）という。ここで球面機構の運動を考えよう。

点 O を固定点とする球面機構を構成する節の中から，任意の二つの節 A，B を取り上げ，節 A を基準とする，節 B の相対運動を考える。この運動は，節 A 上の固定点 O まわりの球面運動となる。先に平面機構の運動を考えたとき，運動する節上に運動平面に平行な線分を固定して，この線分で節の運動を代表させた。これと同じように，球面機構で，定点 O を中心とする任意の半径の球面上に大円の弧 $\overset{\frown}{PQ}$ を節 B に固定すれば，この弧によって，節 B の運動を代表させることができる。

いま**図 *2.12*** において，短い時間 $\varDelta t$ の間に，節 B を代表する弧 $\overset{\frown}{PQ}$ が，$\overset{\frown}{PQ}$ の位置から $\overset{\frown}{P'Q'}$ の位置に到達したとする。$\overset{\frown}{PQ}$ が球面運動して $\overset{\frown}{P'Q'}$ の位置に到達したのであるから，$\overset{\frown}{P'Q'}$ も一つの大円上にある。$\overset{\frown}{PQ}$ から $\overset{\frown}{P'Q'}$ への運動を，ある軸まわりの回転運動として表すことが常に可能である。これを示

すため，2点P，P′を通る大円，2点Q，Q′を通る大円を定め，それぞれの大円上の弧 $\overset{\frown}{\mathrm{PP'}}$，$\overset{\frown}{\mathrm{QQ'}}$ を垂直に二等分する大円の交点 $\tilde{\mathrm{O}}_{\mathrm{ab}}$ を求める。球面上で $\Delta\tilde{\mathrm{O}}_{\mathrm{ab}}\mathrm{PQ}\equiv\Delta\tilde{\mathrm{O}}_{\mathrm{ab}}\mathrm{P'Q'}$ を示すことができる。したがって平面機構の場合と同様にして，$\overset{\frown}{\mathrm{PQ}}$ から $\overset{\frown}{\mathrm{P'Q'}}$ への運動は，原点Oと点 $\tilde{\mathrm{O}}_{\mathrm{ab}}$ を結んだ軸 $\mathrm{O}\tilde{\mathrm{O}}_{\mathrm{ab}}$ まわりの回転運動と考えることができる。

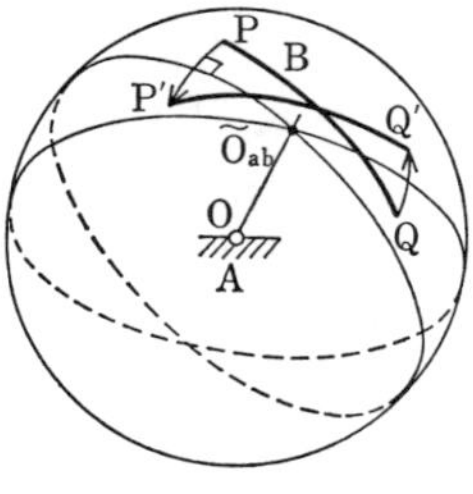

図 **2.12**　球面運動

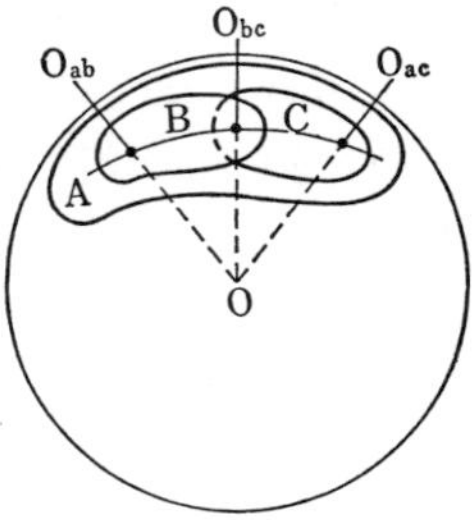

図 **2.13**　瞬間回転軸

平面機構の場合と同様にして，$\Delta t\to 0$ とした極限における軸 $\mathrm{O}\tilde{\mathrm{O}}_{\mathrm{ab}}$ によって一つの軸 $\mathrm{OO_{ab}}$ を定義すれば，節Bの運動は，この軸まわりの回転運動と考えることができる。軸 $\mathrm{OO_{ab}}$ を**瞬間回転軸**（instantaneous rotational axis）という。瞬間回転軸上で節A，Bの間に相対運動はない。

球面機構の節の数が n のとき，瞬間回転軸の総数 N が式（*2.1*）で与えられることも，平面機構の場合と同様である。

平面機構で成り立つ3瞬間中心の定理は，球面機構ではつぎの定理となる。**図 *2.13*** に示すように，“球面運動する三つの節の間の瞬間転軸は三つとも同一大円を横切る。”この定理を証明するには，この図において，瞬間回転軸 $\mathrm{OO_{bc}}$ が $\mathrm{O_{ab}}$，$\mathrm{O_{ac}}$ を通る大円上にないとすると矛盾が生ずることを示せばよい。これも平面機構の場合と同様にして，容易に示すことができる。

【例題 *2.7*】　図 *2.14* に示す機構は，四つの節を，球面運動する四つの回り対偶で結び付けて作られている。この機構の瞬間回転軸の位置を求めよ。

［**解答**］　節AとB，BとC，CとD，AとDは回り対偶によって結ばれているので，瞬間回転軸 $\mathrm{OO_{ab}}$，$\mathrm{OO_{bc}}$，$\mathrm{OO_{cd}}$，$\mathrm{OO_{ad}}$ は直ちにわかり，図 *2.14* に示すようになる。残りの瞬間回転軸は，三つの瞬間回転軸に対して成り立つ定理を用いて求め

られる。瞬間回転軸 OO_{bd} は，点 O_{ab}，O_{ad} を通る大円と点 O_{bc}，O_{cd} を通る大円の交点 O_{bd} を求め，これと原点 O と結んで，また瞬間回転軸 OO_{ac} は，点 O_{ab}，O_{bc} を通る大円と点 O_{ad}，O_{cd} を通る大円の交点 O_{ac} を求め，これを原点 O と結んでそれぞれ得られる。

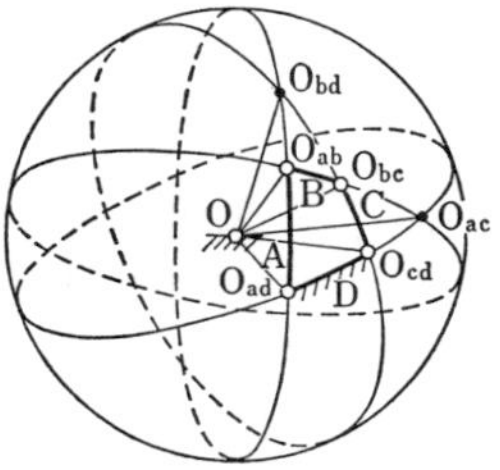

図 2.14　球面機構

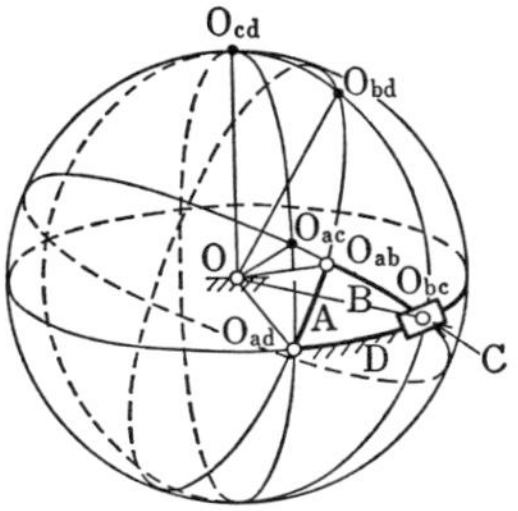

図 2.15　球面機構

【例題 2.8】　図 2.15 に示す機構は，四つの節を，球面運動するように三つの回り対偶と一つの滑り対偶で結び付けて作られている。この機構の瞬間回転軸の位置を求めよ。

［**解答**］　節 A と B，B と C，A と D は回り対偶で結ばれているので，瞬間回転軸 OO_{ab}，OO_{bc}，OO_{ad} は直ちにわかり，図に示すようになる。節 C と D は滑り対偶で結ばれ，C は D に対して点 O_{ad}，O_{bc} を通る大円上を回転運動するので，この大円を含む平面上に点 O で立てた垂線が瞬間回転軸 OO_{cd} となる。瞬間回転軸 OO_{bd} は，点 O_{ad}，O_{ab} を通る大円と点 O_{bc}，O_{cd} を通る大円の交点 O_{bd} を求め，これと原点 O を結んで，また瞬間回転軸 OO_{ac} は，点 O_{ad}，O_{cd} を通る大円と点 O_{ab}，O_{bc} を通る大円の交点 O_{ac} を求め，これと原点 O を結んでそれぞれ得られる。なお例題 2.2 の平面機構の瞬間中心と対応させると，ここで扱った瞬間回転軸の位置は理解しやすい。

二つの節 A，B の間の瞬間中心軸 OO_{ab} は一般には固定されたものでなく，機構の運動とともに，節 A，B 上にそれぞれ軌跡を描く。これを**瞬間回転軸軌跡**（axodes）という。二つの節のうち一方が固定されているとき，固定された節上の軌跡を**固定回転軸軌跡**（fixed axodes），運動する節上の軌跡を**移動回転軸軌跡**（moving axodes）という。

固定回転軌跡，移動回転軸軌跡とも，その軌跡は，球面運動の固定点を頂点とする円すいとなる。二つの節が運動するにつれて，移動回転軸軌跡を表す円すいは，固定回転軸軌跡を表す円すい上を転がる。逆に移動回転軸軌跡を，固定回転軸軌跡上を転がるように二つの節を動かせば，この二つの節の間には回転軸軌跡を生み出したもとの運動が実現される。

2.6* 一般の立体機構の運動と瞬間らせん軸

一般的な運動をする立体機構の任意の二つの節 A，B の相対運動がどのように表されるかを考えよう。節 A を基準に考え，節 B の相対運動を論ずるのに，節 B 上に，一つの点 O およびこの点を中心とする任意の半径の球面上の大円の弧 $\overset{\frown}{PQ}$ を固定すれば，これらによって節 B の運動を代表させることができる。

いま**図 *2.16*** において，短い時間 Δt の間に，節 B を代表する点 O と弧 $\overset{\frown}{PQ}$ が，それぞれ図の O と $\overset{\frown}{PQ}$ の位置から O′ と $\overset{\frown}{P'Q'}$ の位置に移動したとする。この間の運動を二つの過程に分けて考えることができる。第一の過程は点 O を点 O′ に一致させる節 B の平行移動である。この結果 $\overset{\frown}{PQ}$ は $\overset{\frown}{P_1Q_1}$ の位置にくる。第二の過程は $\overset{\frown}{P_1Q_1}$ を $\overset{\frown}{P'Q'}$ に一致させる移動である。第二の過程の移動では点 O′ は移動しないので，この移動を前節で示されたように，O′ を通るある一つの軸 $O'\tilde{O}$ まわりの回転運動として表すことができる。このようにして，時間 Δt の間の節 B の変位は，平行運動とある軸まわりの回転運動の合成として表される。

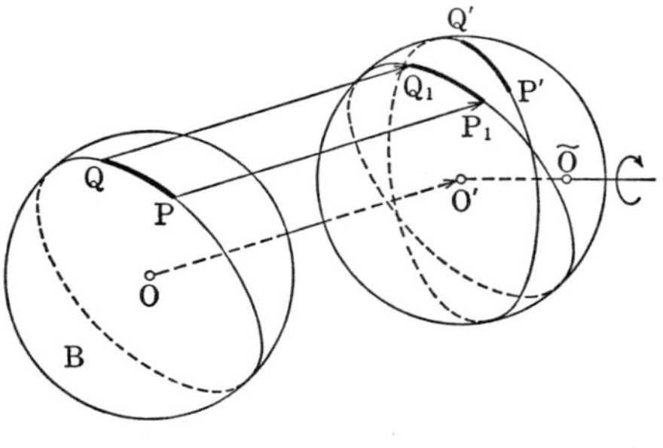

図 *2.16*　一般の立体運動

節 B 上の固定点 O を，上の議論では任意に定めた。この点を適切にとれば，平行移動の方向と，回転運動の軸方向を一致させることができる。これをつぎに示そう。

このため，図 *2.16* の O′ を通り，直線 $O'\tilde{O}$ に垂直な平面 Π と，O を通り直線 $O'\tilde{O}$ に平行な直線を考え，両者の交点を H とする。これらをあらためて**図 *2.17*** に図示する。この図によって，O から O′ への平行移動は O から H，H から O′ への移動の二つの過程に分けられる。前者の移動は回転の軸に平行である。後者の移動は平面 Π 内の運動である。この平面運動と軸 $O'\tilde{O}$ まわりの回転運動は両方を合わせても平

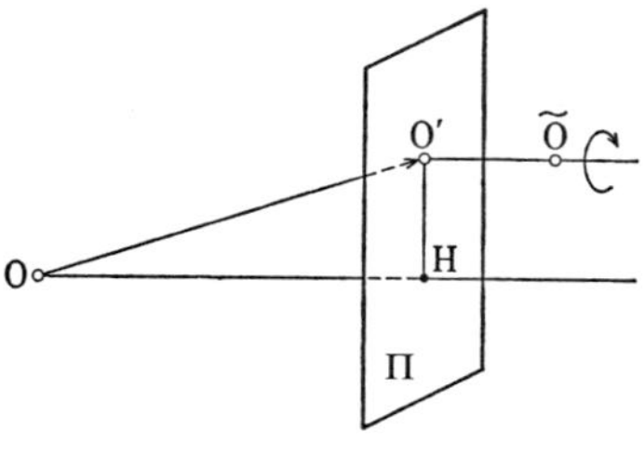

図 *2.17*　瞬間らせん軸

面 Π 内の運動であり，*2.1* 節によれば，この平面運動を一つの軸まわりの回転運動で置き換えることができる。この回転運動の軸を求め，この軸上にはじめの点 O をとれば，時間 Δt 内の全変位は，新しく定めた点 O を通るある直線に平行な移動と，この直線まわりの回転運動の合成で表される。

平行移動と，平行移動の方向に平行な直線まわりの回転との合成を**らせん変位**（screw displacement）という。平行移動の距離の回転角に対する比を**ピッチ**（pitch）という。らせん変位においては，平行移動と回転運動を行う順序を変えても全体の運動に変わりはない。

前節と同様にして，$\Delta t \to 0$ とした極限において，上述の軸から得られる軸を**瞬間らせん軸**（instantaneous screw axes）という。三つの節の間の瞬間らせん軸に対しても，3 瞬間中心の定理に相当する定理が成立するが，ここでは省略する。

演　習　問　題

〔*1*〕 図 *2.18* に示す機構の瞬間中心の位置を図示せよ。

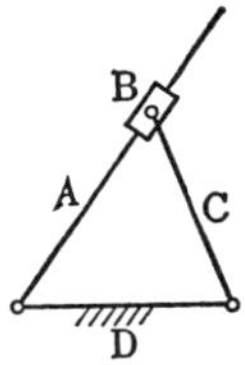

図 *2.18*　平面機構の瞬間中心

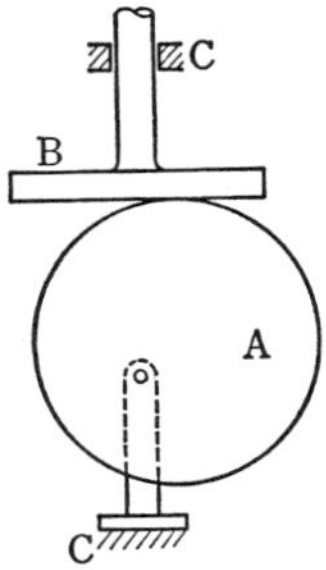

図 *2.19*　平面機構の瞬間中心

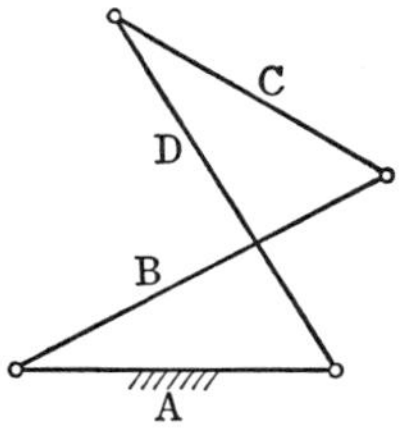

図 *2.20*　平面機構の中心軌跡

〔*2*〕 図 *2.19* に示す機構の瞬間中心の位置を図示せよ。

〔*3*〕 図 *2.20* に示す機構の四つの節 A，B，C，D の長さ a，b，c，d は $a=c$，$b=d$ を満たすとする。この機構において，節 A に対する節 C の瞬間中心 O_{ac} の固定中心軌跡と移動中心軌跡を求めよ。

3

機構の変位の解析

2 章の一般論に続いて，機構の運動を定量的に扱うことを考える。この章で機構の変位の解析を，つぎの *4* 章で機構の速度と加速度の解析を考える。これらの問題を扱うのに，図式解法と数式解法がある。問題の特徴を把握するため，両方とも理解しておくことが重要である。

3.1 平面機構の変位

機構の変位の解析の問題は，原動節の運動を知って，それによって引き起こされる各節の運動，特に従動節の運動を求めることである。この節では，平面機構の変位の解析を取り上げる。例を挙げて解析法を考えよう。

図 *3.1* は，長さ a，b，c，d の四つの棒状の剛体の節 A，B，C，D を回り対偶で結び付け，節 D を固定して得た機構で，後に取り上げる四節リンク

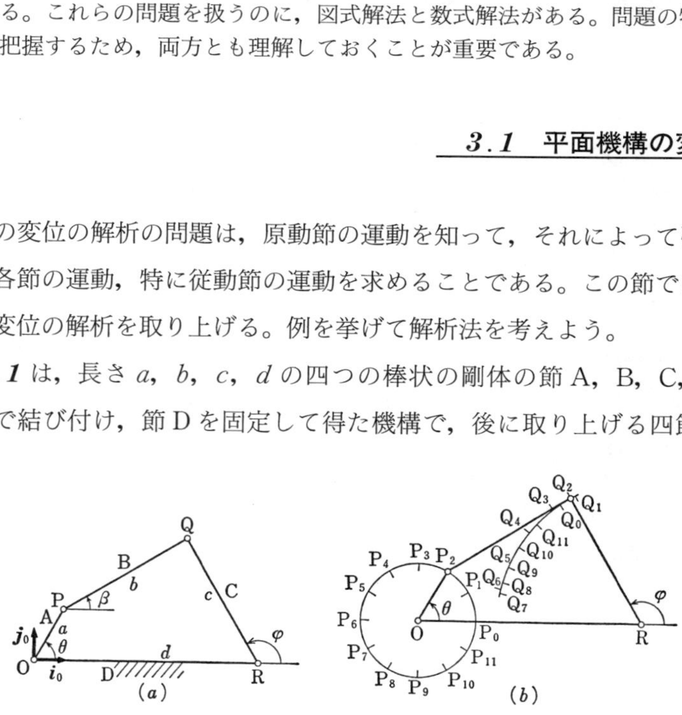

図 *3.1* 四節リンク機構の変位

機構である。節 A を原動節，節 C を従動節として，この機構の変位の問題を考える。節 A，B，C の変位をいうのに，図に示すように，固定節 D に対する節 A，B，C のそれぞれの回転角 θ，β，φ を示せばよい。したがって問題は，θ の各値に対し，β，φ の値を求めることである。

まずこの問題を図式解法で扱う。節 A 上の点 P は，点 O を中心とする半径 a の円 O 上を移動するので，この円上に，適当な間隔で点 P_0，P_1，P_2，… を定める。節 C 上の点 Q は，点 R を中心とする半径 c の円にある。そこでつぎにこの円上に，点 P_i からの距離が節 B の長さ b に等しくなる点 Q_i を求める。点 Q_i を求めることができるかどうかによって，機構の運動がつぎのように定められる。

点 Q_i を求めることができれば，点 P は P_i の位置に来ることができ，そのとき点 Q は Q_i の位置に来ることを意味する。一つの点 P_i に対し，点 Q_i が複数求められることがあるが，運動が連続して行われることを考慮すれば，一般にはそのうちの一つの点に定まる。いずれとも定まらない状態のときは，機構が本来そのような性質を持っていることを意味する。これについては，6 章で考察する。点 Q_i を求めることができないときは，点 P は P_i の位置に来ることがないことを意味する。このとき点 P は，ここに到達する前に向きを変え，円 O 上の一部分を運動する。

以上のように，機構の変位を，図を用いて論ずることができる。図 3.1 (b) は，図 (a) の機構の変位を上のようにして求めた結果である。ここでは，点 P は点 O のまわりを 1 回転できる結果になっている。

機構の変位の解析法として数式解法がある。数式解析としては，ベクトルを用いる方法が一般性のある方法であるので，ここではこれを採用する。この方法では，各節の位置をベクトルで表し，これを，機構が閉じていることを示すベクトルの方程式に代入し，必要な量を定める。この場合のベクトルの方程式を**閉ループ方程式**（loop-closure equation）という。

上で扱った図 3.1 の機構をここでは数式解法で扱おう。この機構では，節 A，B，C，D の位置を規定する量はベクトル $\overrightarrow{OP}$，$\overrightarrow{PQ}$，$\overrightarrow{QR}$，$\overrightarrow{RO}$ である。機

構の四つの節が閉じているので，これらのベクトルは

$$\overrightarrow{OP}+\overrightarrow{PQ}+\overrightarrow{QR}+\overrightarrow{RO}=0 \tag{3.1}$$

を満たさなければならない。これがこの場合の閉ループ方程式である。

この式を用いて変位に関する未知量を定めるため，図 3.1（a）に示すように，点 O から R の方向，およびこれと直角方向に単位ベクトル $\boldsymbol{i}_0$ および $\boldsymbol{j}_0$ を定める。これを用いれば，ベクトル $\overrightarrow{OP}$，$\overrightarrow{PQ}$，$\overrightarrow{OR}$，$\overrightarrow{RQ}$ は

$$\left.\begin{aligned}\overrightarrow{OP}&=a\cos\theta\,\boldsymbol{i}_0+a\sin\theta\,\boldsymbol{j}_0\\ \overrightarrow{PQ}&=b\cos\beta\,\boldsymbol{i}_0+b\sin\beta\,\boldsymbol{j}_0\\ \overrightarrow{OR}&=d\,\boldsymbol{i}_0\\ \overrightarrow{RQ}&=c\cos\varphi\,\boldsymbol{i}_0+c\sin\varphi\,\boldsymbol{j}_0\end{aligned}\right\} \tag{3.2}$$

で与えられる。$\overrightarrow{RO}=-\overrightarrow{OR}$，$\overrightarrow{QR}=-\overrightarrow{RQ}$ に注意して，これらを式（3.1）に代入し，$\boldsymbol{i}_0$，$\boldsymbol{j}_0$ の係数を 0 に等しいとおくと

$$\left.\begin{aligned}a\cos\theta+b\cos\beta&=d+c\cos\varphi\\ a\sin\theta+b\sin\beta&=c\sin\varphi\end{aligned}\right\} \tag{3.3}$$

を得る。この式は未知量 φ，β に関する二つの式となっているので，この式から，未知量 φ，β を θ の関数として定めることができる。

目的によっては φ と θ の関係を知れば十分である。この場合には，式（3.3）から β を消去できれば便利である。このためには，式（3.3）から $b\cos\beta$，$b\sin\beta$ を求め，これらを 2 乗して加える。このようにして

$$(d+c\cos\varphi-a\cos\theta)^2+(c\sin\varphi-a\sin\theta)^2=b^2 \tag{3.4}$$

を得る。

いまの方法とは別に，角 θ と φ の関係を直接求めることもできる。閉ループ方程式から，ベクトル $\overrightarrow{PQ}$ を与える式

$$\overrightarrow{PQ}=-\overrightarrow{OP}+\overrightarrow{OR}+\overrightarrow{RQ} \tag{3.5}$$

を導く。この式の右辺に式（3.2）のうち $\overrightarrow{OP}$，$\overrightarrow{OR}$，$\overrightarrow{RQ}$ を代入すると，ベクトル $\overrightarrow{PQ}$ が，変数 θ と φ だけを含んだ式

$$\overrightarrow{PQ}=(d+c\cos\varphi-a\cos\theta)\,\boldsymbol{i}_0+(c\sin\varphi-a\sin\theta)\,\boldsymbol{j}_0 \tag{3.6}$$

で与えられる。ここでベクトル $\overrightarrow{PQ}$ の長さが b であることに注意すると

$$\overrightarrow{PQ}\cdot\overrightarrow{PQ}=b^2 \qquad (3.7)$$

となる。この式に式（3.6）を代入すると，式（3.4）と同じ結果を得る。

【例題 3.1】 図 3.2 は，2 章で取り上げた形削り盤の機構を表す。原動節 A の回転角 θ と従動節 D の変位量 x の関係を求めよ。図の $\overline{O_0O}$，$\overline{OH}$ の長さ h_1，h_2 および節 A の長さ r は与えられているとする。

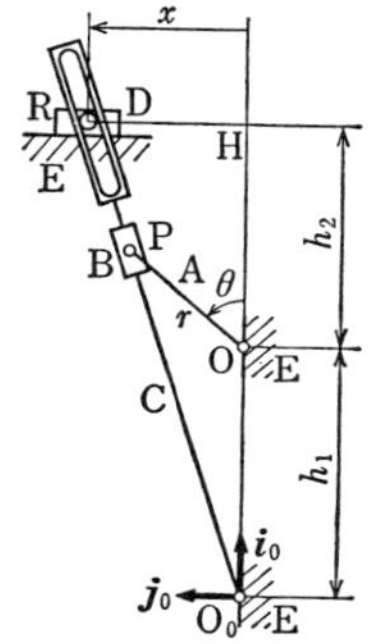

図 3.2　形削り盤の変位

［**解答**］　図の機構において，二つの閉ループ方程式

$$\overrightarrow{O_0O}+\overrightarrow{OP}+\overrightarrow{PO_0}=0$$
$$\overrightarrow{O_0H}+\overrightarrow{HR}+\overrightarrow{RO_0}=0 \qquad (a)$$

が成り立つ。またベクトル $\overrightarrow{O_0P}$ と $\overrightarrow{O_0R}$ は同一方向のベクトルであるので，k を未知のスカラとして

$$k\overrightarrow{O_0P}=\overrightarrow{O_0R}$$

が成り立つ。式（a）から導かれる $\overrightarrow{O_0P}$ と $\overrightarrow{O_0R}$ を上式に代入すると

$$k(\overrightarrow{O_0O}+\overrightarrow{OP})=\overrightarrow{O_0H}+\overrightarrow{HR} \qquad (b)$$

を得る。

式（b）を用いて問題の解を求めるため，O_0 から O の方向およびこれに直角の方向に単位ベクトル $\boldsymbol{i}_0$，$\boldsymbol{j}_0$ を定めると

$$\overrightarrow{O_0O}=h_1\,\boldsymbol{i}_0,\quad \overrightarrow{OP}=r(\cos\theta\,\boldsymbol{i}_0+\sin\theta\,\boldsymbol{j}_0)$$
$$\overrightarrow{O_0H}=(h_1+h_2)\,\boldsymbol{i}_0,\quad \overrightarrow{HR}=x\boldsymbol{j}_0$$

となる。これらを式（b）に代入し，$\boldsymbol{i}_0$，$\boldsymbol{j}_0$ の係数を等しいとおくと

$$k=\frac{h_1+h_2}{h_1+r\cos\theta}=\frac{x}{r\sin\theta}$$

が成り立つ。この式の後の等号の関係から，x が求められ

$$x=\frac{(h_1+h_2)\,r\sin\theta}{h_1+r\cos\theta}$$

となる。なお前の等号の関係から，未知のスカラ k が求められる。

3.2　立体機構の変位

立体機構の変位の問題では，図を用いる方法はふつう便利ではないので，数式解法が用いられる。簡単な例によって，立体機構の変位の問題を，数式解法で扱う方法を考える。

図 3.3 の機構は，節 D を台枠とする立体四節リンク機構である。この機構の節 A と D，節 C と D はそれぞれ回り対偶で結ばれ，節 A と B，節 B と C はそれぞれ自由度 3 の球面対偶で結ばれている。この機構の自由度 f は，前章の自由度を与える式によって $f=2$ となるが，そのうちの 1 自由度は，節 B が自身の軸回りに回転する自由度である。したがってこの機構は，変位については，一意的である。

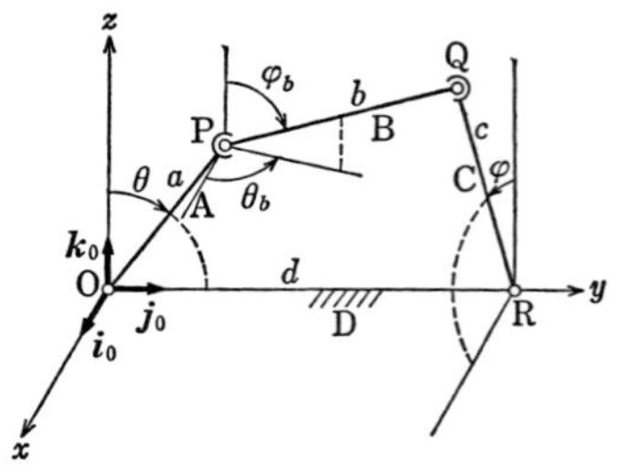

図 3.3　立体四節リンク機構の変位

以下簡単のため，節 A，D の間の回り対偶の軸，節 C，D の間の回り対偶の軸がたがいに直角であるとする。節 A，B，C，D の長さを a，b，c，d とする。この機構の変位を数式解法で求める。

図 3.3 のように，直交座標系 O-xyz を，節 A と D の間の回り対偶の軸が x 軸に，節 C と D の間の回り対偶の軸が y 軸に一致するように定める。節 A を原動節として，節 A が回転するに伴って，各節がどのような位置をとるかを求める問題を考える。節 A が z 軸となす角を θ，節 B が z 軸となす角を φ_b，節 B の xy 平面への投影が x 軸となす角を θ_b，節 C が z 軸となす角を φ とおくと，問題は φ_b，θ_b，φ が θ のどのような関数となるかを定めることである。

この機構の閉ループ方程式は

$$\overrightarrow{\mathrm{OP}}+\overrightarrow{\mathrm{PQ}}+\overrightarrow{\mathrm{QR}}+\overrightarrow{\mathrm{RO}}=0 \tag{3.8}$$

である。x，y，z 軸の正の向きに単位ベクトル $\boldsymbol{i}_0$，$\boldsymbol{j}_0$，$\boldsymbol{k}_0$ を導入する。上式のベクトル $\overrightarrow{\mathrm{OP}}$，$\overrightarrow{\mathrm{PQ}}$，$\overrightarrow{\mathrm{OR}}$，$\overrightarrow{\mathrm{RQ}}$ は

$$\left.\begin{aligned}
&\overrightarrow{\mathrm{OP}}=a\sin\theta\,\boldsymbol{j}_0+a\cos\theta\,\boldsymbol{k}_0\\
&\overrightarrow{\mathrm{PQ}}=b\sin\varphi_b\cos\theta_b\,\boldsymbol{i}_0+b\sin\varphi_b\sin\theta_b\,\boldsymbol{j}_0+b\cos\varphi_b\,\boldsymbol{k}_0\\
&\overrightarrow{\mathrm{OR}}=d\,\boldsymbol{j}_0\\
&\overrightarrow{\mathrm{RQ}}=c\sin\varphi\,\boldsymbol{i}_0+c\cos\varphi\,\boldsymbol{k}_0
\end{aligned}\right\} \tag{3.9}$$

で与えられる。これらを閉ループ方程式に代入し，$\boldsymbol{i}_0$，$\boldsymbol{j}_0$，$\boldsymbol{k}_0$ の係数を 0 とおくと

$$\left.\begin{aligned} b\sin\varphi_b\cos\theta_b &= c\sin\varphi \\ b\sin\varphi_b\sin\theta_b &= d-a\sin\theta \\ b\cos\varphi_b &= c\cos\varphi-a\cos\theta \end{aligned}\right\} \tag{3.10}$$

を得る。三つの未知数 θ_b，φ_b，φ に対し，三つの式が得られたので，上式によって，θ の各値に対し θ_b，φ_b，φ を定めることができ，問題は解かれたことになる。

目的によっては θ と φ の間の関係だけを知れば十分である。このときには，上式から θ_b，φ_b を消去できれば便利である。このため，式（3.10）の各式の両辺を 2 乗して辺々加え合わせれば

$$(c\sin\varphi)^2+(d-a\sin\theta)^2+(c\cos\varphi-a\cos\theta)^2=b^2 \tag{3.11}$$

を得る。

上とは別の方法で，角 θ と φ の関係を直接求めることもできる。閉ループ方程式からベクトル $\overrightarrow{\mathrm{PQ}}$ を導くと

$$\overrightarrow{\mathrm{PQ}}=\overrightarrow{\mathrm{OR}}+\overrightarrow{\mathrm{RQ}}-\overrightarrow{\mathrm{OP}} \tag{3.12}$$

となる。この式に，式（3.9）のうちの $\overrightarrow{\mathrm{OP}}$，$\overrightarrow{\mathrm{OR}}$，$\overrightarrow{\mathrm{RQ}}$ を代入すると，ベクトル $\overrightarrow{\mathrm{PQ}}$ として，変数 θ と φ だけを含んだ式

$$\overrightarrow{\mathrm{PQ}}=(c\sin\varphi)\boldsymbol{i}_0+(d-a\sin\theta)\boldsymbol{j}_0+(c\cos\varphi-a\cos\theta)\boldsymbol{k}_0 \tag{3.13}$$

を得る。ここでベクトル $\overrightarrow{\mathrm{PQ}}$ の長さが b であることに注意すると

$$\overrightarrow{\mathrm{PQ}}\cdot\overrightarrow{\mathrm{PQ}}=b^2 \tag{3.14}$$

が成り立つ。この式に，式（3.13）の $\overrightarrow{\mathrm{PQ}}$ を代入すると，式（3.11）に一致する式を得る。

【例題 3.2】 図 3.4 において，機構の節 A 上の点 P が点 P_0 の位置，節 C 上の点 Q が点 Q_0 の位置にある。点 P に x 軸方向の変位 x を与えるとき，点 Q に生じる y 軸方向の変位 y を求めよ。変位 x，y はいずれも x 軸，y 軸の正の向きに変位したとき正とし，また $\overline{\mathrm{OP}_0}=\sqrt{2}\,p$，$\overline{\mathrm{OQ}_0}=p$ とする。

［**解答**］ この機構の閉ループ方程式は

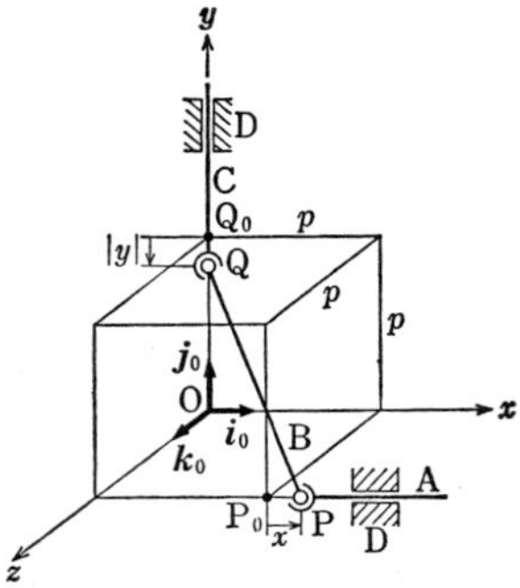

図 3.4　立体機構の変位

$$\overrightarrow{OP}+\overrightarrow{PQ}+\overrightarrow{QO}=0$$

である。x，y の関係を直接求めるため，上式から

$$\overrightarrow{PQ}=-\overrightarrow{OP}+\overrightarrow{OQ}$$

を導く。

図 3.4 に示すように，x，y，z 軸の正の向きに単位ベクトル $\boldsymbol{i}_0$，$\boldsymbol{j}_0$，$\boldsymbol{k}_0$ を定めると，題意の変位をしたときの点 P，Q の位置ベクトル $\overrightarrow{OP}$，$\overrightarrow{OQ}$ は

$$\overrightarrow{OP}=(p+x)\boldsymbol{i}_0+p\boldsymbol{k}_0$$

$$\overrightarrow{OQ}=(p+y)\boldsymbol{j}_0$$

となる。したがって

$$\overrightarrow{PQ}=-(p+x)\boldsymbol{i}_0+(p+y)\boldsymbol{j}_0-p\boldsymbol{k}_0 \qquad (a)$$

を得る。$\overrightarrow{PQ}$ の長さは $\sqrt{3}p$ であるから

$$\overrightarrow{PQ}\cdot\overrightarrow{PQ}=3p^2$$

が成り立つ。この式に式（a）を代入すると

$$(p+x)^2+(p+y)^2=2p^2 \qquad (b)$$

を得る。この式によって，y が x の関数として与えられる。

3.3　局所座標系の利用

3.2 節では，立体機構上の各点の位置を，直角座標系 O-xyz の座標軸に沿って定めた単位ベクトル $\boldsymbol{i}_0$，$\boldsymbol{j}_0$，$\boldsymbol{k}_0$ を用いて表した。複雑な立体機構になると，各点の位置を，直接 $\boldsymbol{i}_0$，$\boldsymbol{j}_0$，$\boldsymbol{k}_0$ を用いて表すことが難しいことがある。このような場合，節ごとに適当な**局所座標系**（local coordinate system）を定め，その座標系に定めた単位ベクトルを用いると便利である。この場合，対象とする点をひとまず局所座標系に定めた単位ベクトルで表し，つぎにこの単位ベクトルと単位ベクトル $\boldsymbol{i}_0$，$\boldsymbol{j}_0$，$\boldsymbol{k}_0$ の関係を用いて，最終的に $\boldsymbol{i}_0$，$\boldsymbol{j}_0$，$\boldsymbol{k}_0$ の表示式に変換する。最終的な位置を表す座標系を，局所座標系と対比して，**基準座標系**（absolute coordinate system）という。以下にこの方法を述べよう。

図 3.5 において，座標系 O_a-$x_ay_az_a$ は点 P の位置ベクトルを求めるため導入した局所座標系で，その原点 O_a は基準座標系 O-xyz で表して座標（x_{a0}，y_{a0}，z_{a0}）の点とする。局所座標系の x_a，y_a，z_a 軸に沿って単位ベクトル $\boldsymbol{i}_a$，

$\boldsymbol{j}_a$，$\boldsymbol{k}_a$ を定める。局所座標軸系における点Pの座標を $(x_a,\ y_a,\ z_a)$ とする。このときベクトル $\overrightarrow{\mathrm{O_aP}}$ は

$$\overrightarrow{\mathrm{O_aP}}=x_a\boldsymbol{i}_a+y_a\boldsymbol{j}_a+z_a\boldsymbol{k}_a \tag{3.15}$$

となる。

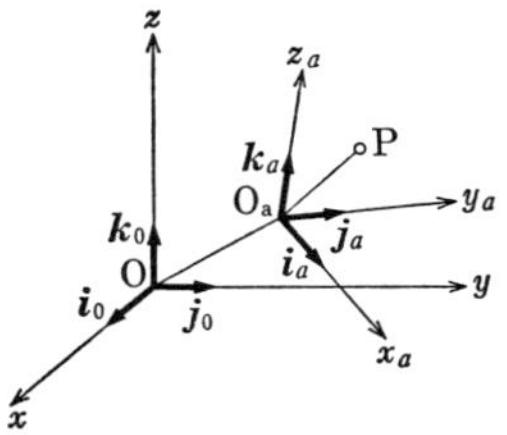

図 3.5 局所座標系

局所座標軸系で表されたベクトル $\overrightarrow{\mathrm{O_aP}}$ を基準座標で表すため，$\boldsymbol{i}_0$，$\boldsymbol{j}_0$，$\boldsymbol{k}_0$ と $\boldsymbol{i}_a$，$\boldsymbol{j}_a$，$\boldsymbol{k}_a$ の関係を求める。このため x_a, y_a, z_a 軸が x, y, z 軸となす角を $(x_a,\ x)$，$(x_a,\ y)$，$(x_a,\ z)$，… と表すことにする。このとき $\boldsymbol{i}_a$，$\boldsymbol{j}_a$，$\boldsymbol{k}_a$ は，$\boldsymbol{i}_0$，$\boldsymbol{j}_0$，$\boldsymbol{k}_0$ を用いて

$$\left.\begin{aligned}\boldsymbol{i}_a&=\cos(x,\ x_a)\,\boldsymbol{i}_0+\cos(y,\ x_a)\,\boldsymbol{j}_0+\cos(z,\ x_a)\,\boldsymbol{k}_0\\ \boldsymbol{j}_a&=\cos(x,\ y_a)\,\boldsymbol{i}_0+\cos(y,\ y_a)\,\boldsymbol{j}_0+\cos(z,\ y_a)\,\boldsymbol{k}_0\\ \boldsymbol{k}_a&=\cos(x,\ z_a)\,\boldsymbol{i}_0+\cos(y,\ z_a)\,\boldsymbol{j}_0+\cos(z,\ z_a)\,\boldsymbol{k}_0\end{aligned}\right\} \tag{3.16}$$

で与えられる。これを式 (3.15) に代入すると，ベクトル $\overrightarrow{\mathrm{O_aP}}$ は基準座標系で表され

$$\begin{aligned}\overrightarrow{\mathrm{O_aP}}=&\{x_a\cos(x,\ x_a)+y_a\cos(x,\ y_a)+z_a\cos(x,\ z_a)\}\,\boldsymbol{i}_0\\ &+\{x_a\cos(y,\ x_a)+y_a\cos(y,\ y_a)+z_a\cos(y,\ z_a)\}\,\boldsymbol{j}_0\\ &+\{x_a\cos(z,\ x_a)+y_a\cos(z,\ y_a)+z_a\cos(z,\ z_a)\}\,\boldsymbol{k}_0\end{aligned} \tag{3.17}$$

となる。ベクトル $\overrightarrow{\mathrm{OO_a}}$ は

$$\overrightarrow{\mathrm{OO_a}}=x_{a0}\boldsymbol{i}_0+y_{a0}\boldsymbol{j}_0+z_{a0}\boldsymbol{k}_0 \tag{3.18}$$

であるから，求める位置ベクトル $\overrightarrow{\mathrm{OP}}$ は

$$\begin{aligned}\overrightarrow{\mathrm{OP}}&=\overrightarrow{\mathrm{OO_a}}+\overrightarrow{\mathrm{O_aP}}\\ &=\{x_{a0}+x_a\cos(x,\ x_a)+y_a\cos(x,\ y_a)+z_a\cos(x,\ z_a)\}\,\boldsymbol{i}_0\\ &\quad+\{y_{a0}+x_a\cos(y,\ x_a)+y_a\cos(y,\ y_a)+z_a\cos(y,\ z_a)\}\,\boldsymbol{j}_0\\ &\quad+\{z_{a0}+x_a\cos(z,\ x_a)+y_a\cos(z,\ y_a)+z_a\cos(z,\ z_a)\}\,\boldsymbol{k}_0\end{aligned} \tag{3.19}$$

となる。

以上の解析法の応用例として，**図 3.6** の機構の変位の解析を考える。この

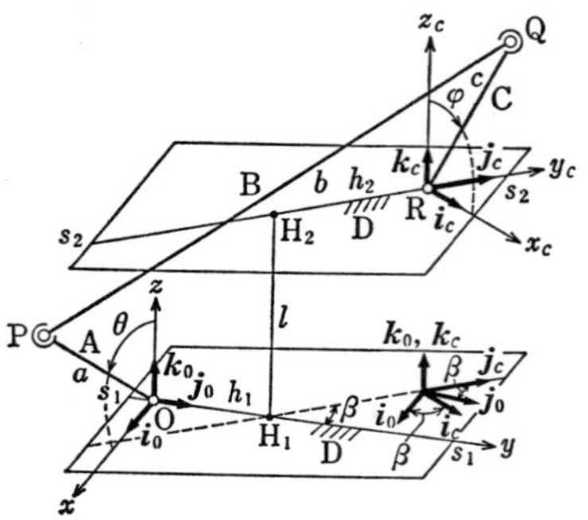

図 3.6　立体四節リンク機構の変位

機構の 2 軸 s_1s_1, s_2s_2 は平行でなく交わりもしない状態で節 D に固定されており，節 A と節 C は，この軸を回転軸として回転運動するものとする。節 A, B, C の長さを a, b, c とする。軸中心 O, R の位置関係を規定する量として，2 軸 s_1s_1, s_2s_2 を含み，たがいに平行な 2 平面間の距離 $\overline{H_1H_2}=l$, 2 軸のなす角 β および長さ $h_1=\overline{OH_1}$, $h_2=\overline{RH_2}$ が与えられているとする。問題は，節 A の回転角 θ が与えられたとして，節 C の回転角 φ を求めることである。

この問題を解くため，基準座標系 O-xyz を，y 軸が機構の軸 s_1s_1 に一致するように導入し，x, y, z 軸の正の向きに単位ベクトル $\boldsymbol{i}_0$, $\boldsymbol{j}_0$, $\boldsymbol{k}_0$ を定める。これを用いてベクトル $\overrightarrow{OP}$, $\overrightarrow{OR}$, $\overrightarrow{RQ}$ を表すことを考える。

点 P の位置ベクトルは，節 A が z 軸となす角 θ を用いて

$$\overrightarrow{OP}=a\sin\theta\,\boldsymbol{i}_0+a\cos\theta\,\boldsymbol{k}_0 \tag{3.20}$$

で与えられる。このベクトルは，初めから基準座標系で表されている。

つぎにベクトル $\overrightarrow{RQ}$, $\overrightarrow{OR}$ を求めるため，ひとまず局所座標系 R-$x_cy_cz_c$ を，y_c 軸が機構の軸 s_2s_2 と一致するよう導入し，x_c, y_c, z_c 軸の正の向きに単位ベクトル $\boldsymbol{i}_c$, $\boldsymbol{j}_c$, $\boldsymbol{k}_c$ を定める。これを用いれば，ベクトル $\overrightarrow{RQ}$ は，節 C が z_c 軸となす角 φ を用いて

$$\overrightarrow{RQ}=c\sin\varphi\,\boldsymbol{i}_c+c\cos\varphi\,\boldsymbol{k}_c \tag{3.21}$$

となる。またベクトル $\overrightarrow{OR}$ は，座標系 O-xyz と座標系 R-$x_cy_cz_c$ の両方を用いて

$$\overrightarrow{OR}=\overrightarrow{OH_1}+\overrightarrow{H_1H_2}+\overrightarrow{H_2R}=h_1\boldsymbol{j}_0+l\boldsymbol{k}_0+h_2\boldsymbol{j}_c \tag{3.22}$$

と表すことができる。いま求めた $\overrightarrow{RQ}$, $\overrightarrow{OR}$ を基準座標で表すため，ベクトル $\boldsymbol{i}_c$, $\boldsymbol{j}_c$, $\boldsymbol{k}_c$ とベクトル $\boldsymbol{i}_0$, $\boldsymbol{j}_0$, $\boldsymbol{k}_0$ の間に

$$\left.\begin{aligned} \boldsymbol{i}_c &= \cos\beta\,\boldsymbol{i}_0 + \sin\beta\,\boldsymbol{j}_0 \\ \boldsymbol{j}_c &= -\sin\beta\,\boldsymbol{i}_0 + \cos\beta\,\boldsymbol{j}_0 \\ \boldsymbol{k}_c &= \boldsymbol{k}_0 \end{aligned}\right\} \tag{3.23}$$

の関係が成り立つことに注意する。これを用いると，式（3.21）から

$$\overrightarrow{\mathrm{RQ}} = c\sin\varphi\cos\beta\,\boldsymbol{i}_0 + c\sin\varphi\sin\beta\,\boldsymbol{j}_0 + c\cos\varphi\,\boldsymbol{k}_0 \tag{3.24}$$

を，また式（3.22）から

$$\overrightarrow{\mathrm{OR}} = -h_2\sin\beta\,\boldsymbol{i}_0 + (h_1 + h_2\cos\beta)\,\boldsymbol{j}_0 + l\boldsymbol{k}_0 \tag{3.25}$$

を得る。以上のようにして，$\overrightarrow{\mathrm{RQ}}$，$\overrightarrow{\mathrm{OR}}$ を基準座標系で表すことができた。

この問題のループ方程式は

$$\overrightarrow{\mathrm{OP}} + \overrightarrow{\mathrm{PQ}} + \overrightarrow{\mathrm{QR}} + \overrightarrow{\mathrm{RO}} = 0 \tag{3.26}$$

である。これから

$$\overrightarrow{\mathrm{PQ}} = \overrightarrow{\mathrm{OR}} + \overrightarrow{\mathrm{RQ}} - \overrightarrow{\mathrm{OP}} \tag{3.27}$$

を得る。この式に上で求めた $\overrightarrow{\mathrm{OR}}$，$\overrightarrow{\mathrm{RQ}}$ と $\overrightarrow{\mathrm{OP}}$ を代入すれば，$\overrightarrow{\mathrm{PQ}}$ が基準座標系で表されたことになる。これを，$\overrightarrow{\mathrm{PQ}}$ の長さが b に等しいことを表す関係

$$\overrightarrow{\mathrm{PQ}} \cdot \overrightarrow{\mathrm{PQ}} = b^2 \tag{3.28}$$

に代入すれば，φ と θ の関係を与える式が得られる。

3.4* 多数の局所座標系の利用

多数の節からなる機構においても，3.3 節と同じように，多数の局所座標系を導入することによって機構の変位を解析することができる。ただし前節のように，単位ベクトルによる表示を繰り返して代入するのでは，計算が煩雑になる。これを解決するため，マトリクス演算を利用する方法がとられる。ここでこれを考えよう。

マトリクス演算を利用する方法の基礎として，まず前節と同じ図 3.5 に示す，2 つの局所座標系を用いる場合を考える。この図の点 P の位置ベクトルを，はじめ節 A に固定された局所座標系局所座標系 $\mathrm{O_a}$-$x_a y_a z_a$ で表し，つぎに基準座標系 O-xyz の表示に変換する方法を考える。局所座標系 $\mathrm{O_a}$-$x_a y_a z_a$ で表した点 P の位置ベクトル $\overrightarrow{\mathrm{O_aP}}$ は，式（3.15）で与えられる。これをここでは，$\boldsymbol{i}_a$，$\boldsymbol{j}_a$，$\boldsymbol{k}_a$ の係数を縦に並べて得られる

$$(\overrightarrow{\mathrm{O_aP}})_{\mathrm{a}}=\begin{Bmatrix} x_a \\ y_a \\ z_a \end{Bmatrix} \tag{3.29}$$

で表す。これは式 (3.15) のベクトルの別の表示である。ここで $(\overrightarrow{\mathrm{O_aP}})_{\mathrm{a}}$ のカッコの外の添字 a は，ベクトル $\overrightarrow{\mathrm{O_aP}}$ を局所座標系 $\mathrm{O_a}$-$x_ay_az_a$ で表したものであることを示す。以下添字について同じような表示を用いる。つぎに基準座標系で表されたベクトル $\overrightarrow{\mathrm{O_aP}}$ を，式 (3.29) と同じように $\boldsymbol{i}_0$，$\boldsymbol{j}_0$，$\boldsymbol{k}_0$ の係数を縦に並べて

$$\overrightarrow{\mathrm{O_aP}}=\begin{Bmatrix} x_a\cos(x,\ x_a)+y_a\cos(x,\ y_a)+z_a\cos(x,\ z_a) \\ x_a\cos(y,\ x_a)+y_a\cos(y,\ y_a)+z_a\cos(y,\ z_a) \\ x_a\cos(z,\ x_a)+y_a\cos(z,\ y_a)+z_a\cos(z,\ z_a) \end{Bmatrix} \tag{3.30}$$

と表す。

さて式 (3.29) のベクトルを，基準座標系で表された式 (3.30) のベクトルに変換するのに，座標系 $\mathrm{O_a}$-$x_ay_az_a$ と座標系 O-xyz の座標軸の間の角度で定められるマトリックス

$$E_{0a}=\begin{bmatrix} \cos(x,\ x_a) & \cos(x,\ y_a) & \cos(x,\ z_a) \\ \cos(y,\ x_a) & \cos(y,\ y_a) & \cos(y,\ z_a) \\ \cos(z,\ x_a) & \cos(z,\ y_a) & \cos(z,\ z_a) \end{bmatrix} \tag{3.31}$$

を導入する。このマトリックスの成分は，式 (3.16) の $\boldsymbol{i}_a$，$\boldsymbol{j}_a$，$\boldsymbol{k}_a$ の式における $\boldsymbol{i}_0$，$\boldsymbol{j}_0$，$\boldsymbol{k}_0$ の係数を，列の成分として並べたものである。これを用いると，ベクトル $\overrightarrow{\mathrm{O_aP}}$ は，ベクトル $(\overrightarrow{\mathrm{O_aP}})_{\mathrm{a}}$ に前からマトリックス E_{0a} を掛けた式

$$\overrightarrow{\mathrm{O_aP}}=E_{0a}(\overrightarrow{\mathrm{O_aP}})_{\mathrm{a}} \tag{3.32}$$

によって得られる。これが正しいことは，右辺のマトリックス演算を実際に行うことによって確かめられる。この場合のマトリックス E_{0a} を**変換マトリックス** (transformation matrix) という。

位置ベクトル $\overrightarrow{\mathrm{OP}}$ を求めるには，さらにベクトル $\overrightarrow{\mathrm{OO_a}}$ の表示が必要である。これを上と同じように基準座標で表すと

$$\overrightarrow{\mathrm{OO_a}}=\begin{Bmatrix} x_{a0} \\ y_{a0} \\ z_{a0} \end{Bmatrix} \tag{3.33}$$

となる。

ベクトル $\overrightarrow{\mathrm{OO_a}}$ と $\overrightarrow{\mathrm{O_aP}}$ がそれぞれ式 (3.32) と式 (3.33) によって基準座標系で表されたので，基準座標系で表した位置ベクトル $\overrightarrow{\mathrm{OP}}=\overrightarrow{\mathrm{OO_a}}+\overrightarrow{\mathrm{O_aP}}$ は

$$\overrightarrow{\mathrm{OP}}=\overrightarrow{\mathrm{OO_a}}+E_{0a}(\overrightarrow{\mathrm{O_aP}})_{\mathrm{a}} \tag{3.34}$$

となる。

【例題 3.3】 図 3.6 の機構のベクトル $\overrightarrow{\mathrm{OP}}$，$\overrightarrow{\mathrm{RQ}}$，$\overrightarrow{\mathrm{OR}}$ を，この節の表示法を用いて，基準座標系 O-xyz で表せ。

［**解答**］ ベクトル $\overrightarrow{\mathrm{OP}}$ を基準座標系 O-xyz で表すと

$$\overrightarrow{\mathrm{OP}}=\begin{Bmatrix} a\sin\theta \\ 0 \\ a\cos\theta \end{Bmatrix}$$

となる。これは初めから基準座標で表されている。

ベクトル $\overrightarrow{\mathrm{RQ}}$ を求めるため，これをまず局所座標系 $\mathrm{O_c}$-$x_c y_c z_c$ で表すと

$$(\overrightarrow{\mathrm{RQ}})_{\mathrm{c}}=\begin{Bmatrix} c\sin\varphi \\ 0 \\ c\cos\varphi \end{Bmatrix}$$

となる。これを基準座標系 O-xyz で表すと

$$\overrightarrow{\mathrm{RQ}}=\begin{bmatrix} \cos\beta & -\sin\beta & 0 \\ \sin\beta & \cos\beta & 0 \\ 0 & 0 & 1 \end{bmatrix}\begin{Bmatrix} c\sin\varphi \\ 0 \\ c\cos\beta \end{Bmatrix}=\begin{Bmatrix} c\sin\varphi\cos\beta \\ c\sin\varphi\sin\beta \\ c\cos\beta \end{Bmatrix}$$

となる。この結果は式（*3.24*）と一致する。

つぎにベクトル $\overrightarrow{\mathrm{OR}}$ を表すため，まず $\overrightarrow{\mathrm{OH_1}}$，$\overrightarrow{\mathrm{H_1H_2}}$ を求めると，これらは基準座標系 O-xyz で表して

$$\overrightarrow{\mathrm{OH_1}}=\begin{Bmatrix} 0 \\ h_1 \\ 0 \end{Bmatrix},\quad \overrightarrow{\mathrm{H_1H_2}}=\begin{Bmatrix} 0 \\ 0 \\ l \end{Bmatrix}$$

となる。一方ベクトル $\overrightarrow{\mathrm{H_2R}}$ を局所座標系 O_c-$x_c y_c z_c$ で表すと

$$(\overrightarrow{\mathrm{H_2R}})_{\mathrm{c}}=\begin{Bmatrix} 0 \\ h_2 \\ 0 \end{Bmatrix}$$

である。これを基準座標系 O-xyz で表すと

$$\overrightarrow{\mathrm{H_2R}}=\begin{bmatrix} \cos\beta & -\sin\beta & 0 \\ \sin\beta & \cos\beta & 0 \\ 0 & 0 & 1 \end{bmatrix}\begin{Bmatrix} 0 \\ h_2 \\ 0 \end{Bmatrix}=\begin{Bmatrix} -h_2\sin\beta \\ h_2\cos\beta \\ 0 \end{Bmatrix}$$

となる。したがって $\overrightarrow{\mathrm{OR}}$ を基準座標系 O-xyz で表すと

$$\overrightarrow{\mathrm{OR}}=\overrightarrow{\mathrm{OH_1}}+\overrightarrow{\mathrm{H_1H_2}}+\overrightarrow{\mathrm{H_2Q}}=\begin{Bmatrix} -h_2\sin\beta \\ h_1+h_2\cos\beta \\ l \end{Bmatrix}$$

となる。この結果は式（*3.25*）と一致する。

多数の局所座標系が導入されている場合は，上と同じような演算を繰り返せばよい。ここでは**図 *3.7*** のように，基準座標 O-xyz のほかに，局所座標系 $\mathrm{O_a}$-$x_a y_a z_a$，局所座標系 $\mathrm{O_b}$-$x_b y_b z_b$ が導入されている場合を考える。局所座標系 $\mathrm{O_a}$-$x_a y_a z_a$ の原点 $\mathrm{O_a}$ は基準座標系 O-xyz で表して座標（x_{a0}，y_{a0}，z_{a0}）の点であり，局所座標系 $\mathrm{O_b}$-$x_b y_b z_b$ の原点 $\mathrm{O_b}$ は局所座標系 $\mathrm{O_a}$-$x_a y_a z_a$ で表して座標（x_{ba}，y_{ba}，z_{ba}）の点であるとする。

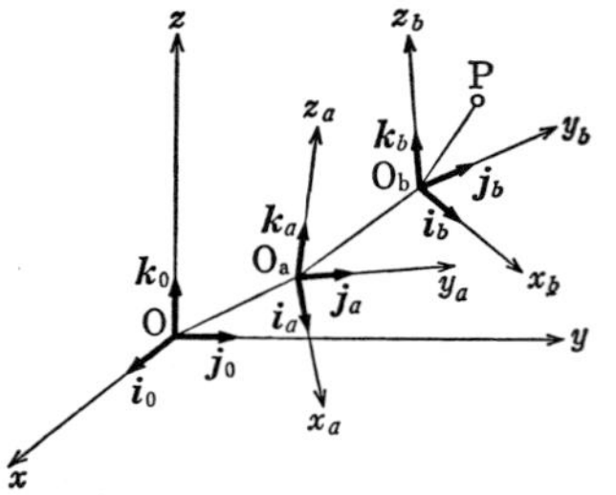

図 3.7　局所座標系

局所座標系 O_b-$x_by_bz_b$ で表して座標 $(x_b,\ y_b,\ z_b)$ の点 P を基準座標系で表すことを考える。点 P の位置ベクトル $\overrightarrow{O_bP}$ をまず局所座標系 O_b-$x_by_bz_b$ で表すと

$$(\overrightarrow{O_bP})_b=\begin{Bmatrix} x_b \\ y_b \\ z_b \end{Bmatrix} \tag{3.35}$$

である。これを局所座標系 O_a-$x_ay_az_a$ で表すため，局所座標系 O_b-$x_by_bz_b$ と局所座標系 O_a-$x_ay_az_a$ の座標軸の間の角度で定められるマトリックス

$$E_{ab}=\begin{bmatrix} \cos(x_b,\ x_a) & \cos(x_b,\ y_a) & \cos(x_b,\ z_a) \\ \cos(y_b,\ x_a) & \cos(y_b,\ y_a) & \cos(y_b,\ z_a) \\ \cos(z_b,\ x_a) & \cos(z_b,\ y_a) & \cos(z_b,\ z_a) \end{bmatrix} \tag{3.36}$$

を導入する。これを用いると，式 (3.32) と同じようにして，局所座標系 O_a-$x_ay_az_a$ で表したベクトル $\overrightarrow{O_bP}$ は

$$(\overrightarrow{O_bP})_a=E_{ab}(\overrightarrow{O_bP})_b \tag{3.37}$$

である。また位置ベクトル $\overrightarrow{O_aO_b}$ を局所座標系 O_a-$x_ay_az_a$ で表すと

$$(\overrightarrow{O_aO_b})_a=\begin{Bmatrix} x_{ba} \\ y_{ba} \\ z_{ba} \end{Bmatrix} \tag{3.38}$$

である。位置ベクトル $\overrightarrow{O_bP}$ と $\overrightarrow{O_aO_b}$ はいずれも局所座標系 O_a-$x_ay_az_a$ で表されているので，これらを加え合わせて，局所座標系 O_a-$x_ay_az_a$ で表した位置ベクトル $\overrightarrow{O_aP}$ として

$$(\overrightarrow{O_aP})_a=(\overrightarrow{O_aO_b})_a+E_{ab}(\overrightarrow{O_bP})_b \tag{3.39}$$

を得る。

最終的に基準座標系 O-xyz で表すため，式 (3.31) と同じマトリックス E_{0a} を導入する。これを用いると，基準座標系 O-xyz で表した位置ベクトル $\overrightarrow{O_aP}$ は

$$\overrightarrow{O_aP}=E_{0a}\Big((\overrightarrow{O_aO_b})_a+E_{ab}(\overrightarrow{O_bP})_b\Big) \tag{3.40}$$

となる。また基準座標で表した $\overrightarrow{OO_a}$ は

$$\overrightarrow{OO_a}=\begin{Bmatrix} x_{a0} \\ y_{a0} \\ z_{a0} \end{Bmatrix} \tag{3.41}$$

である。ベクトル $\overrightarrow{O_aP}$ と $\overrightarrow{OO_a}$ がいずれも基準座標で表されているので，これを加え合わせて，基準座標で表された位置ベクトル $\overrightarrow{OP}$ として

$$\overrightarrow{OP}=\overrightarrow{OO_a}+E_{0a}\Big((\overrightarrow{O_aO_b})_a+E_{ab}(\overrightarrow{O_bP})_b\Big) \tag{3.42}$$

を得る。これが求める結果である。閉じた機構では，この方法によって各節の変位をすべて基準座標系で表し，ループ方程式に代入すれば，変位の解析ができる。

この節の重要な応用例は，ロボット機構の運動解析である。これについては 12 章で扱う。ロボット機構の運動を早く学びたい読者は，この章に続いて，12 章に進むこともできる。

演　習　問　題

〔*1*〕 **図 *3.8*** に示すピストンクランク機構のスライダ C はクランク A の回転につれて左右に動く。スライダ C が最も右に変位したときの点 Q の位置 Q_1 からの変位 $\overline{QQ_1}=x$ を，クランク A の回転角 θ の関数として求めよ。

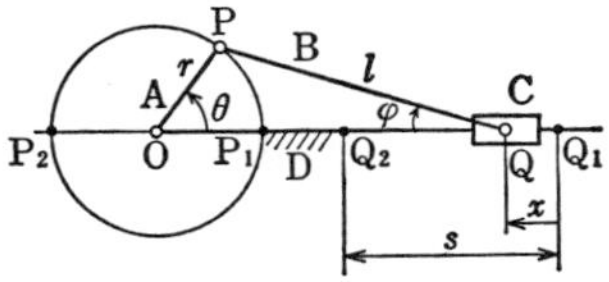

図 *3.8*　ピストンクランク機構の変位

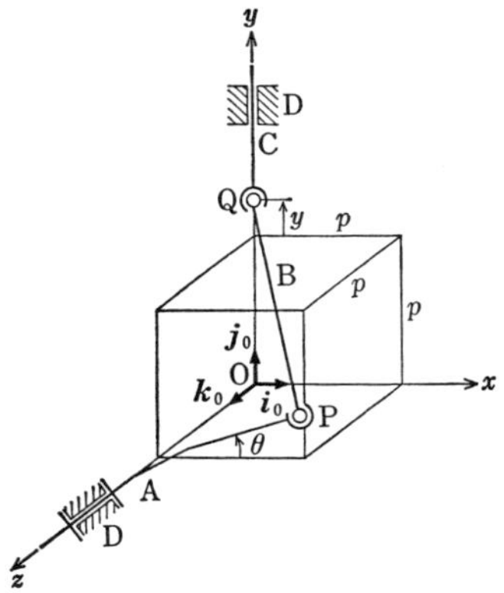

図 *3.9*　立体機構の変位

〔*2*〕 **図 *3.9*** に示す立体機構の節 A を z 軸まわりに角 θ だけ回転したときの節 C の変位 y を θ の関数として求めよ。

4

機構の速度と加速度

この章では，機構の速度と加速度の問題を扱う。*3* 章と同じように，図式解法と数式解法を学ぶことにする。

4.1　平面機構の速度と加速度の基礎式

4.1.1　平面運動する点の速度と加速度

平面機構の速度と加速度の問題を扱うため，準備として，平面運動する点の速度と加速度の基礎式を求める。平面運動している点をＰとする。運動の平面内に，**図 *4.1*** に示すように，直交座標系 O-xy を空間に固定して定める。

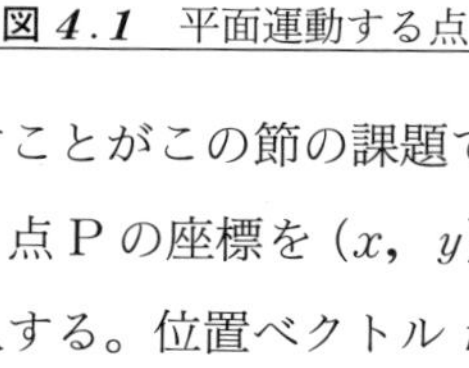

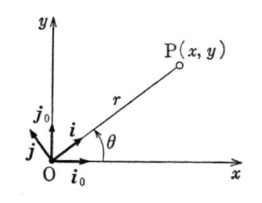

図 *4.1*　平面運動する点

点Ｏを基準とする点Ｐの位置ベクトル $\overrightarrow{\mathrm{OP}}$ を $\boldsymbol{r}_p$ とおけば，点Ｐの速度 $\boldsymbol{v}_p$，加速度 $\boldsymbol{a}_p$ は，それぞれ定義によって

$$\boldsymbol{v}_p=\frac{d\boldsymbol{r}_p}{dt},\quad \boldsymbol{a}_p=\frac{d^2\boldsymbol{r}_p}{dt^2} \tag{4.1}$$

である。この式の速度 $\boldsymbol{v}_p$，加速度 $\boldsymbol{a}_p$ を成分で表すことがこの節の課題である。

点Ｐの座標を (x, y) とし，x, y 軸の正の向きに単位ベクトル $\boldsymbol{i}_0$, $\boldsymbol{j}_0$ を導入する。位置ベクトル $\boldsymbol{r}_p$ は

$$\boldsymbol{r}_p = x\boldsymbol{i}_0 + y\boldsymbol{j}_0 \tag{4.2}$$

で与えられる。この表示を式（4.1）に代入すると，速度 $\boldsymbol{v}_p$，加速度 $\boldsymbol{a}_p$ は

$$\boldsymbol{v}_p = \frac{dx}{dt}\boldsymbol{i}_0 + \frac{dy}{dt}\boldsymbol{j}_0, \quad \boldsymbol{a}_p = \frac{d^2x}{dt^2}\boldsymbol{i}_0 + \frac{d^2y}{dt^2}\boldsymbol{j}_0 \tag{4.3}$$

となる。この式によれば，速度 $\boldsymbol{v}_p$，加速度 $\boldsymbol{a}_p$ の $\boldsymbol{i}_0$，$\boldsymbol{j}_0$ 方向の成分は，位置ベクトル $\boldsymbol{r}_p$ の $\boldsymbol{i}_0$，$\boldsymbol{j}_0$ 方向の成分をそれぞれ1階，あるいは2階微分して得られることがわかる。

速度 $\boldsymbol{v}_p$，加速度 $\boldsymbol{a}_p$ の別の成分表示を求める。このため，原点Oを極，x 軸を基線とする極座標系を運動の平面内に定める。この座標系で表した点Pの座標を（r，θ）とし，r，θ の方向に単位ベクトル $\boldsymbol{i}$，$\boldsymbol{j}$ を導入する。このとき位置ベクトル $\boldsymbol{r}_p$ は $\boldsymbol{i}$ で表され

$$\boldsymbol{r}_p = r\boldsymbol{i} \tag{4.4}$$

となる。

上式を微分して速度，加速度を求めるのに，$d\boldsymbol{i}/dt$，$d\boldsymbol{j}/dt$ が必要になるので，これをまず求める。ベクトル $\boldsymbol{i}$，$\boldsymbol{j}$ は，長さは1で一定であるが，点Pと共に方向を変えるため，$d\boldsymbol{i}/dt$，$d\boldsymbol{j}/dt$ は0と限らない。これらの値を求めるため，ベクトル $\overrightarrow{\mathrm{OP}}$ の角速度

$$\omega = \frac{d\theta}{dt} \tag{4.5}$$

を導入する。これを用いると，短い時間 Δt だけ経過したときのベクトル $\boldsymbol{i}$，$\boldsymbol{j}$ の変化 $\Delta\boldsymbol{i}$，$\Delta\boldsymbol{j}$ は，**図 4.2** に示されるように

$$\Delta\boldsymbol{i} = \omega\Delta t\boldsymbol{j}, \quad \Delta\boldsymbol{j} = -\omega\Delta t\boldsymbol{i} \tag{4.6}$$

である。これを Δt で割って $\Delta t \to 0$ の極限をとれば，$d\boldsymbol{i}/dt$，$d\boldsymbol{j}/dt$ の値として

$$\frac{d\boldsymbol{i}}{dt} = \omega\boldsymbol{j}, \quad \frac{d\boldsymbol{j}}{dt} = -\omega\boldsymbol{i} \tag{4.7}$$

を得る。

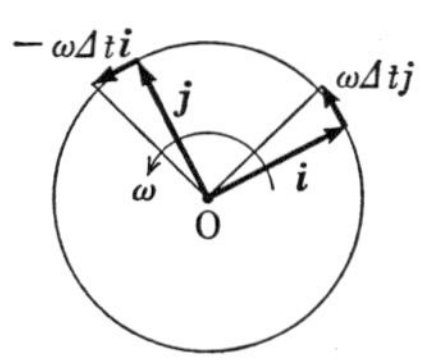

図 4.2　単位ベクトルの変化

式（4.4）に戻って，この式を微分すると，速度 $\boldsymbol{v}_p$ として

$$\boldsymbol{v}_p=\frac{dr}{dt}\boldsymbol{i}+r\frac{d\boldsymbol{i}}{dt} \tag{4.8}$$

を得る。この式に式（4.7）を代入すれば

$$\boldsymbol{v}_p=\frac{dr}{dt}\boldsymbol{i}+r\omega\boldsymbol{j} \tag{4.9}$$

となる。この式の第1項，第2項がそれぞれ速度 $\boldsymbol{v}_p$ の $\boldsymbol{i}$，$\boldsymbol{j}$ 方向の成分である。

式（4.9）を微分すると，加速度 $\boldsymbol{a}_p$ として

$$\boldsymbol{a}_p=\frac{d^2r}{dt^2}\boldsymbol{i}+\frac{dr}{dt}\frac{d\boldsymbol{i}}{dt}+\frac{dr}{dt}\omega\boldsymbol{j}+r\frac{d\omega}{dt}\boldsymbol{j}+r\omega\frac{d\boldsymbol{j}}{dt} \tag{4.10}$$

を得る。この式に式（4.7）を用い，またベクトル $\overrightarrow{\mathrm{OP}}$ の角加速度

$$\alpha=\frac{d\omega}{dt} \tag{4.11}$$

を導入すると

$$\boldsymbol{a}_p=\left(\frac{d^2r}{dt^2}-r\omega^2\right)\boldsymbol{i}+\left(2\omega\frac{dr}{dt}+r\alpha\right)\boldsymbol{j} \tag{4.12}$$

を得る。この式の第1項，第2項がそれぞれ加速度 $\boldsymbol{a}_p$ の $\boldsymbol{i}$，$\boldsymbol{j}$ 方向の成分である。

$\boldsymbol{i}$ 方向の成分のうち $-r\omega^2\boldsymbol{i}$ は，点Oに向かう成分であり，これを**求心加速度**（centripetal acceleration）という。$\boldsymbol{j}$ 方向の成分のうち $2\omega(dr/dt)\boldsymbol{j}$ は，速度ベクトル $\boldsymbol{v}_p$ の成分 $(dr/dt)\boldsymbol{i}$ を回転の向きに90°だけ回転して 2ω 倍したもので，これを**コリオリの加速度**（Coriolis' acceleration）という。

4.1.2 平面運動する剛体上の点の速度と加速度

前項に続いて，平面機構の速度と加速度の問題を扱うための準備を続ける。ここでは，ある剛体A上の点Pの速度 $\boldsymbol{v}_p$，加速度 $\boldsymbol{a}_p$ が与えられたときに，剛体Aに対して相対運動をする点Qの速度 $\boldsymbol{v}_q$，加速度 $\boldsymbol{a}_q$ を与える式を求める。

剛体Aの運動の平面内に，**図4.3**に示すように，直交座標系O－xy を空間に固定して定める。点Oを基準とする点Pの位置ベクトル $\overrightarrow{\mathrm{OP}}$ を $\boldsymbol{r}_p$ とおく。ここで考えている問題では

$$\boldsymbol{v}_p=\frac{d\boldsymbol{r}_p}{dt},\quad \boldsymbol{a}_p=\frac{d\boldsymbol{v}_p}{dt}=\frac{d^2\boldsymbol{r}_p}{dt^2} \tag{4.13}$$

は与えられた量である。

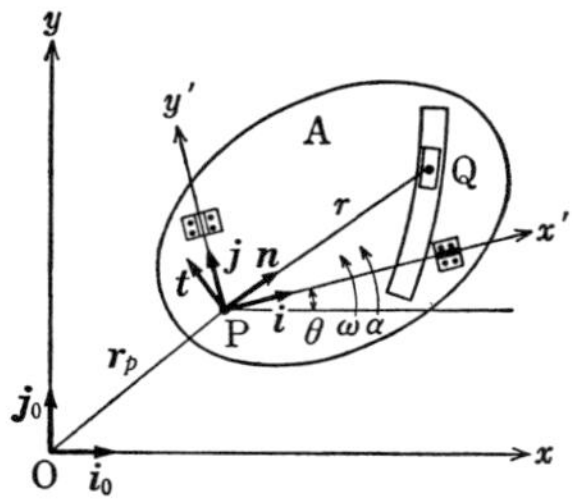

図 4.3　平面運動する剛体上の点の速度と加速度

剛体A上で点Qの位置を示すため，点Pを原点として，直交座標系P-$x'y'$を，剛体に固定して定める。この座標系に対する点Qの座標を（x'，y'）とする。x'軸，y'軸の正の向きに単位ベクトル $\boldsymbol{i}$，$\boldsymbol{j}$ を，これも剛体に固定して定める。これらを用いれば，ベクトル $\overrightarrow{\mathrm{PQ}}=\boldsymbol{r}_q$ は

$$\boldsymbol{r}_q=x'\boldsymbol{i}+y'\boldsymbol{j} \tag{4.14}$$

となる。

はじめ点Qは剛体A上の固定点，したがって x'，y' が定数である場合を考える。点Oを基準とする点Qの位置ベクトル $\overrightarrow{\mathrm{OQ}}$ は

$$\overrightarrow{\mathrm{OQ}}=\overrightarrow{\mathrm{OP}}+\overrightarrow{\mathrm{PQ}}=\boldsymbol{r}_p+\boldsymbol{r}_q=\boldsymbol{r}_p+(x'\boldsymbol{i}+y'\boldsymbol{j}) \tag{4.15}$$

となる。これを微分すると，点Oの速度 $\boldsymbol{v}_q$ として

$$\boldsymbol{v}_q=\boldsymbol{v}_p+\left(x'\frac{d\boldsymbol{i}}{dt}+y'\frac{d\boldsymbol{j}}{dt}\right) \tag{4.16}$$

を得る。これを書き直すため，反時計方向を正とし，x'軸が x 軸となす角を θ とし，剛体Aの角速度

$$\omega=\frac{d\theta}{dt} \tag{4.17}$$

を導入する。これを用いれば，前項と同じようにして，式（4.7）が得られ，速度 $\boldsymbol{v}_q$ は

$$\boldsymbol{v}_q=\boldsymbol{v}_p+\omega(x'\boldsymbol{j}-y'\boldsymbol{i}) \tag{4.18}$$

となる。

式（4.18）をさらに書き直す。この式の右辺に現れるベクトル（$x'\boldsymbol{j}-y'\boldsymbol{i}$）は，容易に確かめられるように，ベクトル（$x'\boldsymbol{i}+y'\boldsymbol{j}$）を90°だけ回転したものである。そこでベクトル $\overrightarrow{\mathrm{PQ}}$ の向きに単位ベクトル $\boldsymbol{n}$，これを90°だけ回転

した向きに単位ベクトル $\boldsymbol{t}$ を導入し，$\overline{\mathrm{PQ}}=r$ とすると

$$x'\boldsymbol{i}+y'\boldsymbol{j}=r\,\boldsymbol{n},\quad x'\boldsymbol{j}-y'\boldsymbol{i}=r\,\boldsymbol{t} \tag{4.19}$$

となる。これを用いると，式（4.18）は

$$\boldsymbol{v}_q=\boldsymbol{v}_p+r\omega\boldsymbol{t} \tag{4.20}$$

と書き直すことができる。

加速度 $\boldsymbol{a}_q$ を求めるため，式（4.18）を微分すると

$$\boldsymbol{a}_q=\boldsymbol{a}_p+\omega\left(x'\frac{d\boldsymbol{j}}{dt}-y'\frac{d\boldsymbol{i}}{dt}\right)+\frac{d\omega}{dt}(x'\boldsymbol{j}-y'\boldsymbol{i}) \tag{4.21}$$

となる。ここで剛体の角加速度

$$\alpha=\frac{d\omega}{dt}=\frac{d^2\theta}{dt^2} \tag{4.22}$$

を導入し，さらに式（4.7），（4.19）を用いれば，式（4.21）から，$\boldsymbol{a}_q$ として

$$\boldsymbol{a}_q=\boldsymbol{a}_p-r\omega^2\boldsymbol{n}+r\alpha\boldsymbol{t} \tag{4.23}$$

を得る。

以上は，点 Q が剛体 A 上の固定点である場合の結果である。つぎに点 Q が剛体 A に対しある定まった相対運動をしている場合を考える。相対運動が与えられているので，剛体 A 上にいる観察者から見た点 Q の見かけの速度 $\boldsymbol{v}_{qp}$，加速度 $\boldsymbol{a}_{qp}$ は，例えば x'，y' を用いた場合

$$\boldsymbol{v}_{qp}=\frac{dx'}{dt}\boldsymbol{i}+\frac{dy'}{dt}\boldsymbol{j},\quad \boldsymbol{a}_{qp}=\frac{d^2x'}{dt^2}\boldsymbol{i}+\frac{d^2y'}{dt^2}\boldsymbol{j} \tag{4.24}$$

で与えられ，これらは既知である。

点 Q の速度 $\boldsymbol{v}_q$ は，x'，y' を定数と限らないで式（4.15）を微分して得られ

$$\boldsymbol{v}_q=\boldsymbol{v}_p+\omega(x'\boldsymbol{j}-y'\boldsymbol{i})+\left(\frac{dx'}{dt}\boldsymbol{i}+\frac{dy'}{dt}\boldsymbol{j}\right) \tag{4.25}$$

となる。この式を，式（4.19），（4.24）を用いて書き直すと

$$\boldsymbol{v}_q=(\boldsymbol{v}_p+r\omega\boldsymbol{t})+\boldsymbol{v}_{qp} \tag{4.26}$$

となる。この式を式（4.20）と比較すると，速度 $\boldsymbol{v}_q$ は，点 Q が剛体上の固定点であるとしたときの点 Q の速度に，剛体を基準としたときの点 Q の見か

けの速度 $\boldsymbol{v}_{qp}$ を加えたものとなっていることがわかる。

点 Q の加速度 $\boldsymbol{a}_q$ を求めるため，式（4.25）を微分すると

$$\boldsymbol{a}_q=\boldsymbol{a}_p-\omega^2(x'\boldsymbol{i}+y'\boldsymbol{j})+\alpha(x'\boldsymbol{j}-y'\boldsymbol{i}) +2\omega\left(\frac{dx'}{dt}\boldsymbol{j}-\frac{dy'}{dt}\boldsymbol{i}\right)+\left(\frac{d^2x'}{dt^2}\boldsymbol{i}+\frac{d^2y'}{dt^2}\boldsymbol{j}\right) \tag{4.27}$$

を得る。この式を，式（4.19），（4.24）を用いて書き直すと

$$\boldsymbol{a}_q=(\boldsymbol{a}_p-r\omega^2\boldsymbol{n}+r\alpha\boldsymbol{t})+\boldsymbol{a}_{cor}+\boldsymbol{a}_{qp} \tag{4.28}$$

となる。ここで

$$\boldsymbol{a}_{cor}=2\omega\left(\frac{dx'}{dt}\boldsymbol{j}-\frac{dy'}{dt}\boldsymbol{i}\right) \tag{4.29}$$

は，式（4.24）の $\boldsymbol{v}_{qp}$ を 90° だけ回転し 2ω 倍したもので，コリオリの加速度である。式（4.28）を式（4.23）と比較すると，加速度 $\boldsymbol{a}_q$ は，点 Q が剛体上の固定点であるとしたときの点 Q の加速度に，剛体を基準とした点 Q の見かけの加速度 $\boldsymbol{a}_{qp}$ を加え，さらにコリオリの加速度 $\boldsymbol{a}_{cor}$ を加えたものであることがわかる。

【例題 4.1】 **図 4.4**（a）の剛体 A 上の点 P は一定の速さ $v_p=2.0$ m/s で右方に移動している。この点 P のまわりに剛体 A が角速度 $\omega=10.0$ rad/s，角加速度 $\alpha=20.0$ rad/s² で回転している。点 P から $r=0.5$ m の距離にあり，点 P の滑りの方向と 40° をなす剛体 A 上の点 Q の速度 $\boldsymbol{v}_q$ と加速度 $\boldsymbol{a}_q$ を求めよ。

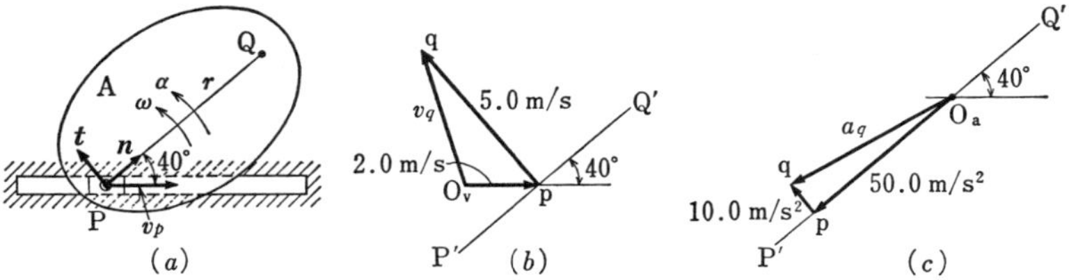

図 4.4 剛体上の点の速度と加速度

［**解答**］ 式（4.20），（4.23）に $v_p=2.0$ m/s，$a_p=0$，$r=0.5$ m，$\omega=10.0$ rad/s，$\alpha=20.0$ rad/s² を代入すると

$$\boldsymbol{v}_q=\boldsymbol{v}_p+5.0\boldsymbol{t}\ \text{m/s},$$
$$\boldsymbol{a}_q=-50\boldsymbol{n}+10.0\boldsymbol{t}\ \text{m/s}^2$$

を得る。ここで $\boldsymbol{n}$ と $\boldsymbol{t}$ は $\overrightarrow{PQ}$ の方向およびこれに直角方向の単位ベクトル，$\boldsymbol{v}_p$ は点Pの速度を表すベクトルである。

上式の右辺の各項を図によってベクトル合成するのに，速度多角形，加速度多角形を用いることができる。図 4.4（b），（c）は，それぞれ適当な尺度で速度多角形，加速度多角形を描いたもので，求めるベクトル $\boldsymbol{v}_q$，$\boldsymbol{a}_q$ は図中の $\overrightarrow{O_vq}$，$\overrightarrow{O_aq}$ で与えられる。求めるベクトルは，方向はそのまま $\overrightarrow{O_vq}$，$\overrightarrow{O_aq}$ の方向で与えられ，大きさは，図（b）（c）を描いたときの尺度を用いて図上の長さ $\overline{O_vq}$，$\overline{O_aq}$ を実際の大きさに換算したもので，$v_q=4.02$ m/s，$a_q=51.0$ m/s^2 である。

【例題 4.2】 **図 4.5**（a）の円板Aは，回転中心Pのまわりに一定角速度 $\omega=20$ rad/s で反時計方向に回転している。この円板上に，点Pから $\overline{PH}=0.3$ m 離れた位置に，直線PHに直角に直線上の溝が設けられ，部品Qがこの溝に沿って滑っている。いま部品QがHから 0.4 m の位置にあって，円板上をHから離れる向きに速度 4.0 m/s，加速度 100 m/s^2 で動くとき，この部品の速度 $\boldsymbol{v}_q$ と加速度 $\boldsymbol{a}_q$ を求めよ。

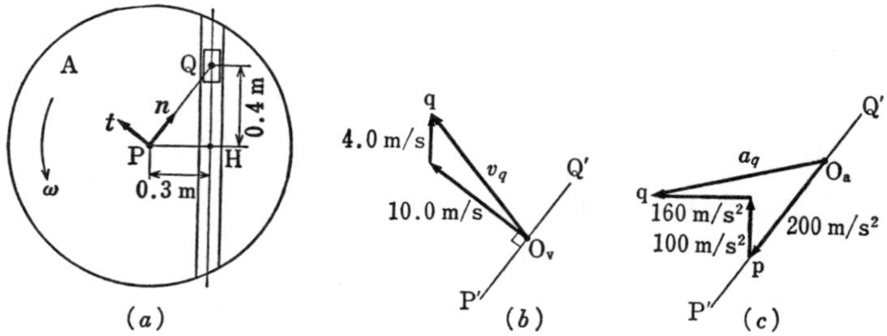

図 4.5　回転円板上を運動する点Qの速度と加速度

［**解答**］ 式（4.26）に $\boldsymbol{v}_p=0$，　$r=\overline{PQ}=\sqrt{0.3^2+0.4^2}=0.5$ m，　$\omega=20$ rad/s を代入すると

$$\boldsymbol{v}_q=10.0\boldsymbol{t}+\boldsymbol{v}_{qp}\ \text{m/s}$$

を得る。ここで $\boldsymbol{v}_{qp}$ は題意によって，大きさ $v_{qp}=4.0$ m/s で，点Hから点Qに向かうベクトルである。

したがって，図（b）のような速度多角形を用いて，速度 $\boldsymbol{v}_q$ としてベクトル $\overrightarrow{O_vq}$ を得る。このベクトルの大きさ v_q は，$\overline{O_vq}$ から求められ，$v_q=12.8$ m/s となる。

つぎに式（4.28）に $\boldsymbol{a}_p=0$，　$r=0.5$ m，　$\omega=20$ rad/s，　$\alpha=0$ を代入すると

$$\boldsymbol{a}_q = -200\boldsymbol{n} + \boldsymbol{a}_{qp} + \boldsymbol{a}_{cor}$$

を得る。ここで $\boldsymbol{a}_{qp}$ は題意によって，大きさ $a_{qp}=100$ m/s² で，点 H から Q に向かうベクトルである。また $\boldsymbol{a}_{cor}$ は，大きさ $2\omega v_{qp}=160$ m/s² で $\boldsymbol{v}_{qp}$ に直角方向のベクトルである。このようにして図（c）の加速度多角形により，加速度 $\boldsymbol{a}_q$ がベクトル $\overrightarrow{\mathrm{O_aq}}$ として求められる。このベクトルの大きさ a_q は，$\overline{\mathrm{O_aq}}$ から求められ，$a_q=286$ m/s² である。

4.2 平面機構の速度

4.1 節において，機構の速度と加速度の問題を扱う基礎式を導いた。これをもとにして，この節で機構の速度，*4.3* 節で機構の加速度の問題を考える。機構の問題では，基礎式に含まれる量がすべて与えられるとは限らないので，各節が機構の拘束にしたがって動くということを利用して問題を解かなければならない。ここでいくつかの解き方を示す。

4.2.1 写像法による機構の速度の導出

機構の速度の問題は，**図 4.6**（a）に示す，つぎの問題に帰着されることが多い。節 A 上の点 P の速度 $\boldsymbol{v}_p$ が与えられ，同じ節上の他の点 Q の速度の方向 QS が機構の構造から定まる場合に，節上の点 Q の速度 $\boldsymbol{v}_q$，さらに任意の点 R の速度 $\boldsymbol{v}_r$ を求めよ。

この問題を解くため，はじめに点 Q の速度を求める。節 A の角速度を ω とすると，式（*4.20*）から，点 Q の速度 $\boldsymbol{v}_q$ は，ベクトル $\boldsymbol{v}_p$ と，直線 PQ に直角の方向で大きさ $\overline{\mathrm{PQ}}\omega$ のベクトルを合成して得られる。

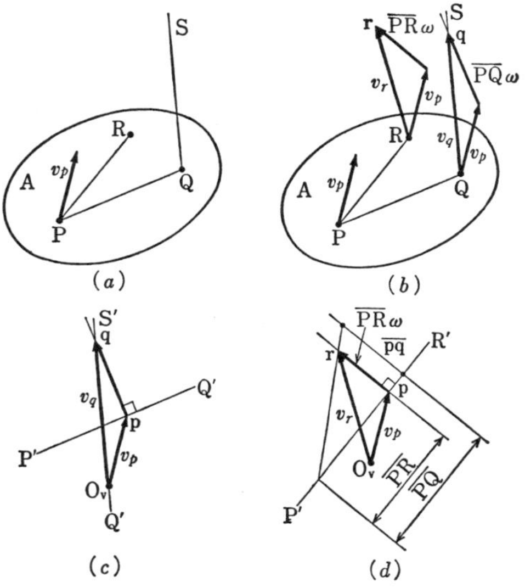

図 **4.6** 写像法

ここで ω は未知であるので，後者のベクトルの大きさは確定しないので，直接合成することはできない。そこで合成した結果が，直線 QS の方向をとるように定める。このようにして，図（b）のように $\boldsymbol{v}_q=\overrightarrow{\mathrm{Qq}}$ を得る。

これを実際に求めるときには，図（c）のように，速度多角形を用いるのが便利である。まず速度の基準点 $\mathrm{O_v}$ を任意に定め，この点から $\boldsymbol{v}_p$ を表すベクトル $\overrightarrow{\mathrm{O_vp}}$ を描く。つぎに点 p を通って，直線 PQ と直角方向の直線 pq を描き，点 $\mathrm{O_v}$ を通って QS に平行な直線 Q′S′ との交点 q を求める。点 $\mathrm{O_v}$ と点 q を結んで得られるベクトル $\overrightarrow{\mathrm{O_vq}}$ が求める速度 $\boldsymbol{v}_q$ である。この図のベクトル $\overrightarrow{\mathrm{pq}}$ は大きさ $\overline{\mathrm{PQ}}\omega$ のベクトルを表すから，図から長さ $\overline{\mathrm{pq}}$ を求めると，未知であった角速度 ω が

$$\omega=\frac{\overline{\mathrm{pq}}}{\overline{\mathrm{PQ}}} \tag{4.30}$$

と定められる。

角速度 ω がこのように定められたので，節上の任意の点 R の速度は，式（4.20）を用いて得られる。この式によって，求める速度は，ベクトル $\boldsymbol{v}_p$ と，直線 PR と直角方向で大きさ $\overline{\mathrm{PR}}\omega$ のベクトルを図（d）のように合成する。なお $\overline{\mathrm{PR}}\omega$ を式（4.30）を用いて書き直すと

$$\overline{\mathrm{PR}}\omega=\overline{\mathrm{PR}}\times\frac{\overline{\mathrm{pq}}}{\overline{\mathrm{PQ}}}=\overline{\mathrm{pq}}\times\frac{\overline{\mathrm{PR}}}{\overline{\mathrm{PQ}}} \tag{4.31}$$

となるので，大きさ $\overline{\mathrm{PR}}\omega$ のベクトルを描くのに，ω を数値として求めずに，図（d）のように，相似三角形を利用して求めることもできる。

以上の速度多角形を利用する方法では，速度を表すベクトルを，一つの点 $\mathrm{O_v}$ を基準に写像するので，この方法を**写像法**（velocity analysis by image method）という。

写像法の応用例として，**図 4.7**（a）に示す，四節リンク機構の速度を考える。この機構の原動節 A の角速度 ω が与えられて，従動節 C の角速度を求めたいとする。この機構の節 A 上の点 P の速度は，式（4.9）によって，大きさは $\overline{\mathrm{OP}}\omega$ であり，方向は直線 OP に直角となるので，既知である。つぎに

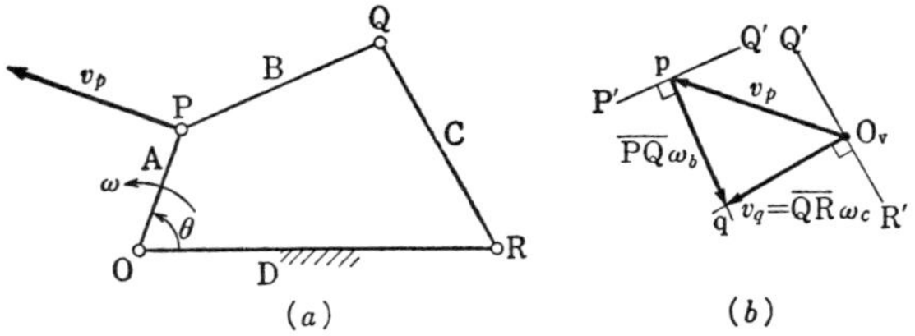

図 4.7 四節リンク機構の速度

節Bに注目する。節B上の点Pの速度はいま求めたように既知である。同じ節上の点Qの速度は，大きさは未知であるが，点Qが固定点Rまわりに回転するので，方向は直線RQに直角である。このようにして，点Qの速度を求める問題は，上に述べた問題に帰着される。

そこで図（b）に示すように，速度多角形を用いて解を求める。まず基準点O_vより$\boldsymbol{v}_p$を表すベクトル$\overrightarrow{O_v p}$を引き，その終点pを通り，直線PQに垂直な直線を引く。また点O_vを通って直線QRに垂直な直線を引く。両者の交点をqとする。ベクトル$\overrightarrow{O_v q}$が点Qの速度$\boldsymbol{v}_q$を与える。一方節Cの角速度をω_cとおくと，点Qの速度$\boldsymbol{v}_q$は，式（4.20）によって与えられ，その大きさは$\overline{QR}\omega_c$となる。これをいま求めた$\boldsymbol{v}_q$の大きさ$\overline{O_v q}$と等しいとおけば，$\omega_c=\overline{O_v q}/\overline{QR}$を得る。

4.2.2 瞬間中心法による機構の速度の導出

4.2.1項と同じ，節上の一つの点の速度が与えられて，同じ節上の他の任意の点の速度を求める問題を，ここでは瞬間中心の位置が求められる場合について扱う。瞬間中心を利用するので，ここで述べる方法を**瞬間中心法**（velocity analysis by instantaneous center）という。

ある節A上の点Pの速度$\boldsymbol{v}_p$が与えられて，任意の点Qの速度$\boldsymbol{v}_q$を求めたいとする。固定節Fに対する節Aの瞬間中心O_aが求められている。

式（4.20）において，点O_aの速度は0であることを用いると，点Pの速度$\boldsymbol{v}_p$は

$$\boldsymbol{v}_p=\overline{O_a P}\,\omega \boldsymbol{t}_p \tag{4.32}$$

で与えられる。ここで ω は節 A の角速度を表し，未知の量である。また $\boldsymbol{t}_p$ は，点 $\mathrm{O_a}$ から P に向かうベクトルと直角方向の単位ベクトルである。いまの問題では点 P の速度 $\boldsymbol{v}_p$ が与えられているから，その大きさ v_p を式（4.32）の $\boldsymbol{v}_p$ の大きさ $\overline{\mathrm{O_aP}}\omega$ に等しいとおくと，未知量 ω が

$$\omega=\frac{v_p}{\overline{\mathrm{O_aP}}} \tag{4.33}$$

と定められる。

つぎに点 Q の速度 $\boldsymbol{v}_q$ は，やはり式（4.20）の関係によって

$$\boldsymbol{v}_q=\overline{\mathrm{O_aQ}}\,\omega\boldsymbol{t}_q \tag{4.34}$$

で与えられる。ここで $\boldsymbol{t}_q$ は，点 $\mathrm{O_a}$ から Q に向かうベクトルと直角方向の単位ベクトルである。いまでは ω は既知であるから，式（4.34）によって $\boldsymbol{v}_q$ が定められる。

速度 $\boldsymbol{v}_q$ を求めるのに，式（4.33）によって ω を数値として求めなくても，相似な三角形を利用する方法を用いることもできる。式（4.34）に式（4.33）を代入すると，速度 $\boldsymbol{v}_q$ は

$$\boldsymbol{v}_q=\frac{\overline{\mathrm{O_aQ}}}{\overline{\mathrm{O_aP}}}v_p\boldsymbol{t}_q \tag{4.35}$$

となる。この関係を用いると，速度 $\boldsymbol{v}_q$ は，**図 4.8** に示すように与えられる。この図において，ベクトル $\overrightarrow{\mathrm{Pp}}$ を与えられた速度 $\boldsymbol{v}_p$ とする。点 $\mathrm{O_a}$ と Q を結ぶ直線上に，$\overline{\mathrm{O_aP'}}=\overline{\mathrm{O_aP}}$ となるよう点 P′ を定め，点 P′ において直線 $\mathrm{O_aP'}$ に立てた垂線上に $\overline{\mathrm{P'p'}}=\overline{\mathrm{Pp}}$ となる点 p′ をとる。点 $\mathrm{O_a}$ と p′ を結ぶ直線と，点 Q において直線 $\mathrm{O_aQ}$ に立てた垂線の交点 q をとすれば，ベクトル $\overrightarrow{\mathrm{Qq}}$ が求める速度 $\boldsymbol{v}_q$ である。

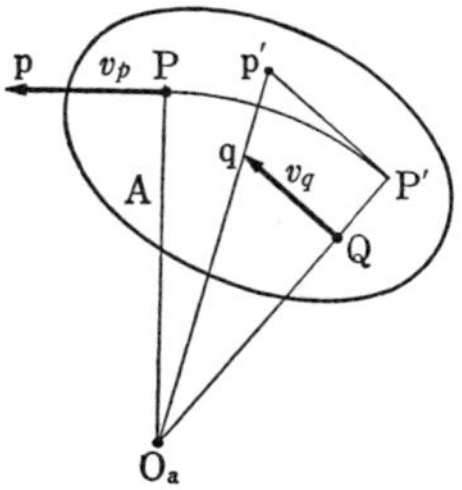

図 4.8　瞬間中心法

前項と同じ図 4.7（a）に示す四節リンク機構の速度の問題を，**図 4.9** に示すように，瞬間中心法を用いて求めてみよう。固定節 D に対する節 B の瞬間中心 $\mathrm{O_b}$ は，図（b）に示すように，直線 OP，QR の交点である。点 P の

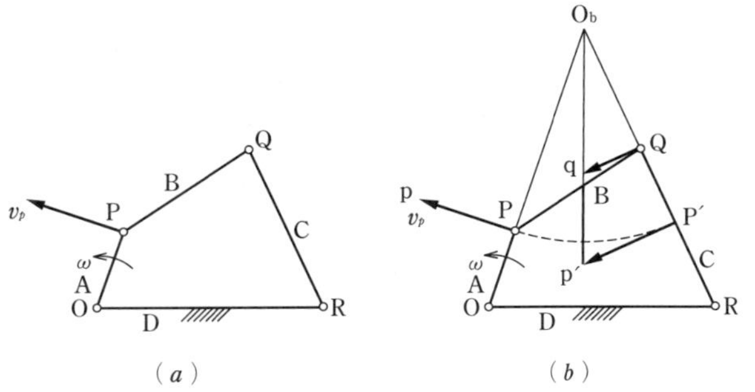

図 4.9　平面機構の速度

速度 $\boldsymbol{v}_p$ を表すベクトル $\overrightarrow{\mathrm{Pp}}$ を適当な尺度で描き，上で述べたようにして，$\mathrm{O_b}$ を利用してベクトル $\overrightarrow{\mathrm{Qq}}$ を図のように定めれば，このベクトルが，$\boldsymbol{v}_p$ と同じ尺度で書かれた点Qの速度 $\boldsymbol{v}_q$ となる。これを $\overline{\mathrm{QR}}$ で割れば，節Cの角速度 ω_c を得る。

4.2.3　異なった節上の2点の相対速度が関係する機構の速度

剛体上をある定まった運動をする点の速度は式（4.26）で与えられる。ここで，この式を用いて扱うことができる機構の速度の問題を考える。

この種の問題でよく出会うのは，**図 4.10**（a）のように，点 $\mathrm{P_a}$ と $\mathrm{P_b}$ がそれぞれ別の節A，Bに属し，考えている瞬間に同じ位置をとる場合である。このとき，式（4.26）の r は $r=0$ となるから，点 $\mathrm{P_a}$，$\mathrm{P_b}$ の速度 $\boldsymbol{v}_{p_a}$，$\boldsymbol{v}_{p_b}$ の間の関係は

$$\boldsymbol{v}_{p_b}=\boldsymbol{v}_{p_a}+\boldsymbol{v}_{p_bp_a} \tag{4.36}$$

となる。この式を用いると，例えば，点 $\mathrm{P_a}$ の速度 $\boldsymbol{v}_{p_a}$ が与えられ，また相対速度 $\boldsymbol{v}_{p_bp_a}$ の方向と点 $\mathrm{P_b}$ の速度の方向 $\mathrm{P_bS}$ がいずれも機構の構造からわかるような場合に，$\boldsymbol{v}_{p_b}$ を求めることができる。このためには，図 4.10（b）に示すように，速度多角形を利用する。基準点 $\mathrm{O_v}$ を任意

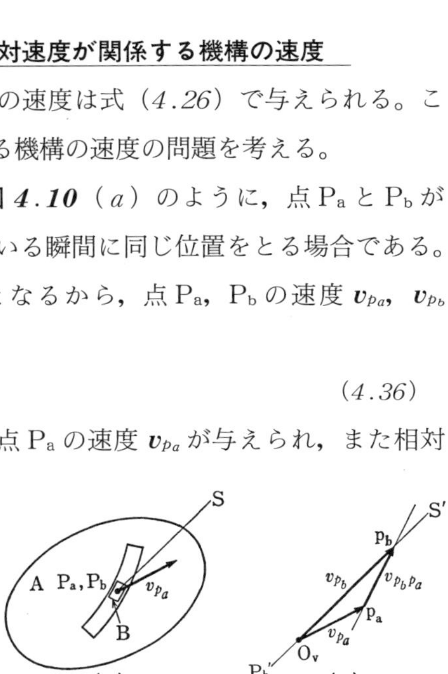

図 4.10　平面機構の速度

にとり，$\boldsymbol{v}_{p_a}$ を表すベクトル $\overrightarrow{\mathrm{O_v p_a}}$ の終点 $\mathrm{p_a}$ を通って相対速度の方向に引いた直線 $\mathrm{p_a p_b}$ と，点 $\mathrm{O_v}$ を通って直線 $\mathrm{P_b S}$ に平行に引いた直線 $\mathrm{P_b' S'}$ の交点 $\mathrm{p_b}$ を求めれば，ベクトル $\mathrm{O_v p_b}$ が求める速度 $\boldsymbol{v}_{p_b}$ である。

【例題 4.3】 図 4.11 に示す形削り盤の原動節 A の角速度 ω を与えて，節 D の速度 $\boldsymbol{v}_d$ を求めよ。

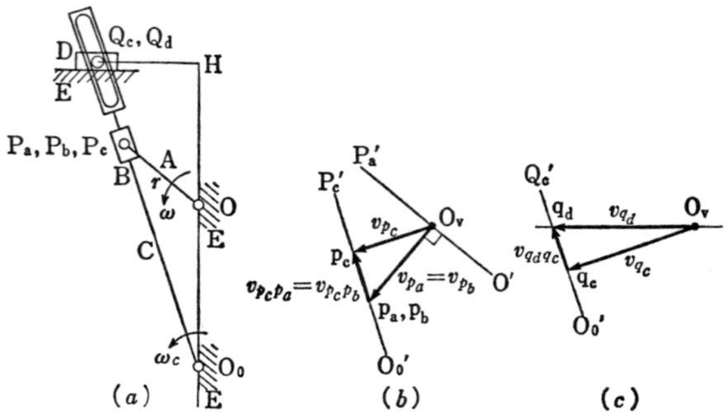

図 4.11　形削り盤の速度

［**解答**］ 節 A と節 B の回り対偶の軸の位置に，点 $\mathrm{P_a}$，$\mathrm{P_b}$，$\mathrm{P_c}$ をそれぞれ節 A，B，C 上にとる。また節 D のピンの中心の位置に，点 $\mathrm{Q_c}$，$\mathrm{Q_d}$ をそれぞれ節 C，D 上にとる。点 $\mathrm{P_a}$ と $\mathrm{P_b}$ の間には相対速度はなく，これらの点の速度 $\boldsymbol{v}_{p_a}$，$\boldsymbol{v}_{p_b}$ は，大きさ $r\omega$ で直線 $\mathrm{OP_a}$ に直角方向である。これを適当な尺度で描くと $\boldsymbol{v}_{p_a}$，$\boldsymbol{v}_{p_b}$ は，図（b）のベクトル $\overrightarrow{\mathrm{O_v p_a}}$，$\overrightarrow{\mathrm{O_v p_b}}$ となる。

点 $\mathrm{P_b}$ と $\mathrm{P_c}$ の間の相対速度の方向は，節 C に対し節 B が滑る直線 $\mathrm{O_0 P_c}$ の方向であり，また点 $\mathrm{P_c}$ の速度の方向は直線 $\mathrm{O_0 P_c}$ に直角方向である。そこで図（b）上に，点 $\mathrm{P_a}$ を通って直線 $\mathrm{O_0 P_c}$ に平行な直線 $\mathrm{O_0' P_c'}$ と，点 $\mathrm{O_v}$ を通って直線 $\mathrm{O_0 P_c}$ に直角な直線を引き，その交点を $\mathrm{p_c}$ とすると，点 $\mathrm{P_c}$ の速度 $\boldsymbol{v}_{p_c}$ はベクトル $\overrightarrow{\mathrm{O_v p_c}}$ で与えられる。

つぎに節 C 上の点 $\mathrm{Q_c}$ の速度 $\boldsymbol{v}_{q_c}$ を求めると，これは，$\boldsymbol{v}_{p_c}$ をその方向を変えず，大きさを $\overline{\mathrm{O_0 Q_c}}/\overline{\mathrm{O_0 P_c}}$ 倍したものである。これを前と同じ尺度で描くと，図（c）のベクトル $\overrightarrow{\mathrm{O_v q_c}}$ となる。

点 $\mathrm{Q_c}$ と $\mathrm{Q_d}$ の間の相対速度の方向は，節 C に設けられた溝の方向の直線 $\mathrm{O_0 Q_c}$ の方向であり，点 $\mathrm{Q_d}$ の速度の方向は節 D の滑りの方向である。そこで図（c）において，点 $\mathrm{q_c}$ を通って直線 $\mathrm{O_0 Q_c}$ に平行な直線 $\mathrm{O_0' Q_c'}$ と，点 $\mathrm{O_v}$ を通って節 D の滑りの方向に平行な直線の交点を $\mathrm{q_d}$ とすると，点 $\mathrm{Q_d}$ の速度，したがって，節 D の速度 $\boldsymbol{v}_d$ はベクトル $\overrightarrow{\mathrm{O_v q_d}}$ で与えられる。

4.3 平面機構の加速度

4.2 節で求めた各式，特に式（4.23），あるいはそれを一般化した式（4.28）は，機構の加速度の問題の基礎となる。速度の問題と同じように，機構の加速度の問題では，これらの式に現れるすべての量がそのまま与えられるとは限らないので，機構の運動の仕方を考慮して，必要な量を定めて加速度を求める。

4.3.1 写像法による機構の加速度の導出

機構の加速度の問題は，つぎの問題に帰着されるものが多い。図 **4.12**（a）に示すように，一つの剛体の節 A 上の 2 点 P，Q の速度 $\boldsymbol{v}_p$，$\boldsymbol{v}_q$ と点 P の加速度 $\boldsymbol{a}_p$ が与えられ，さらに点 Q の加速度の方向 QS が与えられていて，節 A 上の任意の点 R の加速度 $\boldsymbol{a}_r$ を求めよ。この問題で，点 Q の加速度の方向が与えられる代わりに，点 Q の加速度の直角 2 成分 $\boldsymbol{a}_{q1}$，$\boldsymbol{a}_{q2}$ のうちの一方が与えられる場合もある。

式（4.23）を用いると，これらの問題はいずれも同じように扱うことがで

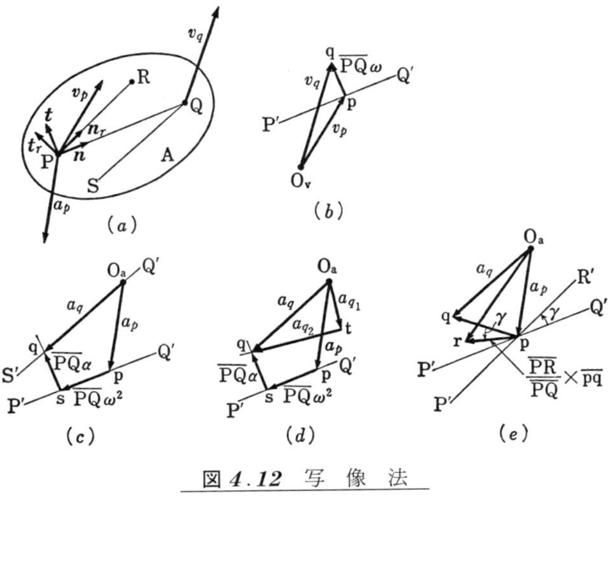

図 **4.12** 写 像 法

きる。これらの問題では，まず点Qの加速度を求め，その後で任意の点Rの加速度を求めることになる。以下，これを考えよう。

図（a）のベクトル $\overrightarrow{\mathrm{PQ}}$ の方向およびこれと直角方向に単位ベクトル $\boldsymbol{n}$，$\boldsymbol{t}$ を定めると，式（4.20）から，点Qの速度は $\boldsymbol{v}_q=\boldsymbol{v}_p+\overline{\mathrm{PQ}}\omega\boldsymbol{t}$ となる。$\boldsymbol{v}_p$，$\boldsymbol{v}_q$ が与えられているから，速度多角形は図（b）のようになる。この図（b）の $\overline{\mathrm{pq}}$ の長さを測れば，$\overline{\mathrm{PQ}}\omega=\overline{\mathrm{pq}}$ によって，$\omega=\overline{\mathrm{pq}}/\overline{\mathrm{PQ}}$ が求まる。

点Qの加速度 $\boldsymbol{a}_q$ は，式（4.23）によって

$$\boldsymbol{a}_q=\boldsymbol{a}_p-\overline{\mathrm{PQ}}\omega^2\boldsymbol{n}+\overline{\mathrm{PQ}}\alpha\boldsymbol{t} \qquad (4.37)$$

である。ω が求められているので，上式の各項のうち $\boldsymbol{a}_p$，$-\overline{\mathrm{PQ}}\omega^2\boldsymbol{n}$ は既知であり，加速度多角形のうち，これらの項に対応する部分を図（c）あるいは図（d）の $\overrightarrow{\mathrm{O_ap}}$，$\overrightarrow{\mathrm{ps}}$ のように描くことができる。ここで $\overrightarrow{\mathrm{ps}}$ は，$\boldsymbol{n}$ と反対向きで大きさ $\overline{\mathrm{PQ}}\omega^2$ のベクトルである。式（4.37）の第3項の大きさは未知であるが，方向は $\boldsymbol{t}$ と平行であるから，点sを通って $\boldsymbol{t}$ の方向に直線sqを描くと，求めるベクトル $\boldsymbol{a}_q$ の終点qは直線sq上のどこかにある。点qが直線sq上のどこにあるかを定めるには，問題で与えられている残りの条件を用いる。

加速度 $\boldsymbol{a}_q$ の方向QSが与えられている問題では，図（c）のように点$\mathrm{O_a}$を通ってQSに平行な直線Q′S′を引き，直線sqとの交点をqとすれば，$\overrightarrow{\mathrm{O_aq}}$ が求めるベクトルである。また $\boldsymbol{a}_q$ の直角2成分の一つがわかっている問題では，図（d）のように，まずわかっている成分を $\overrightarrow{\mathrm{O_at}}$ で表し，つぎに点tから直線$\mathrm{O_at}$に直角に直線tqを引き，直線sqとの交点をqとすれば，$\overrightarrow{\mathrm{O_aq}}$ が求めるベクトルである。図（c），（d）いずれの場合も，$\overrightarrow{\mathrm{sq}}$ が式（4.37）の第3項 $\overline{\mathrm{PQ}}\alpha\boldsymbol{t}$ を表すから，長さ $\overline{\mathrm{sq}}$ を測れば α が $\alpha=\overline{\mathrm{sq}}/\overline{\mathrm{PQ}}$ によって与えられる。

点Qの加速度が求められたので，問題に与えられている条件と併せて，任意の点Rの加速度 $\boldsymbol{a}_r$ を求めることができる。ベクトル $\overrightarrow{\mathrm{PR}}$ の方向およびこれと直角方向に単位ベクトル $\boldsymbol{n}_r$，$\boldsymbol{t}_r$ をとると，式（4.23）の関係によって $\boldsymbol{a}_r$ は

$$\boldsymbol{a}_r=\boldsymbol{a}_p+\overline{\mathrm{PR}}(-\omega^2\boldsymbol{n}_r+\alpha\boldsymbol{t}_r) \qquad (4.38)$$

で与えられる。ω と α は上述のようにして既知となったので，$\boldsymbol{a}_r$ の各項はすべて既知である。したがって加速度多角形を描いて $\boldsymbol{a}_r$ が求められる。

実際には，式（4.38）の各項を数値的に計算しなくても，既知の $\boldsymbol{a}_p$，$\boldsymbol{a}_q$ のベクトルを利用してつぎのように $\boldsymbol{a}_r$ を定めることができる。式（4.38）の第2項に現れるベクトル $(-\omega^2\boldsymbol{n}_r+\alpha\boldsymbol{t}_r)$ は，既知のベクトル $(-\omega^2\boldsymbol{n}+\alpha\boldsymbol{t})$ の $\boldsymbol{n}$，$\boldsymbol{t}$ を $\boldsymbol{n}_r$，$\boldsymbol{t}_r$ で置き換えたものである。$\boldsymbol{n}_r$，$\boldsymbol{t}_r$ は $\boldsymbol{n}$，$\boldsymbol{t}$ を直線PQとPRがなす角 γ だけ回転したものであるから，ベクトル $(-\omega^2\boldsymbol{n}_r+\alpha\boldsymbol{t}_r)$ もベクトル $(-\omega^2\boldsymbol{n}+\alpha\boldsymbol{t})$ を角 γ だけ回転したものである。ベクトル $\overline{PQ}(-\omega^2\boldsymbol{n}+\alpha\boldsymbol{t})$ は図（c）また図（d）で $\overrightarrow{pq}$ で与えられているので，$\boldsymbol{a}_r$ を求めるには，図（e）のように，ベクトル $\overrightarrow{pq}$ を角 γ だけ回転させ，大きさを $\overline{PR}/\overline{PQ}$ 倍して得られるベクトル $\overrightarrow{pr}$ を定め，$\boldsymbol{a}_p$ に加えればよい。図（e）のベクトル $\overrightarrow{O_ar}$ はこのようにして求めた $\boldsymbol{a}_r$ である。

【例題 4.4】 **図 4.13**（a）の機構の原動節Aが一定角速度 ω で回転するとき，点Qの加速度 $\boldsymbol{a}_q$ を求めよ。ただし

$$\omega=30\ \mathrm{rad/s},\quad \overline{OP}=75\ \mathrm{mm},\quad \overline{PQ}=126\ \mathrm{mm},$$
$$\overline{QR}=138\ \mathrm{mm},\quad \overline{OR}=210\ \mathrm{mm},\quad \theta=70°$$

とする。

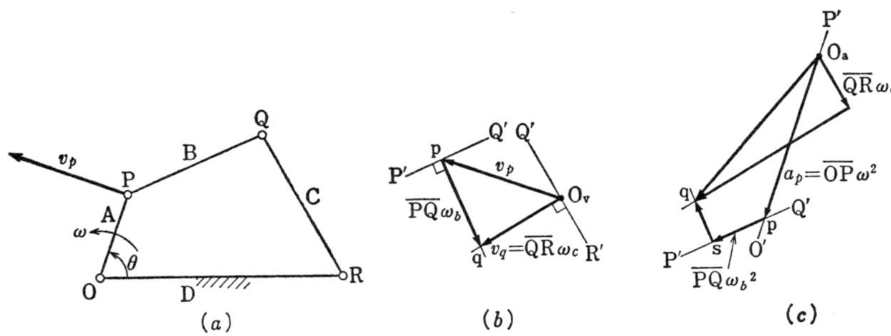

図 4.13　平面機構の速度と加速度

［**解答**］　節B上の点P，Qの速度 $\boldsymbol{v}_p$，$\boldsymbol{v}_q$ は図4.7（b）のように求めることができ，適当な尺度を用いて図4.13（b）の速度多角形を得る。原動節Aの角速度 $\omega=30$ rad/s を用いれば，この図から節Bの角速度 $\omega_b=13.4$ rad/s，節Cの角速度 $\omega_c=12.1$ rad/s がともに数値として求められる。つぎに点Pの加速度 $\boldsymbol{a}_p$ を考える

と，節 A は一定角速度 ω で回転するので，加速度は求心加速度のみであり，式（4.10）によって，ベクトル $\overrightarrow{\mathrm{PO}}$ の向きとなり，大きさは $\overline{\mathrm{OP}}\omega^2=67.5\,\mathrm{m/s^2}$ であることがわかり，適当な尺度を用いると，図（c）の $\overrightarrow{\mathrm{O_aP}}$ で表されるベクトルとなる。求めたい加速度 $\boldsymbol{a}_q$ のうち，ベクトル $\overrightarrow{\mathrm{QR}}$ の向きの成分は，ω_c が求められているから求めることができ，その大きさは $\overline{\mathrm{QR}}\omega_c{}^2=20.3\,\mathrm{m/s}$ である。

以上のようにして，節 B 上の点 Q の加速度を求める問題は，本項で扱った問題で，点 Q の加速度の直角方向の 2 成分のうち一つが与えられている場合に帰着される。したがって本項で述べたように加速度多角形を描けば，$\boldsymbol{a}_q$ は $\boldsymbol{a}_p$ と同じ尺度で表して図（c）のベクトル $\overrightarrow{\mathrm{O_aq}}$ で与えられる。その大きさ a_q は $a_q=75.9\,\mathrm{m/s^2}$ である。

4.3.2 異なった節上の 2 点の相対加速度が関係する機構の加速度

ここで式（4.28）を用いて扱うことのできる機構の加速度の問題を扱う。この種の問題でよく出会うのは，点 $\mathrm{P_a}$，$\mathrm{P_b}$ がそれぞれ別の節 A，B に属し，考えている瞬間に同じ位置をとる，**図 4.14**（a）のような場合である。このとき，点 $\mathrm{P_a}$，$\mathrm{P_b}$ における加速度 $\boldsymbol{a}_{p_a}$，$\boldsymbol{a}_{p_b}$ の間の関係は，式（4.28）の r を $r=0$ とおいて得られる

$$\boldsymbol{a}_{p_b}=\boldsymbol{a}_{p_a}+\boldsymbol{a}_{p_bp_a}+\boldsymbol{a}_{cor} \tag{4.39}$$

で与えられる。

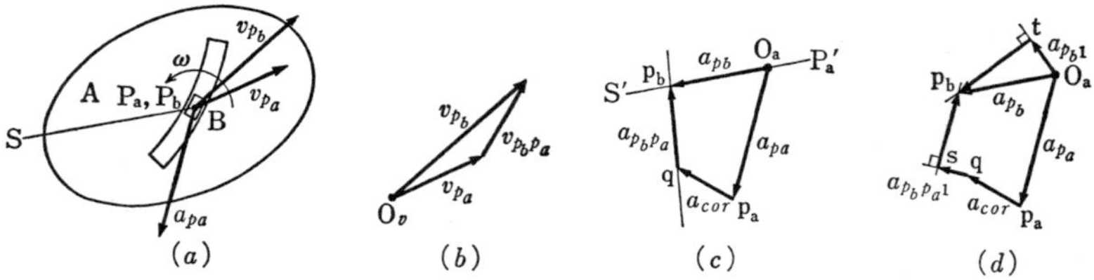

図 4.14　平面機構の速度と加速度

つぎの問題を考える。点 $\mathrm{P_a}$，$\mathrm{P_b}$ の速度 $\boldsymbol{v}_{p_a}$，$\boldsymbol{v}_{p_b}$，点 $\mathrm{P_a}$ の加速度 $\boldsymbol{a}_{p_a}$ と節 A の角速度 ω が与えられている。点 $\mathrm{P_a}$ と $\mathrm{P_b}$ の間の相対加速度 $\boldsymbol{a}_{p_bp_a}$ の方向あるいはその直角 2 成分 $\boldsymbol{a}_{p_bp_a1}$，$\boldsymbol{a}_{p_bp_a2}$ のうちの一つが与えられ，さらに点 $\mathrm{P_b}$ の加速度 $\boldsymbol{a}_{p_b}$ の方向あるいはその直角 2 成分 $\boldsymbol{a}_{p_b1}$，$\boldsymbol{a}_{p_b2}$ のうちの一つが与えられている。この条件のもとで，加速度 $\boldsymbol{a}_{p_b}$ を求めよ。

この問題も，いままでと同じよう，加速度多角形を用いて扱うことができ

る。まず相対速度 $\boldsymbol{v}_{p_bp_a}$ を図 4.14（b）のように求める。つぎにこの問題の加速度多角形を，式（4.39）の右辺に基づいて可能なところまで描く。第1項の $\boldsymbol{a}_{p_a}$ は与えられたベクトル，第3項の $\boldsymbol{a}_{cor}$ は図（b）で定められる相対速度 $\boldsymbol{v}_{p_bp_a}$ を ω で表される回転の方向に 90° 回転させ，大きさを $2|\omega|$ 倍して得られるベクトルであるから，いずれも既知である。そこで加速度の基準点 $\mathrm{O_a}$ を始点として $\boldsymbol{a}_{p_a}$ を描き，その終点を始点として $\boldsymbol{a}_{cor}$ を描けば，図（c），（d）の $\overrightarrow{\mathrm{O_a p_a}}$，$\overrightarrow{\mathrm{p_a q}}$ を得る。

これ以降は，問題に与えられた条件が何であるかによって，加速度多角形は異なったものとなる。例えば $\boldsymbol{a}_{p_bp_a}$ の方向と $\boldsymbol{a}_{p_b}$ の方向が与えられる場合には，図（c）のように，点 q から $\boldsymbol{a}_{p_bp_a}$ の方向に直線 $\mathrm{qp_b}$，点 $\mathrm{O_a}$ から $\boldsymbol{a}_{p_b}$ の方向に直線 $\mathrm{O_a p_b}$ をそれぞれ引き，両直線の交点 $\mathrm{p_b}$ を求めれば，$\overrightarrow{\mathrm{O_a p_b}}$ が求める加速度 $\boldsymbol{a}_{p_b}$ のベクトルである。また $\boldsymbol{a}_{p_bp_a}$ の直角2成分の一つ $\boldsymbol{a}_{p_bp_a1}$ と $\boldsymbol{a}_{p_b}$ の直角2成分の一つ $\boldsymbol{a}_{p_b1}$ が与えられる場合には，図（d）のように，点 q，$\mathrm{O_a}$ からそれぞれ $\boldsymbol{a}_{p_bp_a1}$，$\boldsymbol{a}_{p_b1}$ のベクトル $\overrightarrow{\mathrm{qs}}$，$\overrightarrow{\mathrm{O_a t}}$ を描き，つぎに終点 s，t からベクトル $\overrightarrow{\mathrm{qs}}$，$\overrightarrow{\mathrm{O_a t}}$ にそれぞれ直角方向に直線を引き，両直線の交点 $\mathrm{p_b}$ を求めれば，$\overrightarrow{\mathrm{O_a p_b}}$ が求める加速度 $\boldsymbol{a}_{p_b}$ のベクトルである。問題に与えられる条件が他のときも同じように扱うことができる。

【例題 4.5】 **図 4.15**（a）に示す機構の原動節 A が一定の角速度 ω で回転するとき，節 A と節 B の回り対偶の軸の位置にとった節 C 上の固定点 $\mathrm{P_c}$ の加速度 $\boldsymbol{a}_{p_c}$ を求めよ。ただし

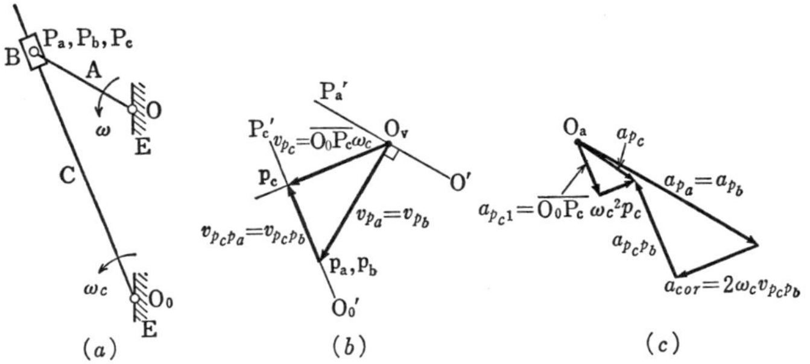

図 4.15　平面機構の加速度

$$\omega=30\ \mathrm{rad/s},\quad \overline{\mathrm{OP_c}}=60\ \mathrm{mm},\quad \overline{\mathrm{O_0P_c}}=140\ \mathrm{mm}$$

とする。

［**解答**］ 節 A と B の回り対偶の軸の位置に，点 P_a，P_b を節 A，B 上にとると，点 P_a，P_b，P_c は現在すべて同じ位置にある。点 P_a，P_b はつねに同じ位置にあるが，点 P_c は運動に伴って，点 P_a，P_b と異なった位置をとる。点 P_a，P_b の速度 $\boldsymbol{v}_{p_a}$，$\boldsymbol{v}_{p_b}$ の大きさは，$\boldsymbol{v}_{p_a}=\boldsymbol{v}_{p_b}=\omega\times\overline{\mathrm{OP_c}}=1.80\ \mathrm{m/s}$ となるので，適当な尺度を用いて速度多角形を求めると，図 *4.15*（*b*）のようになる。

この図から，点 P_b と P_c の間の相対速度 $v_{p_cp_b}=1.10\ \mathrm{m/s}$ と点 P_c の速度 $v_{p_c}=1.45\ \mathrm{m/s}$ が求められ，節 C の角速度 $\omega_c=v_{p_c}/\overline{\mathrm{O_0P_c}}=10.36\ \mathrm{rad/s}$ が求められる。点 P_a，P_b の加速度 $a_{p_a}=a_{p_b}$ は，ベクトル $\overrightarrow{\mathrm{P_aO}}$ の向きに大きさ $\overline{\mathrm{P_aO}}\,\omega^2=54.0\ \mathrm{m/s^2}$ である。コリオリの加速度 $\boldsymbol{a}_{cor}$ は，相対速度 $\boldsymbol{v}_{p_cp_b}$ に直角方向に大きさ $2\omega_c v_{p_cp_b}=22.79\ \mathrm{m/s^2}$ のベクトルである。ここまでの加速度は既知である。

つぎに点 P_b に対する点 P_c の相対加速度 $\boldsymbol{a}_{p_cp_b}$ の方向は，節 B に対して節 C が滑る直線 O_0P_c の方向である。一方，点 P_c の加速度 $\boldsymbol{a}_{p_c}$ の直角 2 成分のうち，ベクトル $\overrightarrow{\mathrm{P_cO_0}}$ 方向の求心加速度成分 $\boldsymbol{a}_{p_c1}$ は大きさが $\overline{\mathrm{O_0P_c}}\,\omega_c{}^2=15.0\ \mathrm{m/s^2}$ で既知である。以上から，適当な尺度を用いると，図（*c*）に示すような加速度多角形を描くことができ，ベクトル $\overrightarrow{\mathrm{O_ap_c}}$ が求める加速度 $\boldsymbol{a}_{p_c}$ となる。加速度 $\boldsymbol{a}_{p_c}$ の大きさ a_{p_c} は $a_{p_c}=18\ \mathrm{m/s^2}$ である。

4.4 平面機構の速度と加速度の数式解法

機構の速度と加速度を求めるのに用いた *4.3* 節までの方法は，図式解法である。この節では，速度と加速度の数式解法を考える。数式解法では，節上で速度と加速度を求めたい点を定め，各節が機構を構成しているという条件を考慮して，この点の位置ベクトルを導き，それを時間に関して微分して求める。例によって，速度と加速度の数式解法を示す。

図 *4.7*（*a*）の四節リンク機構を取り上げる。この機構の原動節 A が一定の角速度 $\omega=d\theta/dt$ で回転しているとして，従動節 C の角速度と角加速度を，原動節 A の位置 θ の関数として求める問題を考える。

点 Q の位置ベクトル $\overrightarrow{\mathrm{OQ}}$ は

$$\overrightarrow{\mathrm{OQ}}=\overrightarrow{\mathrm{OP}}+\overrightarrow{\mathrm{PQ}}=a(\cos\theta\,\boldsymbol{i}_0+\sin\theta\,\boldsymbol{j}_0)+b(\cos\beta\,\boldsymbol{i}_0+\sin\beta\,\boldsymbol{j}_0)\quad(4.40)$$

あるいは

$$\overrightarrow{OQ}=\overrightarrow{OR}+\overrightarrow{RQ}=d\,\boldsymbol{i}_0+c(\cos\varphi\,\boldsymbol{i}_0+\sin\varphi\,\boldsymbol{j}_0) \tag{4.41}$$

の2通りに表すことができる。これらの式の右辺 $\boldsymbol{i}_0$，$\boldsymbol{j}_0$ の係数をそれぞれ等しいとおくと

$$\left.\begin{aligned} a\cos\theta+b\cos\beta&=d+c\cos\varphi \\ a\sin\theta+b\sin\beta&=c\sin\varphi \end{aligned}\right\} \tag{4.42}$$

を得る。この式は，前章で変位の解析の問題の解として得たものである。

式（4.40），（4.41）を微分すると，速度 $\boldsymbol{v}_q$ として

$$\boldsymbol{v}_q=a\omega(-\sin\theta\,\boldsymbol{i}_0+\cos\theta\,\boldsymbol{j}_0)+b\omega_b(-\sin\beta\,\boldsymbol{i}_0+\cos\beta\,\boldsymbol{j}_0) \tag{4.43}$$

および

$$\boldsymbol{v}_q=c\omega_c(-\sin\varphi\,\boldsymbol{i}_0+\cos\varphi\,\boldsymbol{j}_0) \tag{4.44}$$

の2通りの式を得る。ここで

$$\omega_b=\frac{d\beta}{dt},\quad \omega_c=\frac{d\varphi}{dt} \tag{4.45}$$

は，それぞれ節BとCの角速度を表し，未知量である。これを求めるため，式（4.43）と式（4.44）の右辺の $\boldsymbol{i}_0$，$\boldsymbol{j}_0$ の係数をそれぞれ等しいとおくと

$$\left.\begin{aligned} a\omega\sin\theta+b\omega_b\sin\beta&=c\omega_c\sin\varphi \\ a\omega\cos\theta+b\omega_b\cos\beta&=c\omega_c\cos\varphi \end{aligned}\right\} \tag{4.46}$$

を得る。この2式を解けば未知量 ω_b，ω_cを求めることができる。ここでは従動節Cの角速度 ω_c を問題としているので，角速度 ω_c を示すと

$$\omega_c=\frac{a\omega\sin(\theta-\beta)}{c\sin(\varphi-\beta)} \tag{4.47}$$

となる。θ が与えられれば，式（4.42）によって β，φ が求められる。これらの結果と与えられた ω を用いれば，式（4.47）によって ω_cが求められる。

ここで式（4.47）の解が，幾何学的な考察によって，図式解法の結果と関連づけられることを見ておこう。瞬間中心法によれば，節B上の点PとQの速さは，固定節に対する節Bの瞬間中心 O_b から点P，Qまでの距離に比例する。点Pの速さは $a\omega$ であるから，点Qの速さ $c\omega_c$ は

$$\frac{c\omega_c}{a\omega}=\frac{\overline{O_bQ}}{\overline{O_bP}} \tag{4.48}$$

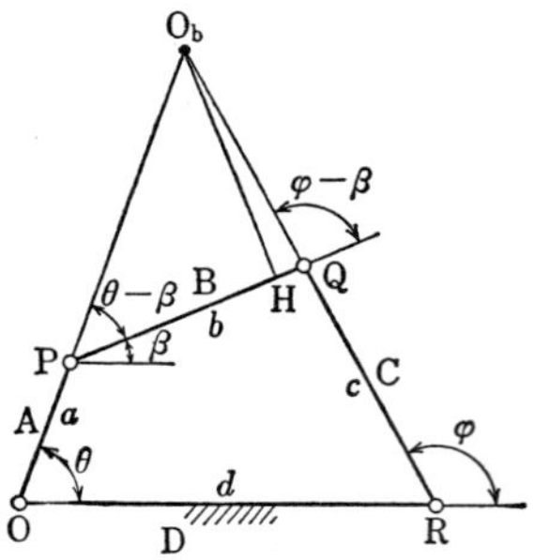

図 **4.16**　平面機構の速度

である。図 **4.16** に示すように，$\angle O_bPQ=\theta-\beta$，$\angle O_bQP=180°-(\varphi-\beta)$ となるので，点 O_b から直線 PQ に垂線 O_bH を下ろし，垂線の足を H とすると

$$\overline{O_bH}=\overline{O_bP}\sin(\theta-\beta)$$
$$=\overline{O_bQ}\sin(\varphi-\beta) \qquad (4.49)$$

を得る。この式を用いて $\overline{O_bQ}/\overline{O_bP}$ を求め，式（4.48）に代入すれば，式（4.47）を得る。

もとに戻って，加速度を求める問題に移る。点 Q の加速度 $\boldsymbol{a}_q$ を，式（4.43）あるいは式（4.44）を時間に関し微分すると

$$\boldsymbol{a}_q=-a\omega^2(\cos\theta\,\boldsymbol{i}_0+\sin\theta\,\boldsymbol{j}_0)-b\omega_b^2(\cos\beta\,\boldsymbol{i}_0+\sin\beta\,\boldsymbol{j}_0)$$
$$+b\alpha_b(-\sin\beta\,\boldsymbol{i}_0+\cos\beta\,\boldsymbol{j}_0) \qquad (4.50)$$

および

$$\boldsymbol{a}_q=-c\omega_c^2(\cos\varphi\,\boldsymbol{i}_0+\sin\varphi\,\boldsymbol{j}_0)+c\alpha_c(-\sin\varphi\,\boldsymbol{i}_0+\cos\varphi\,\boldsymbol{j}_0) \qquad (4.51)$$

を得る。ここで

$$\alpha_b=\frac{d^2\beta}{dt^2},\quad \alpha_c=\frac{d^2\varphi}{dt^2} \qquad (4.52)$$

はそれぞれ節 B と C の角加速度を表し，これが求められれば，加速度の問題が解析されたことになる。これを求めるため，式（4.50）と式（4.51）の右辺の $\boldsymbol{i}_0$，$\boldsymbol{j}_0$ の係数をそれぞれ等しいとおくと

$$\left.\begin{aligned}a\omega^2\cos\theta+b\omega_b^2\cos\beta+b\alpha_b\sin\beta&=c\omega_c^2\cos\varphi+c\alpha_c\sin\varphi\\ a\omega^2\sin\theta+b\omega_b^2\sin\beta-b\alpha_b\cos\beta&=c\omega_c^2\sin\varphi-c\alpha_c\cos\varphi\end{aligned}\right\} \qquad (4.53)$$

を得る。この 2 式から α_b，α_c を求めることができる。ここでは従動節 C を問題にしているので，C の角加速度 α_c を示すと

$$\alpha_c=\frac{a}{c}\omega^2\frac{\cos(\theta-\beta)}{\sin(\varphi-\beta)}+\frac{b}{c}\omega_b^2\,\mathrm{cosec}(\varphi-\beta)-\omega_c^2\cot(\varphi-\beta) \qquad (4.54)$$

となる。この式に式（4.42），さらに式（4.46）から得られる ω_b，ω_c を用いれば，θ と ω を与えて α_c が求められる。

4.5* 立体機構の速度と加速度の基礎式

前節まで，平面機構の速度と加速度を，式（4.26）と式（4.28）を基礎式として解析してきた。ここで立体機構に対して，これらに相当する基礎式を導く。問題は，3次元的な運動をする剛体の節A上の点Pの速度 $\boldsymbol{v}_p$ と加速度 $\boldsymbol{a}_p$ を知って，同じ節上にあって，ある定まった相対運動をする点Qの速度 $\boldsymbol{v}_q$ と加速度 $\boldsymbol{a}_q$ の式を導くことである。

図 4.17 に示すように，直交座標系 O−xyz を空間に固定し，点Oを基準とする点Pの位置ベクトルを $\boldsymbol{r}_p$ とおく。このとき問題の前提によって

$$\boldsymbol{v}_p=\frac{d\boldsymbol{r}_p}{dt},\quad \boldsymbol{a}_p=\frac{d\boldsymbol{v}_p}{dt}=\frac{d^2\boldsymbol{r}_p}{dt^2} \tag{4.55}$$

は与えられたベクトルである。剛体A上の点Qの位置を示すため，点Pを原点とする直交座標系 P−$x'y'z'$ を剛体Aに固定し，この座標系に対する点Qの座標を（x'，y'，z'）とおく。x'，y'，z' 軸の正の向きに単位ベクトル $\boldsymbol{i}$，$\boldsymbol{j}$，$\boldsymbol{k}$ を定めると，ベクトル $\overrightarrow{\mathrm{PQ}}=\boldsymbol{r}_{qp}$ は

$$\overrightarrow{\mathrm{PQ}}=\boldsymbol{r}_{qp}=x'\boldsymbol{i}+y'\boldsymbol{j}+z'\boldsymbol{k} \tag{4.56}$$

となる。剛体A上での点Qの相対速度 $\boldsymbol{v}_{qp}$ と相対加速度 $\boldsymbol{a}_{qp}$ は

$$\boldsymbol{v}_{qp}=\frac{dx'}{dt}\boldsymbol{i}+\frac{dy'}{dt}\boldsymbol{j}+\frac{dz'}{dt}\boldsymbol{k},$$
$$\boldsymbol{a}_{qp}=\frac{d^2x'}{dt^2}\boldsymbol{i}+\frac{d^2y'}{dt^2}\boldsymbol{j}+\frac{d^2z'}{dt^2}\boldsymbol{k} \tag{4.57}$$

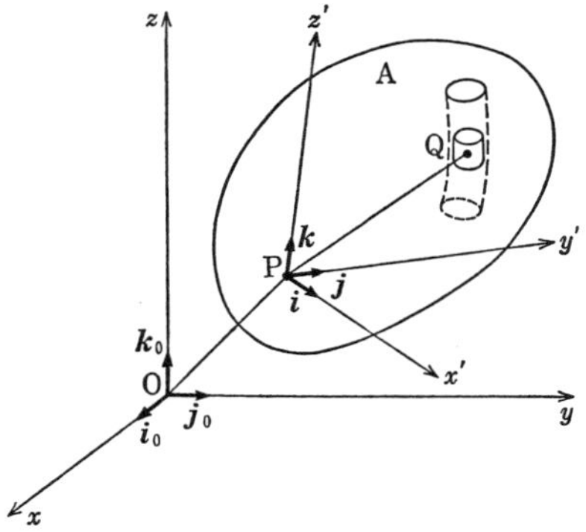

図 4.17　立体運動する剛体上の点の速度と加速度

で与えられ，これも問題の前提によって与えられたベクトルである。

さて点Oを基準とする点Qの位置ベクトル $\overrightarrow{\mathrm{OQ}}$ は

$$\overrightarrow{\mathrm{OQ}}=\overrightarrow{\mathrm{OP}}+\overrightarrow{\mathrm{PQ}}$$
$$=\boldsymbol{r}_p+\boldsymbol{r}_{qp}=\boldsymbol{r}_p+(x'\boldsymbol{i}+y'\boldsymbol{j}+z'\boldsymbol{k}) \tag{4.58}$$

で与えられる。速度を求めるため，上式を微分し，式（4.55）の第1式を用いると，点Qの速度 $\boldsymbol{v}_q$ として

$$\boldsymbol{v}_q=\boldsymbol{v}_p+\left(x'\frac{d\boldsymbol{i}}{dt}+y'\frac{d\boldsymbol{j}}{dt}+z'\frac{d\boldsymbol{k}}{dt}\right)+\left(\frac{dx'}{dt}\boldsymbol{i}+\frac{dy'}{dt}\boldsymbol{j}+\frac{dz'}{dt}\boldsymbol{k}\right) \tag{4.59}$$

を得る。

上式を書き直すため，$d\boldsymbol{i}/dt$，$d\boldsymbol{j}/dt$，$d\boldsymbol{k}/dt$ の値が必要になる。ベクトル $\boldsymbol{i}$，$\boldsymbol{j}$，

$\boldsymbol{k}$ は剛体に固定されているから，これらは剛体の運動によって定められる量である。第 *2* 章で述べたように，剛体の運動は，瞬間回転軸の方向とその軸まわりの角速度 ω を用いて記述することができる。そこで剛体の運動を記述するため，瞬間回転軸の方向に，大きさが ω で，右ねじの法則を適用して正の向きを定めたベクトルを導入する。このようなベクトルを**角速度ベクトル**（angular velocity vector）という。以下，角速度ベクトルを $\boldsymbol{\omega}$ で表す。

角速度ベクトル $\boldsymbol{\omega}$ を用いると，$d\boldsymbol{i}/dt$，$d\boldsymbol{j}/dt$，$d\boldsymbol{k}/dt$ が求められる。まず $d\boldsymbol{i}/dt$ を求めるため，短い時間 Δt だけ経過したときの $\boldsymbol{i}$ の変化 $\Delta\boldsymbol{i}$ を考える。ベクトル $\boldsymbol{\omega}$ と $\boldsymbol{i}$ のなす角を β とすると，**図 *4.18*** からわかるように，$\Delta\boldsymbol{i}$ は，大きさは $\omega\Delta t\sin\beta$ で，方向は $\boldsymbol{\omega}$ と $\boldsymbol{i}$ に直角なベクトルである。したがってベクトル積の定義によって $\Delta\boldsymbol{i}=\boldsymbol{\omega}\Delta t\times\boldsymbol{i}$ と表すことができる。これを Δt で割って $\Delta t\to 0$ とすれば，$d\boldsymbol{i}/dt=\boldsymbol{\omega}\times\boldsymbol{i}$ を得る。同様にして $d\boldsymbol{j}/dt$，$d\boldsymbol{k}/dt$ を求めることができる。これらをまとめて書くと

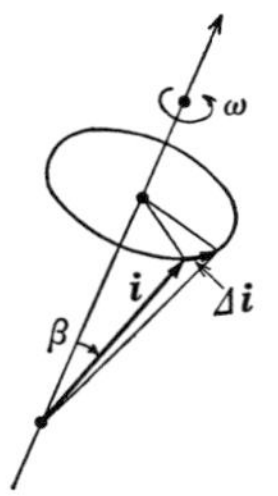

図 *4.18*　単位ベクトルの変化

$$\frac{d\boldsymbol{i}}{dt}=\boldsymbol{\omega}\times\boldsymbol{i},\quad \frac{d\boldsymbol{j}}{dt}=\boldsymbol{\omega}\times\boldsymbol{j},\quad \frac{d\boldsymbol{k}}{dt}=\boldsymbol{\omega}\times\boldsymbol{k} \qquad (4.60)$$

となる。

この式で特に平面運動の場合を考えると，この式は式（*4.7*）に帰着される。これを確認するため，運動の平面内に単位ベクトル $\boldsymbol{i}$，$\boldsymbol{j}$ を定め，これらに直角に $\boldsymbol{k}$ を定める。このとき，瞬間回転軸は $\boldsymbol{k}$ の方向に一致するので，角速度ベクトル $\boldsymbol{\omega}$ は

$$\boldsymbol{\omega}=\omega\boldsymbol{k} \qquad (4.61)$$

と書くことができる。これを式（*4.60*）に代入すると，初めの 2 式は式（*4.7*）に帰着され，第 3 式は恒等式となる。

3 次元的な運動をする場合に戻って，式（*4.60*）を式（*4.59*）に代入すると

$$\boldsymbol{v}_q=\boldsymbol{v}_p+\boldsymbol{\omega}\times(x'\boldsymbol{i}+y'\boldsymbol{j}+z'\boldsymbol{k})+\left(\frac{dx'}{dt}\boldsymbol{i}+\frac{dy'}{dt}\boldsymbol{j}+\frac{dz'}{dt}\boldsymbol{k}\right) \qquad (4.62)$$

を得る。この式に式（*4.56*），（*4.57*）を代入すると，速度 $\boldsymbol{v}_q$ として

$$\boldsymbol{v}_q=\boldsymbol{v}_p+\boldsymbol{\omega}\times\boldsymbol{r}+\boldsymbol{v}_{qp} \qquad (4.63)$$

を得る。

式（*4.63*）で特に平面運動を考え，式（*4.61*）の $\boldsymbol{\omega}$ を用い，またベクトル $\boldsymbol{k}\times\boldsymbol{r}$ が，方向はベクトル $\boldsymbol{k}$，$\boldsymbol{r}$ に直角で，大きさは r であることに注意すると，式（*4.63*）は式（*4.26*）に帰着されることがわかる。

3 次元的な運動をする点 Q の加速度 $\boldsymbol{a}_q$ を求めるため，式（*4.62*）を微分し，式（*4.55*）の第 1 式を用いると

$$\boldsymbol{a}_q=\boldsymbol{a}_p+\boldsymbol{\omega}\times\left(x'\frac{d\boldsymbol{i}}{dt}+y'\frac{d\boldsymbol{j}}{dt}+z'\frac{d\boldsymbol{k}}{dt}\right)+\boldsymbol{\omega}\times\left(\frac{dx'}{dt}\boldsymbol{i}+\frac{dy'}{dt}\boldsymbol{j}+\frac{dz'}{dt}\boldsymbol{k}\right)$$
$$+\boldsymbol{a}\times(x'\boldsymbol{i}+y'\boldsymbol{j}+z'\boldsymbol{k})+\left(\frac{dx'}{dt}\frac{d\boldsymbol{i}}{dt}+\frac{dy'}{dt}\frac{d\boldsymbol{j}}{dt}+\frac{dz'}{dt}\frac{d\boldsymbol{k}}{dt}\right)$$

$$+\left(\frac{d^2x'}{dt^2}\boldsymbol{i}+\frac{d^2y'}{dt^2}\boldsymbol{j}+\frac{d^2z'}{dt^2}\boldsymbol{k}\right) \tag{4.64}$$

を得る。ここで

$$\boldsymbol{\alpha}=\frac{d\boldsymbol{\omega}}{dt} \tag{4.65}$$

である。式（4.64）に式（4.60）と式（4.57）を代入すると

$$\boldsymbol{a}_q=\boldsymbol{a}_p+\boldsymbol{\omega}\times(\boldsymbol{\omega}\times\boldsymbol{r})+\boldsymbol{\alpha}\times\boldsymbol{r}+2\boldsymbol{\omega}\times\boldsymbol{v}_{qp}+\boldsymbol{a}_{qp} \tag{4.66}$$

を得る。式（4.66）の各項のうち，$\boldsymbol{\omega}\times(\boldsymbol{\omega}\times\boldsymbol{r})$ は求心加速度，$2\boldsymbol{\omega}\times\boldsymbol{v}_{qp}$ はコリオリの加速度である。ここで $\boldsymbol{\omega}\times(\boldsymbol{\omega}\times\boldsymbol{r})$ が中心に向かうベクトルであることを，**図 4.19** によって確認しておく。まず $\boldsymbol{\omega}\times\boldsymbol{r}$ は角速度ベクトル $\boldsymbol{\omega}$ に垂直な平面内にあって回転の向きと同じ向きのベクトルである。つぎにこのベクトルの始点をベクトル $\boldsymbol{\omega}$ の線上におき，$\boldsymbol{\omega}$ とのベクトル積を考えると，ベクトル $\boldsymbol{\omega}\times(\boldsymbol{\omega}\times\boldsymbol{r})$ は点Qから中心に向かうことがわかる。

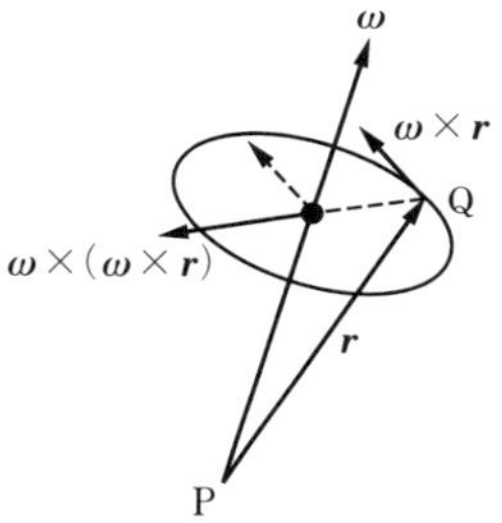

図 4.19　求心加速度

式（4.66）で特に平面運動の場合を考え，式（4.61）の $\boldsymbol{\omega}$ を用いると，式（4.66）は式（4.28）に帰着される。

式（4.63）と式（4.66）が求める基礎式で，これに基づいて立体機構の速度と加速度を解析することができる。

演　習　問　題

〔1〕 **図 4.20** はピストンクランク機構を表す。この機構の節 A が一定角速度 ω で回転するとき，点 Q の速度 $\boldsymbol{v}_q$ と加速度 $\boldsymbol{a}_q$ を求めよ。ただし

$\overline{\mathrm{OP}}=90$ mm，　$\overline{\mathrm{PQ}}=252$ mm，　$\theta=63°30'$，　$\omega=20$ rad/s

とする。

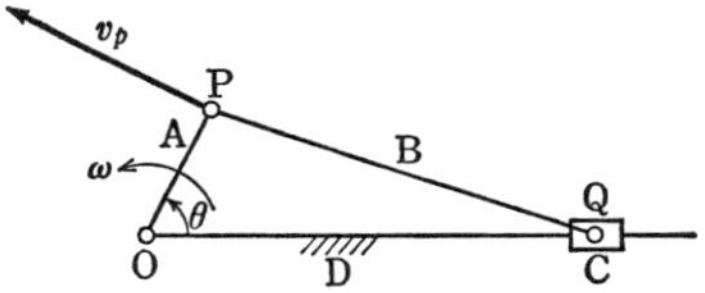

図 4.20　平面機構の速度と加速度

〔2〕 **図 4.21** に示す平面機構の節 A は一定角速度 ω で回転するものとする。点 S の速度 $\boldsymbol{v}_s$ と加速度 $\boldsymbol{a}_s$ を求めよ。ただし

$\overline{OP}=90$ mm,　$\overline{PQ}=200$ mm,　$\overline{QR}=170$ mm,
$\overline{QS}=100$ mm,　$\omega=30$ rad/s

とする。

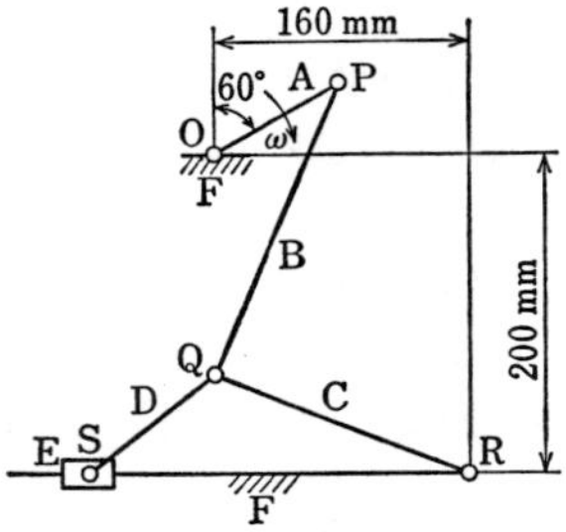

図 **4.21**　平面機構の速度と加速度

〔**3**〕 図 **4.22** に示す平面機構の節 A は一定角速度 ω で回転するものとする。節 B 上の点 P_b の速度 $\boldsymbol{v}_{p_b}$ と加速度 $\boldsymbol{a}_{p_b}$ を求めよ。ただし

$\overline{OP_a}=45$ mm,　$\overline{O_1P_b}=246$ mm,　$\overline{QP_b}=161$ mm,　$\omega=30$ rad/s

であり，滑り溝は半径 O_1P_b の円弧であるとする。また，点 O に対する点 R の位置は図に示すとおりとする。

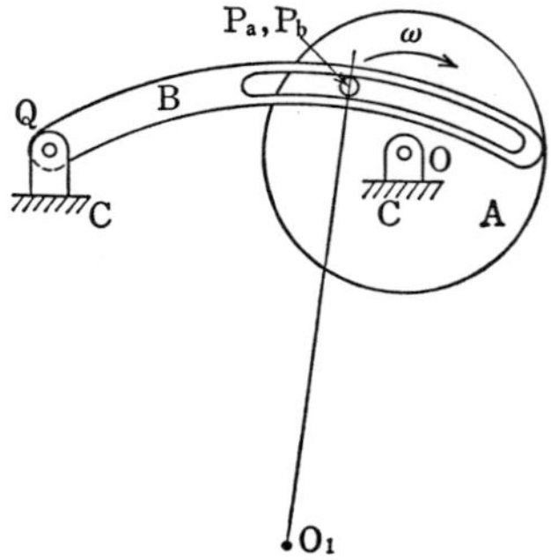

図 **4.22**　平面機構の速度と加速度

5

機 構 の 力 学

機構を設計するとき，必要な動力を伝達させられるかというような問題の検討のため，力学的な考察が必要になる。この章で，機構の力学の基礎を学ぶ。

5.1 機構の静力学

機構を設計するとき，望みの運動を実現するための運動学的な考察と同時に，必要な動力を伝達させられるかというような問題の検討のため，力学的な考察が必要である。この章で，機構の力学の基礎を考える。

機構の力学の問題は，機構を構成する各節がゆるやかに運動するため，慣性力を無視しても差し支えない場合と，各節が高速に運動するため，慣性力を考慮しなければならない場合に分けて扱うことができる。慣性力が無視できる場合の力学を**静力学**（statics），無視できない場合の力学を**動力学**（dynamics）という。この節では静力学の問題を考える。

機構の原動節に力が加えられると，中間節を通して従動節に力が伝えられ，従動節は仕事をする。原動節に加えた力に対し，従動節の出力の大きさ，各節に働く力の大きさなどを求めることがこの節の問題である。従動節が仕事をするとき，従動節は仕事の対象物から反力を受け，これによって機構は全体として釣り合う。このようにこの節の問題は，機構の釣合いの問題となる。

5.1.1 釣合いの条件による解析

機構を構成する各節に働く力を求めるのに，一つ一つの節に対して釣合いの条件を導き，得られた式を連立させて解く方法がある。この方法を実際に適用するには，機構の各節を切り離した状態を考え，各節の間の構造上の拘束を力の関係に置き換えて**自由物体線図**（free body diagram）を描き，力多角形を用いるのが便利である。

図 5.1（*a*）の機構を例にして考えよう。この図は，ピストン A，連接棒 B，クランク C から構成されるピストンクランク機構を表す。ピストン A に作用する滑り方向の力 $\boldsymbol{F}$ が与えられたとして，この機構の各節に働く力を求めたいとする。このため，節 A，B，C を図（*b*）のように切り離し，構造上の拘束を力の関係に置き換え，つぎのように，それぞれの節の釣合いを考える。

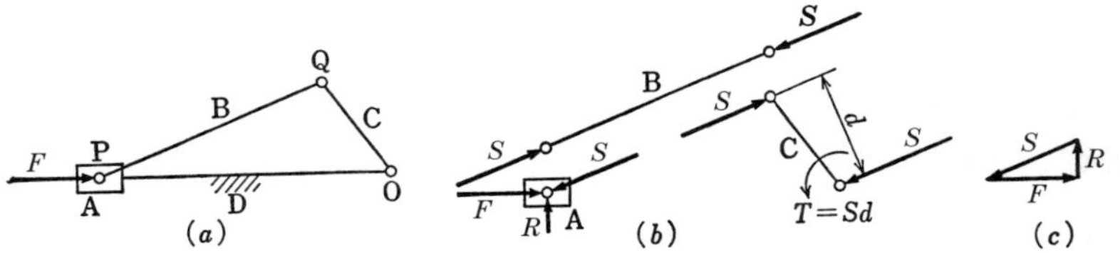

図 5.1　ピストンクランク機構の静力学

まず節 A には，力 $\boldsymbol{F}$ のほかに，台枠からの拘束力 $\boldsymbol{R}$，節 B からの力 $\boldsymbol{S}$ が作用する。摩擦が無視できるとすれば，$\boldsymbol{R}$ はピストンの滑りと直角の方向，$\boldsymbol{S}$ は節 B の長手方向である。節 A が釣り合うためには，ベクトル $\boldsymbol{F}$，$\boldsymbol{R}$，$\boldsymbol{S}$ からなる力多角形が閉じなければならない。$\boldsymbol{F}$ は大きさと方向が，$\boldsymbol{R}$ と $\boldsymbol{S}$ は方向が既知であるから，力多角形は図（*c*）のように一意的に決まり，$\boldsymbol{R}$ と $\boldsymbol{S}$ が求められる。

つぎに節 B に作用する力は，図（*b*）に示すように，節 B の端 P に節 A からの力 $-\boldsymbol{S}$ が作用する。節 B が釣り合うため，節 B のもう一方の端 Q に力 $\boldsymbol{S}$ が作用しなければならない。

最後に節Cには，節Bからの力 $-\boldsymbol{S}$ と支持点の力 $\boldsymbol{S}$ が作用する。節Cに働くこれらの二つの力が作り出す大きさ Sd の偶力は，外部に仕事をする際の反力によるトルク T と釣り合う。$\boldsymbol{S}$ は既知となっているから，加えられた力 $\boldsymbol{F}$ に対し，出力トルクの大きさ T は $T=Sd$ となる。

5.1.2 仮想仕事の原理による解析

5.1.1 項で述べた，力の釣合いの条件を用いる方法で機構に働く力を求めると，すべての節に作用する力を知ることができる。ところが問題によっては，すべての節に働く力を知る必要がなく，例えば，原動節に働く力に対して従動節に働く力のみを知りたい場合がある。このような場合，*5.1.1* 項の方法では余分な計算をすることになる。この場合，力学の分野で重要な原理である，仮想仕事の原理を用いると，余分な計算をしなくて済む。**仮想仕事の原理**(principle of virtual work)を機構に当てはめて説明するとつぎのようになる。

1から N までの N 個の節からなる機構がある。節 i に働く力を $\boldsymbol{f}_i$ とおく。ここで力 $\boldsymbol{f}_i$ は問題によってはトルクを意味する。各節は釣り合っているから

$$\boldsymbol{f}_i=0 \tag{5.1}$$

が成り立つ。機構の構造上許される任意の小さな変位を各節に考える。これを**仮想変位**（virtual displacement）という。仮想変位に対して力がなす仕事を**仮想仕事**（virtual work）という。節 i の仮想変位を $\delta\boldsymbol{r}_i$ とすると，節 i に働く力 $\boldsymbol{f}_i$ が仮想変位 $\delta\boldsymbol{r}_i$ に対して行う仮想仕事は $\boldsymbol{f}_i\cdot\delta\boldsymbol{r}_i$ である。したがって機構全体になされる仮想仕事 δW は

$$\delta W=\sum_{i=1}^{N}\boldsymbol{f}_i\cdot\delta\boldsymbol{r}_i \tag{5.2}$$

である。ここで式（*5.1*）が成り立つとき，仮想仕事 δW は

$$\delta W=\sum_{i=1}^{N}\boldsymbol{f}_i\cdot\delta\boldsymbol{r}_i=0 \tag{5.3}$$

を満たさなければならない。逆に式（*5.3*）が，どのような仮想変位 $\delta\boldsymbol{r}_i$ に対しても成り立つためには，式（*5.1*）が成り立たなければならない。このようにして，式（*5.1*）と式（*5.3*）は等価であることがわかる。式（*5.3*）を一般に仮想仕事の原理という。

さて一般に節 i に働く力 $\boldsymbol{f}_i$ は，与えられた力と拘束力とからなる。そこで力 $\boldsymbol{f}_i$ を，与えられた力 $\boldsymbol{F}_i$ と拘束力 $\boldsymbol{R}_i$ にわけて

$$\boldsymbol{f}_i=\boldsymbol{F}_i+\boldsymbol{R}_i \tag{5.4}$$

とおく。これを式（5.3）に代入すると

$$\delta W=\sum_{i=1}^{N}\boldsymbol{f}_i\cdot\delta\boldsymbol{r}_i=\sum_{i=1}^{N}(\boldsymbol{F}_i+\boldsymbol{R}_i)\cdot\delta\boldsymbol{r}_i=0 \tag{5.5}$$

が成り立つ。機構の問題で，拘束力がなす仮想仕事が 0 である場合が多い。例えば摩擦が無視できる滑らかな面上に節が拘束されているとき，拘束力は面に垂直に働き，仮想変位は面に平行であるから，拘束力がなす仮想仕事は 0 である。拘束力がなす仮想仕事がすべて 0 である場合，式（5.5）は

$$\delta W=\sum_{i=1}^{N}\boldsymbol{F}\cdot\delta\boldsymbol{r}_i=0 \tag{5.6}$$

となる。この式を狭い意味で仮想仕事の原理という。この式には拘束力が含まれないので，この式を用いると，拘束力を使わなくて問題を扱うことができる。

図 5.1（a）の機構を，仮想仕事の原理を用いて扱う。**図 5.2**（a）のように，節 A に仮想変位 $\delta\boldsymbol{x}$ を与えたとする。このとき，機構の構造にしたがって節 C はある決まった角度 $\delta\theta$ だけ回転する。節 A に働く力のうち，力 $\boldsymbol{F}$ がなす仮想仕事は $\boldsymbol{F}\cdot\delta\boldsymbol{x}$ である。トルク T がなす仮想仕事は $-T\delta\theta$ である。これ以外の拘束力がなす仮想仕事を考える。点 P に働く力 $\boldsymbol{R}$，点 O に働く力 $\boldsymbol{S}$ については，点 P，点 O の仮想変位が機構の構造から 0 であるから，仮想仕事は 0 である。また節 A と B，節 B と C の間で働く力については，それぞれ仮想仕事は打ち消しあって 0 となる。このように，拘束力による仮想仕事は 0 となるので，仮想仕事の原理によって

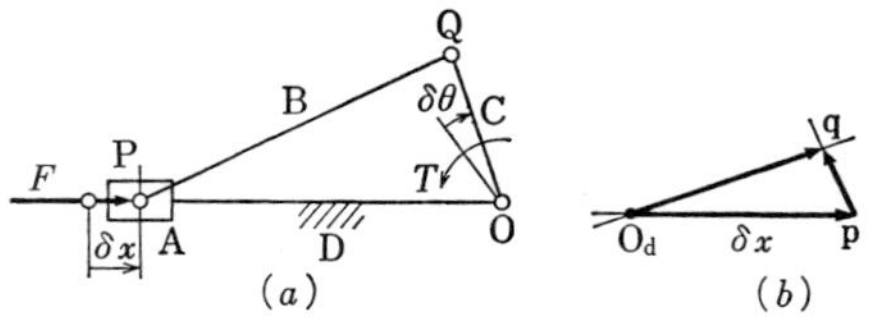

図 5.2　仮想仕事の原理による力の求め方

$$\delta W = \boldsymbol{F} \cdot \delta \boldsymbol{x} - T\delta\theta = 0 \tag{5.7}$$

が成り立つ。仮想変位 $\delta \boldsymbol{x}$ と $\delta\theta$ の関係を求めれば，この式から，トルク T が力 F の式として与えられることになる。

式（5.7）を用いて実際に解を求めておく。仮想変位 $\delta \boldsymbol{x}$ と $\delta\theta$ の関係を求めるのに，ここでは図式解法を用いることにする。変位はベクトル量であるから，4 章で速度の問題を扱ったときの写像法の考え方を用いることができる。

まず図 5.2（b）のように，変位の基準点 $\mathrm{O_d}$ を任意に定め，この点を基準として，点 P の仮想変位 $\delta \boldsymbol{x}$ を適当な尺度で写像してベクトル $\overrightarrow{\mathrm{O_d p}}$ を定める。つぎにこのときの点 Q の変位 $\overrightarrow{\mathrm{O_d q}}$ を同じ図上に求めるため，q の位置をつぎの二つの条件から求める。点 Q の変位は，点 P の変位と点 P に対する点 Q の相対変位を加えたものであること，そして点 P に対する点 Q の相対変位は直線 PQ に直角方向であることから，点 q は $\overrightarrow{\mathrm{O_d p}}$ の先端 p から直線 PQ に直角に引いた直線上にあるはずである。これが第一の条件である。また点 Q は点 O を中心として回転運動をするから，点 q は点 $\mathrm{O_d}$ を通って直線 OQ に直角に引いた直線上にあるはずである。これが第二の条件である。これら二つの条件を満たす点として，直線 pq と直線 $\mathrm{O_d q}$ の交点 q が求まる。長さ $\overline{\mathrm{O_d q}}$ を測定すれば，$\delta\theta$ が $\delta\theta = \overline{\mathrm{O_d q}}/\overline{\mathrm{OQ}}$ によって与えられる。$\delta \boldsymbol{x}$ と $\delta\theta$ を式（5.7）に代入すれば T が求められる。

【例題 5.1】 **図 5.3**（a）に示す四節リンク機構の節 A に $T_a = 7.0\ \mathrm{N \cdot m}$ のトルクを加えたときの出力トルク T_c を求めよ。ただし

$$a = 0.18\ \mathrm{m}, \quad b = 0.42\ \mathrm{m}, \quad c = 0.29\ \mathrm{m}, \quad d = 0.60\ \mathrm{m}, \quad \theta = 62°$$

とする。

［**解答**］ 問題の機構に対する自由物体線図を描くと，図 5.3（b）のようになる。力 $\boldsymbol{S}$ の大きさ S は $T_a = S \cdot d_a$ である。図から d_a は $d_a = 0.13\ \mathrm{m}$ となる。したがって

$$S = \frac{T_a}{d_a} = \frac{7.0}{0.13} = 53.8\ \mathrm{N}$$

となる。つぎに図から d_c は $d_c = 0.286\ \mathrm{m}$ となる。したがって求めるトルク T_c は

$$T_c = S \cdot d_c = 53.8 \times 0.286 = 15.4\ \mathrm{N \cdot m}$$

となる。

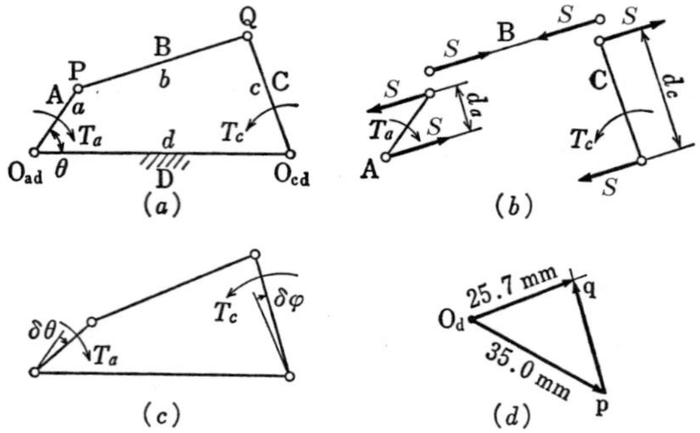

図 5.3　四節リンク機構の静力学

同じ問題を，図（c）に示すように，仮想仕事の原理を用いて扱う。この原理によって

$$T_a\delta\theta - T_c\delta\varphi = 0$$

が成り立つ。$\delta\theta$ と $\delta\varphi$ の関係を求めるため，図（d）のようにして，点 P の仮想変位 $\overrightarrow{\mathrm{O_dp}}$ に対する点 Q の仮想変位 $\overrightarrow{\mathrm{O_dq}}$ を求めると，例えば $\overline{\mathrm{O_dp}}=35.0\,\mathrm{mm}$ に対し $\overline{\mathrm{O_dq}}=25.7\,\mathrm{mm}$ となるので

$$\frac{\delta\theta}{\delta\varphi}=\frac{\overline{\mathrm{O_dp}}/a}{\overline{\mathrm{O_dq}}/c}=\frac{0.035\,0/0.18}{0.025\,7/0.29}=2.194$$

である。したがって

$$T_c = T_a\frac{\delta\theta}{\delta\varphi}=7.0\times2.194=15.4\ \mathrm{N\cdot m}$$

となり，上と同じ結果が得られる。

5.2　摩　擦　力

5.1 節では，節と節の間に働く摩擦力を考えなかった。実際の機構の運動に対しては，摩擦力はしばしば重要な意味を持つ。摩擦を利用した機構も多い。ここで摩擦について考えよう。

摩擦力の大きさを定める摩擦係数はつぎのように定義される。**図 *5.4*** のように，一つの物体が，平らな床面上に大きさ F_n の力 $\boldsymbol{F}_n$ で押し付けられ静止しているとする。物体が上下方向に釣り合っているのは，力 $\boldsymbol{F}_n$ に応じて，これと大きさが等しく向きが反対の反力 $\boldsymbol{R}_n$ が床から作用するからである。いまこの物体に，床面に平行に大きさ F_t の力 $\boldsymbol{F}_t$ を加えたとする。F_t が十分小さい間，$\boldsymbol{F}_t$ と釣り合うように，これと大きさが等しく反対の向きに摩擦力が生じ，物体は釣合い状態を保つ。$\boldsymbol{F}_t$ の大きさがある値を越えると，これに釣り合う摩擦力はもはや生ずることができなくて，物体は滑り始める。滑り始める直前の摩擦力 $\boldsymbol{R}_t$ の大きさ R_t は $\boldsymbol{R}_n$ の大きさ R_n に比例すると考えて

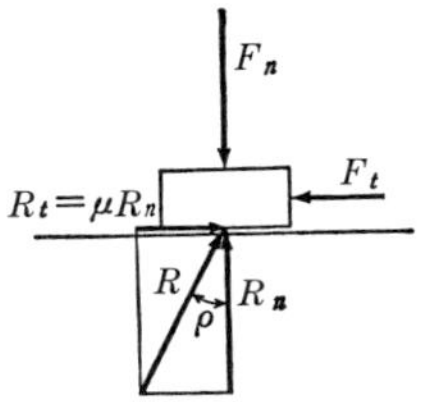

図 5.4　摩　擦　力

$$R_t=\mu R_n \tag{5.8}$$

と書き表したときの係数 μ を**摩擦係数**（coefficient of friction），あるいは後に定義する動摩擦係数と区別するため**静摩擦係数**（coefficient of static friction）という。物体と床の間の摩擦係数がわかっていれば，最大の摩擦力が式（5.8）で求められる。

物体が滑っているときの摩擦力を，式（5.8）と同じ形で書き表したときの係数 μ を，上と同じように摩擦係数，あるいは静摩擦係数と区別するため**動摩擦係数**（coefficient of sliding friction）という。摩擦係数が静摩擦係数，動摩擦係数のいずれを表すかは，対象とする物体が静止しているか滑っているかを問題によって判断できるので，ふつう混乱はない。

静摩擦係数，動摩擦係数のいずれに対しても，摩擦係数 $\mu=R_t/R_n$ の代わりに

$$\tan\rho=\frac{R_t}{R_n}=\mu \quad \text{すなわち} \quad \rho=\tan^{-1}\mu \tag{5.9}$$

で定められる ρ を用いることがある。これを**摩擦角**（friction angle）という。ρ は図 5.4 に示すように，反力 $\boldsymbol{R}_n$ と摩擦力 $\boldsymbol{R}_t$ を合成した力 $\boldsymbol{R}$ が，床面に立てた法線となす角を表す。

摩擦のある機構の静力学の問題に対しては，一般には，自由物体線図を用いて扱うのがよい。拘束力による仮想仕事が 0 とならないので，式（5.3）を用いる方法が特に便利とはいえないからである。

【例題 5.2】　**図 5.5** に示すように，長さ l，質量 m の棒を鉛直な壁に立

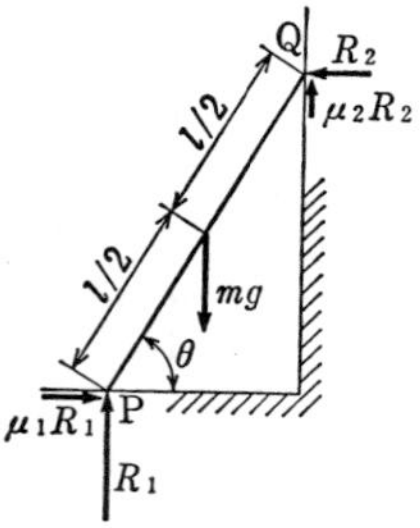

図 5.5　摩擦力の問題

て掛けたとき，棒が滑り始める角度 θ を求めよ。ただし，棒と床，棒と壁の間の摩擦係数をそれぞれ μ_1，μ_2 とする。

［**解答**］ 摩擦力を F_1，F_2 とおく。鉛直状態から棒を少しずつ傾けていくとき，はじめのうち摩擦力 F_1，F_2 は，反力 R_1，R_2 で定まる最大摩擦力 $\mu_1 R_1$，$\mu_2 R_2$ より小さく，$F_1 < \mu_1 R_1$，$F_2 < \mu_2 R_2$ が成り立つ。棒をさらに傾けると，F_1，F_2 のいずれかが最大の摩擦力に達し，上の二つの不等式の一方が等式となる。棒をさらに傾けると，もう一方の摩擦力も最大の摩擦力に達し，上の二つの不等式は両方とも等式となる。この場合を越えて棒を傾けると，棒は滑り始めるので，棒が滑り始める角度は，$F_1 = \mu_1 R_1$，$F_2 = \mu_2 R_2$ が成り立つときの力の釣合いから定められる。力の釣合いの式は

$$\begin{aligned} &R_1 + \mu_2 R_2 = mg \\ &\mu_1 R_1 - R_2 = 0 \end{aligned} \qquad (a)$$

である。また点 P まわりのモーメントの釣合いの式は

$$R_2 \cdot l \sin\theta + \mu_2 R_2 \cdot l \cos\theta = mg \cdot \frac{l}{2} \cos\theta \qquad (b)$$

である。式（a）から R_1，R_2 を求め，式（b）に代入すると

$$\theta = \tan^{-1} \frac{1 - \mu_1 \mu_2}{2\mu_1}$$

を得る。

5.3 機構の動力学

各節が高速に動いて慣性力が無視できないとき，この機構は，動力学の問題として扱う必要がある。この節で動力学の基礎を考える。

5.3.1 質点の動力学

はじめに質点の運動を考える。質量 m の質点に n 個の力 $\boldsymbol{F}_i$（i=1，2，…，n）が働き，その結果，質点は加速度 $\boldsymbol{a}$ で運動するとする。このときニュートンの第 2 法則によって

$$m\boldsymbol{a} = \sum_{i=1}^{n} \boldsymbol{F}_i \qquad (5.10)$$

が成り立つ。この式を

$$\sum_{i=1}^{n} \boldsymbol{F}_i + (-m\boldsymbol{a}) = 0 \tag{5.11}$$

と書き直す。この式の左辺第2項，すなわち大きさ ma で向きが加速度 $\boldsymbol{a}$ と逆のベクトル量を力と見なし，これを**慣性力**（inertia force）と名づける。これを用いると，式（5.11）から，質点は，実際に作用する力 $\boldsymbol{F}_i$（$i=1, 2, \cdots, n$）と慣性力 $-m\boldsymbol{a}$ によって釣り合っているということができる。式（5.10）と式（5.11）は式の上からは大して違わないが，慣性力 $-m\boldsymbol{a}$ を考えることによって，動力学の問題を静力学の問題と同じように扱うことができるという点に意味がある。以上の考え方を**ダランベールの原理**（d'Alembert's principle）という。

質点に働く慣性力は加速度で定められ，加速度は4章で述べたようにして求められる。例として平面運動する質量 m の質点に作用する慣性力 $\boldsymbol{F}_0$ を示すと，直交座標成分で表した場合，式（4.3）を用いて，慣性力 $\boldsymbol{F}_0$ は

$$\boldsymbol{F}_0 = -m\frac{d^2x}{dt^2}\boldsymbol{i}_0 - m\frac{d^2y}{dt^2}\boldsymbol{j}_0 \tag{5.12}$$

となる。極座標成分で表した場合，式（4.12）を用いて，慣性力 $\boldsymbol{F}_0$ は

$$\boldsymbol{F}_0 = m\left(-\frac{d^2r}{dt^2} + r\omega^2\right)\boldsymbol{i} - m\left(2\omega\frac{dr}{dt} + r\alpha\right)\boldsymbol{j} \tag{5.13}$$

となる。後者で表した場合，この式の各項のうち，項 $mr\omega^2\boldsymbol{i}$ で表される慣性力を**遠心力**（centrifugal force），項 $-2m\omega(dr/dt)\boldsymbol{j}$ で表される慣性力を**コリオリ力**（Corioli's force）という。

【例題 5.3】 **図 5.6** に示すように，水平面内で，点Oのまわりに一定の角速度 ω で回転する棒がある。この棒に沿って，自由に滑ることができる質量 m の質点Pの運動を調べよ。

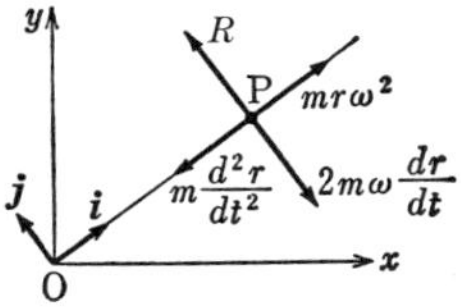

図 5.6　質点の運動

［解答］ 点Oから質点Pまでの距離を r とすると，質点に働く力は，式（5.13）で $\alpha=0$ とおいて得られる慣性力

$$\boldsymbol{F}_0 = m\left(-\frac{d^2r}{dt^2} + r\omega^2\right)\boldsymbol{i} - 2m\omega\frac{dr}{dt}\boldsymbol{j} \tag{a}$$

と，棒からの反力 $\boldsymbol{R}$ である。棒は滑らかであるから，反力は棒に直角方向となるので

$$\boldsymbol{R}=R\boldsymbol{j} \tag{b}$$

と書くことができる。式（a），（b）の力が質点に作用するときの質点の釣り合いの条件 $\boldsymbol{F}_0+\boldsymbol{R}=0$ を成分に分けて書くと

$$\left.\begin{aligned} &m\left(-\frac{d^2r}{dt^2}+r\omega^2\right)=0 \\ &R-2m\omega\frac{dr}{dt}=0 \end{aligned}\right. \tag{c}$$

となる。式（c）の第1式から

$$r=r_1e^{\omega t}+r_2e^{-\omega t} \tag{d}$$

を得る。ここで r_1，r_2 は定数で，時刻 $t=0$ のときの質点の位置と速度を指定するような初期条件によって定められる。定められた値を用いれば，距離 r は，式（d）の形の時間の関数として与えられる。つぎにこれを式（c）の第2式に代入すると

$$R=2m\omega^2(r_1e^{\omega t}-r_2e^{-\omega t}) \tag{e}$$

を得る。この式によって，棒から質点に加えられる反力の大きさ R が，時間の関数として与えられる。

5.3.2 剛体の動力学

つぎに剛体の運動を考える。一般の空間運動をする剛体については力学の教科書にゆずり，ここでは，平面運動する剛体を取り上げる。この剛体の質量を M，重心回りの慣性モーメントを I とおく。これに n 個の力 $\boldsymbol{F}_i$（$i=1, 2, \cdots, n$）が作用し，これらの力によって重心まわりにモーメント T が作用するものとする。剛体の重心の加速度を $\boldsymbol{a}_G$，剛体の角加速度を α とすると，ニュートンの第二法則によって

$$\left.\begin{aligned} &M\boldsymbol{a}_G=\sum_i \boldsymbol{F}_i \\ &I\alpha=T \end{aligned}\right\} \tag{5.14}$$

が成り立つ。この式を

$$\left.\begin{aligned} &\sum_i \boldsymbol{F}_i+(-M\boldsymbol{a}_G)=0 \\ &T+(-I\alpha)=0 \end{aligned}\right\} \tag{5.15}$$

と書き直す。式（5.15）の第1式の項 $-M\boldsymbol{a}_G$ は質点の場合と同じように慣性力を表す。この式から，剛体は，実際に働く力 $\boldsymbol{F}_i$（$i=1, 2, \cdots, n$）と慣性力 $-M\boldsymbol{a}_G$ で釣り合うということができる。つぎに式（5.15）の第2式の

項 $-I\alpha$ は，慣性力に対応するトルクの次元の量で，これを**慣性トルク**（inertia torque）という。この式から，剛体は，実際に働く力の重心まわりのモーメントと慣性トルクにより，モーメントが釣り合うということができる。

機構学の問題では，慣性力と慣性トルクを合わせて，力学的に等価な一つの力で置き換えると便利なことが多い。置き換えの方法を示すため，**図 5.7**（a）に示すように，一つの剛体に慣性力と慣性トルクが作用している場合を考える。慣性トルクを，図（b）に示すように，点Gおよび点Gから e だけ離れた位置に作用し，大きさが Ma_G で向きがたがいに逆の二つの力で置き換える。これらの力が生じるトルクが慣性トルクと釣り合うためには，e の値を

$$e=\frac{I\alpha}{Ma_G} \tag{5.16}$$

とすればよい。このように置き換えると，点Gに作用する力は打ち消し合うので，全体として剛体に働く慣性力は，図（b）に実線で示した一つの力で置き換えられる。

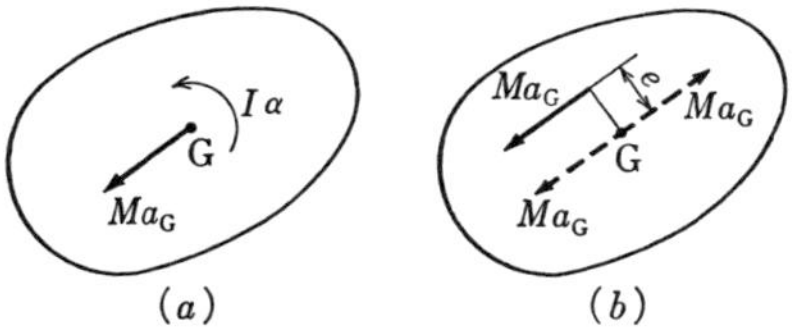

図 5.7　慣性力と慣性トルク

例として，**図 5.8**（a）に示す四節リンク機構のつぎの問題を考える。この機構の節Aを一定角速度で回転させるため，節Aに加えなければならないトルク T を求めよ。

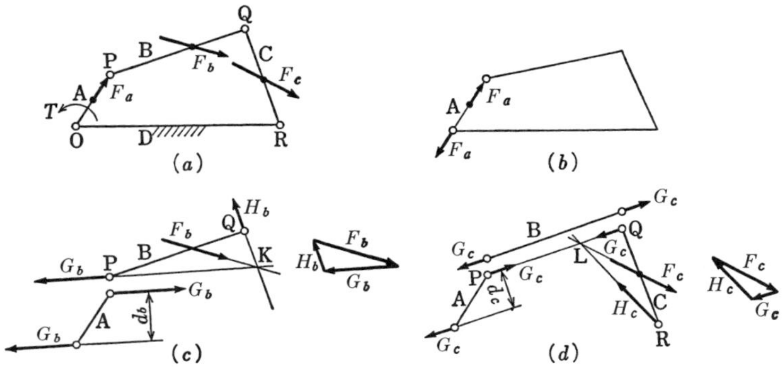

図 5.8　四節リンク機構の動力学

節Aが一定角速度で回転するとき，各節の加速度，角加速度は4章で述べた方法で求められるので，ここでは，各節ごとに作用する慣性トルクは既知であるとする。これらを，上に述べた方法で，各節ごとに作用する一つの力で置き換える。この結果，節A，B，Cに作用する慣性力が，図5.8（a）に示す$\boldsymbol{F}_a$，$\boldsymbol{F}_b$，$\boldsymbol{F}_c$になったとする。

問題のトルクTを求めるのに，$\boldsymbol{F}_a$，$\boldsymbol{F}_b$，$\boldsymbol{F}_c$が同時に作用しているとすると問題が複雑になるので，つぎのように，$\boldsymbol{F}_a$，$\boldsymbol{F}_b$，$\boldsymbol{F}_c$が一つずつ単独で作用するとして各トルクT_a，T_b，T_cを求め，後で重ね合わせる方法をとる。

まず慣性力$\boldsymbol{F}_a$に対しては，節Aの釣り合いは図（b）に示すようになり，トルクT_aは0となる。つぎに慣性力$\boldsymbol{F}_b$に対するトルクT_bを求めるため，図（c）のように，節Bに力$\boldsymbol{F}_b$が作用するときの自由物体線図を描く。節Bは力$\boldsymbol{F}_b$と点P，Qに作用する力$\boldsymbol{G}_b$，$\boldsymbol{H}_b$によって釣り合う。このうち，力$\boldsymbol{H}_b$の方向は直線QRの方向である。力$\boldsymbol{G}_b$の方向は，節Aに作用するトルクT_bのため，直線OPの方向とは限らず未知である。この方向を求めるため，力$\boldsymbol{F}_b$を表すベクトルが直線QRと交わる点Kを求め，点Kのまわりの力のモーメントの釣り合いを考えると，$\boldsymbol{G}_b$は点Kを通らなければならないことがわかる。このようにして，$\boldsymbol{G}_b$，$\boldsymbol{H}_b$の大きさが求められる。$\boldsymbol{G}_b$が求められれば，図（c）からわかるように

$$T_b = G_b d_b \tag{5.17}$$

となる。最後に慣性力$\boldsymbol{F}_c$に対するトルクも同様にして求められる。節Cは力$\boldsymbol{F}_c$と点Q，Rに作用する力$\boldsymbol{G}_c$，$\boldsymbol{H}_c$によって釣り合う。このうち，$\boldsymbol{G}_c$の方向は直線PQの方向，$\boldsymbol{H}_c$の方向はベクトル$\boldsymbol{F}_c$と直線PQが交わる点Lを通る。これを用いて$\boldsymbol{G}_c$，$\boldsymbol{H}_c$の大きさを求めれば，図（d）の自由物体線図から

$$T_c = G_c d_c \tag{5.18}$$

を得る。

以上の結果を重ね合わせると，求めるトルクTは

$$T = T_b + T_c \tag{5.19}$$

である。

演　習　問　題

〔*1*〕 **図 *5.9*** のスライダクランク機構（*6* 章）において，クランク A にトルク T が作用するとき，各節に作用する力を求めよ。もしスライダに摩擦係数 μ の摩擦が作用するとどうなるか。

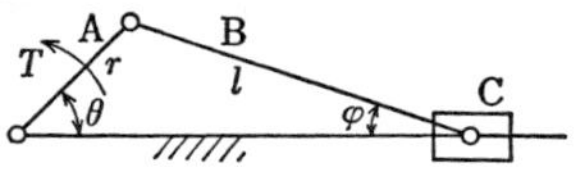

図 *5.9*　スライダクランク機構の静力学

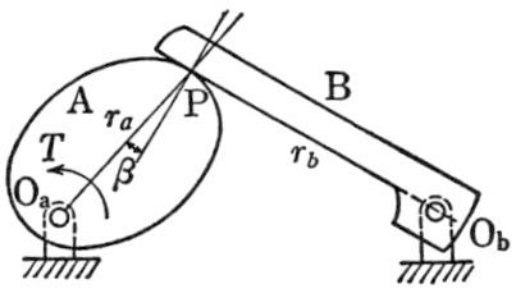

図 *5.10*　カム機構の静力学

〔*2*〕 **図 *5.10*** の機構は揺動フォロワを持つカム機構（*7* 章）である。カム A にトルク T を与えるとき，フォロワ B の出力トルク T_b を求めよ。カムとフォロワの形状は与えられており，したがって図の r_a，r_b，β は既知であるとする。

〔*3*〕 前問でカムとフォロワの間に摩擦角 ρ の摩擦を考慮するとどうなるか。

6

リ ン ク 機 構

基本的な機構にリンク機構がある。この章のはじめのいくつかの節で平面リンク機構を，最後の節で球面リンク機構を考える。

6.1 平面リンク機構

基本的な機構として，比較的長い棒状の剛体を低次対偶で結び付けて作った**リンク機構**（linkage mechanism）がある。一般にリンク機構は，製作が容易で動作は確実であり，また構造が簡単な割に複雑な運動が得られるという特長を持つ。リンク機構には，平面的な運動をする機構と立体的な運動をするものがある。はじめのいくつかの節で，前者の平面リンク機構を考える。この機構のもととなる連鎖から議論をはじめよう。

すべての節が平面運動する平面連鎖を考える。この平面連鎖は，n 個の節を，これと同じ数の低次対偶で結びつけて作られているとする。この連鎖の自由度 f は，*1* 章で導いた式に，自由度 1 の対偶の数 $p_1=n$，自由度 2 の対偶の数 $p_2=0$ を代入して得られ

$$f=3(n-1)-2n=n-3 \tag{6.1}$$

である。拘束連鎖を得るため，この式の f を $f=1$ とすると，$n=4$ を得る。このことから，対偶と同じ数の節を低次対偶によって結びつけて拘束連鎖を得

るためには，節の数を4にする必要があることがわかる。以下，このような拘束連鎖を考える。

この拘束連鎖は，四つの低次対偶が何であるかによって

（a） **四節回転連鎖**（quadric crank chain，four-bar chain）

（b） **スライダクランク連鎖**（slider crank chain）

（c） **両スライダクランク連鎖**（double slider crank chain）

（d） **クロススライダ連鎖**（crossed slider chain）

に分類される。これらの構成を**図 6.1** に示す。図のA，B，C，Dは節を表す。また節と節を結ぶ線は対偶を表し，“回り”を付けた線は回り対偶，“滑り”を付けた線は滑り対偶を意味する。図に示されるように，図（a）の四節回転連鎖は四つの対偶がすべて回り対偶であるものである。図（b）のスライダクランク連鎖は四つの対偶のうち三つが回り対偶で一つが滑り対偶であるものである。図（c）の両スライダクランク連鎖と図（d）のクロススライダ連鎖は，四つの対偶が二つずつ回り対偶と滑り対偶であるもので，両者の区別は回り対偶と滑り対偶の配置による。

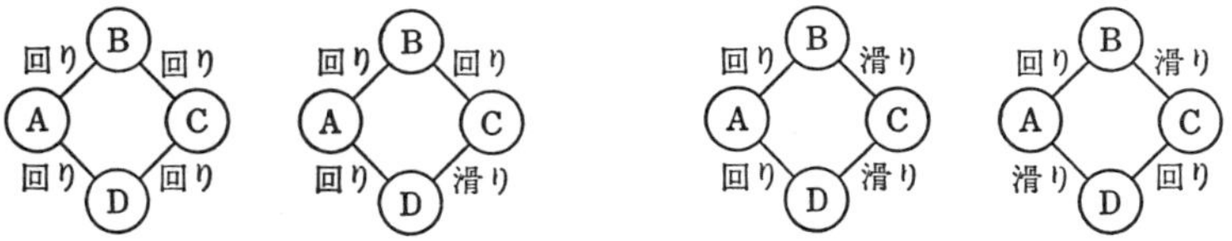

（a）四節回転連鎖　（b）スライダ クランク連鎖　（c）両スライダ クランク連鎖　（d）クロス スライダ連鎖

図 6.1　四つの低次対偶を持つ連鎖の分類

以上の各連鎖から，その一つの節を固定して得られる機構を**平面四節リンク機構**（planer four-bar linkage mechanism）あるいは単に**四節リンク機構**（four-bar linkage mechanism）という。ここでは，立体的なリンク機構と対比するとき以外は，単に四節リンク機構ということにする。次節以下で，各連鎖から得られる機構を考えよう。

一般にリンク機構の各節のうち，固定節上の固定中心まわりに完全に回転できる節を**クランク**（crank），固定中心まわりに揺動運動する節を**てこ**（lever）

という。また滑り運動する節を**スライダ**（slider）という。スライダは直線または曲線の**滑り座**（slider guide）に拘束されて運動をする。原動節と従動節を定めたとき，それらを結ぶ中間の節を**連節**（connecting link）または**連接棒**（connecting rod）という。

6.2 四節回転連鎖から得られる機構

6.2.1 四節回転連鎖

四節回転連鎖から得られる四節リンク機構は，リンク機構のうち，最も簡単であり，実用的に重要である。この節で四節回転連鎖から得られる機構を考える。はじめに，節の長さに関していくつかの検討をしておく。このため，四節回転連鎖の四つの節をA，B，C，Dとし，各節の長さをa，b，c，dとおく。

まず節A，B，C，Dが閉じた四辺形を形成するため，a，b，c，dは

$$\left.\begin{array}{ll} a+b+c>d, & a+b+d>c \\ a+c+d>b, & b+c+d>a \end{array}\right\} \tag{6.2}$$

を満たさなければならないことに注意する。

四節回転連鎖において，一つの節が，これに対偶する他の一つの節に対して完全に回転するための条件を考えよう。最短節のみが完全に回転する可能性がある。そこでここでは，**図 6.2**に示すように，節Aを最短節とし，これと対偶をなす節B，Dのうちの節Dを固定した場合に，節Aが完全に回転するための条件を求める。回り対偶の軸の位置を，図のように，点O，P，Q，Rで表す。点Pが移動すれば，点Q，Rもそれに伴って位置を変える。点Oを中心として半径aの円を描くと，点Pはこの円上にある。節Aが節Dに対して完全に回転するためには，点Pが半径aの円上のどの位置にあっても，そのときの点P，Q，Rが常に三角形を形成しなければならない。このことから，以下のようにして完全回転

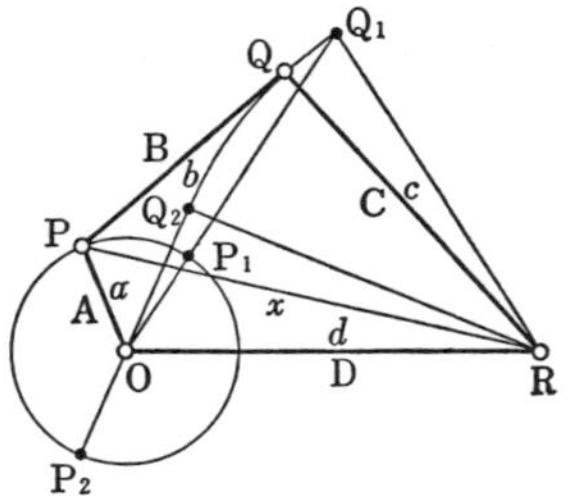

図 6.2　四節回転連鎖

の条件が得られる。

完全回転の条件を定めるため，図中の点P，Rの間の長さを$\overline{\mathrm{PR}}=x$とおく。長さxは点Pの位置の関数となり，その最大値は$d+a$，最小値は$d-a$であることは容易にわかる。点P，Q，Rが常に三角形を形成するために，xが最大値をとったときにも最小値をとったときにも，三角形が形成されなければならない。したがってxの最大値$d+a$は，他の2辺の長さの和$b+c$より小さく，またxの最小値$d-a$は他の2辺の長さの差$|b-c|$より大きくなければならない。これを式で書けば

$$d+a \leqq b+c, \quad d-a \geqq b-c, \quad d-a \geqq c-b \tag{6.3}$$

となる。この式から，節Aが完全回転するための条件として

$$a+b \leqq c+d, \quad a+c \leqq b+d, \quad a+d \leqq b+c \tag{6.4}$$

を得る。式（6.4）をまとめれば，“最短節Aがこれと対偶をなす節Dに対して完全回転するための条件は，最短節と他の一つの節の長さの和が残りの二つの節の和より小さいか，少なくとも等しいことである”。これを**グラスホフの定理**（Grashof's theorem）という。

以上の議論では，節Dを固定し，節Dに対して節Aが完全回転するための条件を求めた。つぎに節Bを固定し，節Bに対して節Aが完全回転するための条件を求めると，求める条件は，式（6.4）でbとdを入れ換えたものとなる。式（6.4）でbとdをすべて入れ換えると，全体としてふたたび式（6.4）を得る。したがって節Aが，節Dのまわりに完全回転するための条件と，節Bのまわりに完全に回転するための条件とは一致する。節Aが，節Dのまわりに完全に回転できれば，節Bのまわりにも完全に回転できることになる。

【例題 6.1】　四節回転連鎖の節の長さa，b，c，dがつぎの値をとるとき，この四節回転連鎖の最短節は完全回転できるか。

（a）　$a:b:c:d=3:4:5:7$

（b）　$a:b:c:d=3:5:7:7$

［**解答**］（a）の連鎖では，$a+d>b+c$となるので，最短節は完全回転できない。

（*b*）の連鎖では，グラスホフの定理がすべて満たされるので，最短節は完全回転できる。

最短節が完全に回転できる四節回転連鎖は，そうでない連鎖に比べて，複雑な運動が可能である。そこでこの節では，最短節が完全回転する四節回転連鎖から得られる機構について考える。

四節回転連鎖では，四つの節があるため，機構を得るために，固定する節の選択は4通りある。このうち最短節Aに隣り合う節Bあるいは節Dを固定した場合は同じ機構となる。したがって連鎖の置き換えによって，四節回転連鎖から得られる機構は

（*a*）　**てこクランク機構**（double lever mechanism）

（*b*）　**両クランク機構**（double crank mechanism）

（*c*）　**両てこ機構**（double lever mechanism）

の3種類である。（*a*）のてこクランク機構は最短節Aに隣り合う節B，Dのいずれかを固定して得られる機構，（*b*）の両クランク機構は最短節Aを固定して得られる機構，そして（*c*）の両てこ機構は最短節Aに対向する節Cを固定して得られる機構である。両てこ機構の応用例は多くないので，この節の以下では，（*a*），（*b*）の機構を考察する。

***6.2.2*　てこクランク機構**

てこクランク機構は，上述のように，最短節Aに隣り合う節B，Dのいずれかを固定して得られる機構である。**図 *6.3*** は，節Dを固定した場合のてこクランク機構を表している。

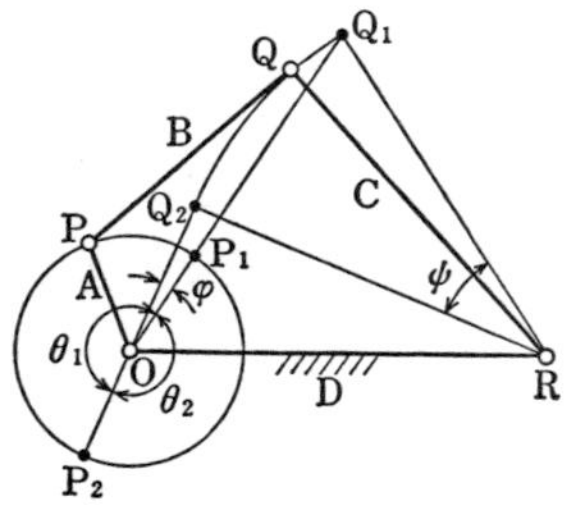

図 *6.3*　てこクランク機構

この図のてこクランク機構では，節Aはクランクとなり完全回転するのに対し，節Cはてことなり揺動運動をする。節Aが完全回転し，節Cが揺動運動することを以下で確かめる。

図 *6.3* において，点O，P，Qが一直線となる点P，Qの位置は2通りある。それをP_1，

Q_1 と P_2，Q_2 とする。点 P が P_1 から P_2 まで反時計方向に θ_1 だけ回転すると，点 Q は Q_1 から Q_2 まで動く。点 P が P_2 から P_1 まで引き続き反時計方向に θ_2 だけ回転すると，点 Q は Q_2 から Q_1 まで動く。このように節 A の 1 回転に対し，節 C は揺動角 $\psi=\angle Q_1RQ_2$ の範囲で揺動運動する。ここで揺動角 ψ を求めるには，$\varDelta OQ_1R$，$\varDelta OQ_2R$ に第二余弦定理を適用して $\angle ORQ_1$，$\angle ORQ_2$ を求め，これを $\psi=\angle ORQ_1-\angle ORQ_2$ に代入すればよい。

てこクランク機構の運動の特徴を見ておく。上の結果からわかるように，クランク A が一定角速度で回転しても，てこ C の揺動運動は，往きと戻りで必要な時間が異なる。実際，図 *6.3* において，クランク A が一定の角速度で回転するとき，てこ C の先端 Q が Q_1 から Q_2 に達するために必要な時間，Q_2 から Q_1 に達するために必要な時間はそれぞれ角度 θ_1，θ_2 に比例する。一般に $\theta_1\neq\theta_2$ であるから，往きと戻りで必要な時間が異なる。このように往きと戻りで必要な時間が異なる運動を，**早戻り運動**（quick return motion）という。てこクランク機構は，早戻り運動を実現する簡単な機構であるということができる。

早戻り運動において，戻りの時間に対する往きの時間の比を，**早戻り比**（quick return ratio）という。通常の機構では，作業をする往きの時間を長くとり，戻りの時間を短くとる。

クランク A が一定角速度で回転する図 *6.3* の場合には，早戻り比は θ_1/θ_2 である。この値を求めるには，$\varDelta OQ_1R$，$\varDelta OQ_2R$ に第二余弦定理を適用して $\angle Q_1OR$，$\angle Q_2OR$ を求め，つぎに角 $\varphi=\angle Q_1OQ_2$ を式 $\varphi=\angle Q_2OR-\angle Q_1OR$ によって求め，最後に

$$\frac{\theta_1}{\theta_2}=\frac{180^\circ+\varphi}{180^\circ-\varphi} \tag{6.5}$$

に代入すればよい。

てこクランク機構は，拘束連鎖をもとに作られた機構であるから，運動の仕方は通常は一通りに決まる。実際，図 *6.3* において，クランク A を原動節として回転運動を与え，てこ C を従動節として揺動運動を起こさせるとき，ク

ランク A の運動に対して，てこ C はつねに一通りの運動をする。ところがてこ C を原動節とし，クランク A を従動節とするとき，てこ C が特別な位置をとると，拘束が不完全になって，運動が一通りに決まらなくなることがある。実際，てこ C の先端 Q が，図 *6.3* の Q_1 あるいは Q_2 の位置に達するとき，てこ C の一方向の運動に対し，クランク A は時計方向あるいは反時計方向の二通りに回転することができる。このように，拘束運動の途中で不拘束を生ずる点を**思案点**（change point）という。

てこクランク機構を，C を原動節，A を従動節として用いるとき，思案点を拘束して一通りの運動をさせるためには，例えば，二つ以上の機構を組み合わせるか，はずみ車を用いて運動の慣性を利用するなどの方法がとられる。A を原動節，C を従動節とするときは，思案点の拘束を考える必要はない。

てこクランク機構において，てこ C を原動節，クランク A を従動節とするとき，てこ C の先端 Q が図 *6.3* の Q_1 あるいは Q_2 に一致するとき，てこ C にどれだけ大きな力を加えても，クランク A を回転させるモーメントは生じない。このように，拘束運動の途中で，動力を伝えることができなくなる点を**死点**（dead point）という。てこクランク機構では，二つの死点があり，これは思案点と一致している。クランク A を原動節とするときは，いまの点は死点ではない。一般に思案点と死点は一致することが多いが，一致しないこともある。

【例題 *6.2*】 図 *6.3* のてこクランク機構の節 A，B，C，D の長さが，この順に

$$a=20\ \mathrm{mm},\quad b=30\ \mathrm{mm},\quad c=40\ \mathrm{mm},\quad d=40\ \mathrm{mm}$$

であるとする。てこ C の揺動角 ψ を求めよ。つぎにクランク A が一定角速度で回転するとして，てこ C の早戻り比を求めよ。

［**解答**］ 図 *6.3* において $\angle \mathrm{ORQ_1}$，$\angle \mathrm{ORQ_2}$ を求めるため，$\varDelta \mathrm{OQ_1R}$，$\varDelta \mathrm{OQ_2R}$ に第 2 余弦公式を適用すると

$$\cos\angle \mathrm{ORQ_1}=\frac{c^2+d^2-(b+a)^2}{2cd}=\frac{40^2+40^2-50^2}{2\times40\times40}=0.219$$

$$\cos\angle ORQ_2=\frac{c^2+d^2-(b-a)^2}{2cd}=\frac{40^2+40^2-10^2}{2\times 40\times 40}=0.969$$

を得る。この結果から

$$\angle ORQ_1=77°22',\quad \angle ORQ_2=14°21'$$

を得る。ゆえに揺動角 ψ は

$$\psi=77°22'-14°21'=63°1'$$

となる。つぎに $\angle ROQ_1$，$\angle ROQ_2$ を求めるため，同じ公式を用いると

$$\cos\angle ROQ_1=\frac{(b+a)^2+d^2-c^2}{2(b+a)d}=\frac{50^2+40^2-40^2}{2\times 50\times 40}=0.625$$

$$\cos\angle ROQ_2=\frac{(b-a)^2+d^2-c^2}{2(b-a)d}=\frac{10^2+40^2-40^2}{2\times 10\times 40}=0.125$$

を得る。この結果から

$$\angle ROQ_1=51°19',\quad \angle ROQ_2=82°49'$$

を得る。ゆえに図の角度 φ は

$$\varphi=82°49'-51°19'=31°30'$$

となるから，早戻り比は

$$\frac{\theta_1}{\theta_2}=\frac{180°+31°30'}{180°-31°30'}=1.42$$

となる。

6.2.3　てこクランク機構の応用

てこクランク機構は，クランクを原動節とし，その回転によっててこを揺動運動させるか，てこを原動節とし，その揺動運動によってクランクを回転運動させる機構である。

ワットが蒸気機関車を発明したときに用いた天びん機関や，以前家庭で広く用いられていた足踏みミシンは，てこに揺動運動を与えて，クランクに回転運動を生ずるようにしたものである。

てこクランク機構の応用の一つに，各節の長さを適当に選んで，原動節に加えた小さな力で，従動節に大きな力を発生させる**倍力装置**（toggle joint）がある。この装置は，鉄板などを打ち抜くプレスや，治具の締め付けの道具として用いられる。**図 6.4**（*a*）は，手押し切断機に用いられる倍力装置を示したものである。これを図（*b*）と対応させると，てこクランク機構の応用であることがわかる。

図 6.4（*a*）によって倍力装置の原理を考えよう。クランク A と連節 B は

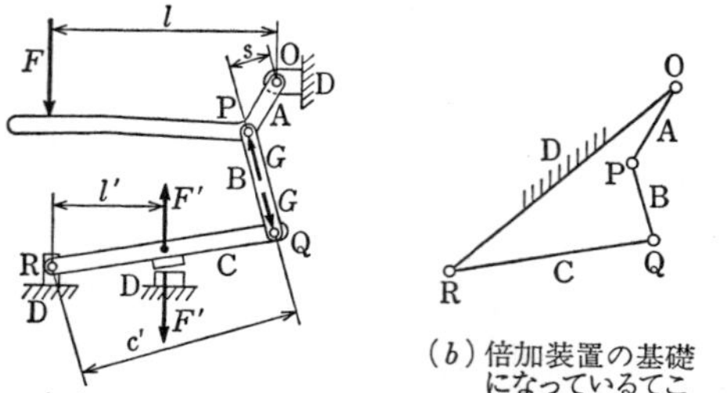

(a) 手押し切断機
(b) 倍加装置の基礎になっているてこクランク機構

図 6.4　倍力装置

一直線に近い位置をとるものとする。クランクAに力 F を加えて大きさ F' の切断力を得るものとすると，節Cは同じ大きさ F' の反力を受ける。節Aと節Cには，それぞれ大きさ F と F' の力のほかに，節Bを介して伝えられる大きさ G の力が作用する。節Aに作用する大きさ F と G の力に対して，点Oまわりのモーメントのつり合いの条件を考えると

$$Fl = Gs \tag{6.6}$$

を，また節Cに作用する大きさ F' と G の力に対して，点Rまわりのモーメントのつり合いの条件を考えると

$$F'l' = Gc' \tag{6.7}$$

を得る。ここで l と s は点Oから大きさ F と G の力の作用線に下した垂線の長さ，l' と c' は点Rから大きさ F' と G の力の作用線に下した垂線の長さを表す。式（6.6）と式（6.7）から G を消去すると

$$F' = \frac{c'Fl}{l'}\frac{1}{s} \tag{6.8}$$

を得る。クランクAと連節Bが一直線に近い位置にあって，さらに一直線に近づくとき，l，l'，c' はあまり変化しないが，s は $s \to 0$ となるので，F' は大きな値となる。

6.2.4　両クランク機構とその応用

両クランク機構は，図 6.2 の四節回転連鎖において，完全回転可能な最短節Aを固定して得られる機構である。四節回転連鎖の節Aは，節Bと節Dのまわりを完全回転するから，この機構では，節BとDはいずれも節Aのまわりを完全回転するクランクとなる。**図 6.5** はこのクランク機構の運動を示したものである。図に示されるように，クランクBの先端Pが点Oを中心と

する円上で位置 P_1，P_2，… をとって1回転する間に，クランクDの先端Qは，点Rを中心とする円上で，位置 P_1，P_2，… に対応した位置 Q_1，Q_2，… をとって1回転する。

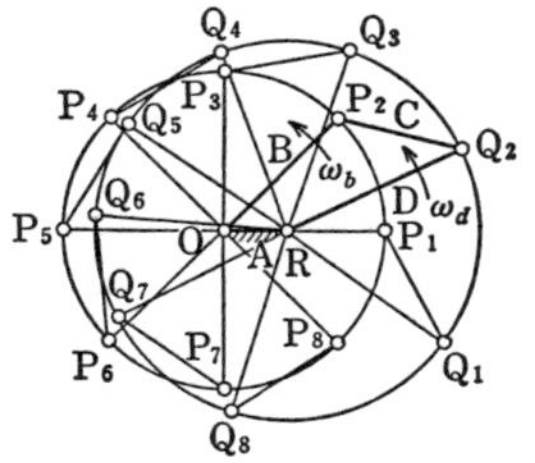

$a:b:c:d=2:5:4:6$

図 6.5 両クランク機構の運動

両クランク機構では，一方のクランクが一定角速度で回転しても，他方のクランクは一定角速度とはならない。このことは，図 6.5 において，クランクBの先端のとる位置 P_1，P_2，… が等間隔で並んでいるのに対し，クランクDの先端のとる位置 Q_1，Q_2，… が等間隔に並んでいないことから直ちにわかる。クランクの角速度 ω_b が一定のとき，クランクの角速度は点 Q_8 から Q_1 の間の点付近で最大値，点 Q_5 付近で最小値をとる。角速度 ω_d を正確に定めるには，4章で紹介した方法のうちの一つを用いればよい。この機構を利用すると，角速度比が変化する回転装置を得ることができる。

クランクDの回転中心RをクランクBの回転中心Oに近づけると，クランクB，Dの角速度 ω_b，ω_d は近くなり，RとOが一致すると $\omega_b=\omega_d$ となる。これは，図 6.5 で，RをOに一致させたときに作られる $\varDelta OP_1Q_1$，$\varDelta OP_2Q_2$，… がつねに一定となることから確かめられる。ここで述べたような $\omega_b=\omega_d$ となる両クランク機構は，軸心が一致する2軸の**軸継手**（shaft coupling）に用いられる。

図 6.5 では，点Pと点Qが直線ORの延長上に同時に来ることがないように，節A，B，C，Dの長さ a，b，c，d が定められている。このような場合には，両クランク機構は，どの位置にあってもその運動が一通りに決まり，思案点を持たない。これに対し，節の長さ a，b，c，d が，関係

$$a+d=b+c, \quad a+c=b+d, \quad a+b=c+d \tag{6.9}$$

のいずれかを満たす特別な場合に，点Pと点Qが直線ORの延長上に同時に来て，その位置は思案点となる。一例として，式（6.9）の第1式を満たす両クランク機構を取り上げると，点Pと点Qは，**図 6.6** に示すように，直線

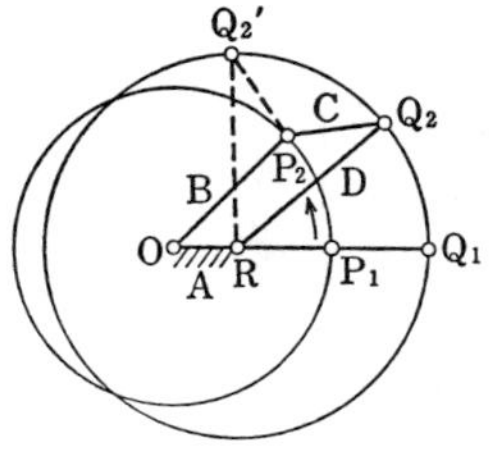

$a:b:c:d=2:5:3:6$

図 *6.6* 両クランク機構の思案点

ORの延長上の点P_1, Q_1に同時に来て一直線となる。このとき，Pが反時計方向にP_1からP_2まで動くと，QはQ_1からQ_2あるいはQ_2'までの二通りの動き方をするので，思案点となることがわかる。ただしこれらの点は死点ではない。思案点を拘束して一通りの運動をさせるためには，二つ以上の機構を組み合わせるか，クランクと連節の慣性を利用する。

両クランク機構の節の長さが$a=c$, $b=d$となるという特別な関係を満たすと，節Aと節C，節Bと節Dはつねに平行を保つ。この機構を**平行クランク機構**（parallel crank mechanism）という。この機構では$\omega_b=\omega_d$が成り立つ。平行クランク機構の応用例は，機関車の動輪，上皿天びん，電車のパンタグラフなどに見られる。

【例題 *6.3*】 両クランク機構の節の長さa, b, c, dが

$$a=b, \quad c=d, \quad a<c$$

の関係を満たすとき，節Dが1回転する間に，節Bは2回転することを確かめよ。この機構をシルベスタたこという。

［**解答**］ 節の長さが題意の関係を満たす両クランク機構の運動の例を，**図 *6.7***に示す。図（a）に示すように，節Bの先端Pが点P_1, P_2, …, P_9の位置をとって1回転する間に，これに対応して，節Dの先端QはQ_1, Q_2, …, Q_9の位置をとって

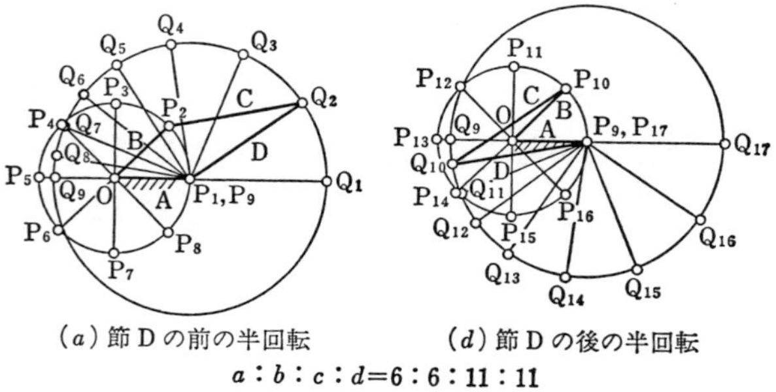

$a:b:c:d=6:6:11:11$

図 *6.7* シルベスタたこ

半回転する。つぎに図（b）に示すように，節Bの先端Pがさらに1回転して点P_9，…，P_{17}の位置をとるとき，節Dの先端QはQ_9，…，Q_{17}の位置をとって半回転する。このように節Dの1回転の間に節Bは2回転する。回転の途中で，点O，P，Qが一直線をなす思案点では，適当な方法によって，図のような運動となるよう拘束する必要がある。

6.3 スライダクランク連鎖から得られる機構

6.3.1 スライダクランク連鎖

6.1 節で述べたように，四つの節を三つの回り対偶と一つの滑り対偶で結びつけた，**図 6.8** のような連鎖をスライダクランク連鎖という。以下図のように，四つの節をA，B，C，Dとし，節CとDの間の対偶を滑り対偶，これ以外の節の間の対偶を回り対偶とする。

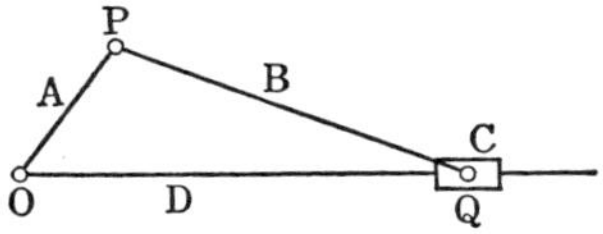

図 *6.8* スライダクランク連鎖

図 *6.8* のスライダクランク連鎖において，節Aが節D，Bのまわりを完全に回転するための条件は，節A，Bの長さa，bが$a \leqq b$を満たすことである。以下，この条件が満たされるとする。この連鎖の四つの節はそれぞれ異なった性質を持つので，各節を固定することによって，この連鎖から

（a）　**ピストンクランク機構**（piston crank mechanism）

（b）　**回転スライダクランク機構**（turning block slider crank mechanism）

（c）　**揺動スライダクランク機構**（swing block slider crank mechanism）

（d）　**固定スライダクランク機構**（fixed block slider crank mechanism）

と呼ばれる4種類の機構が得られる。これらの機構は，この順に，図 *6.8* の連鎖の節D，A，B，Cをそれぞれ固定して得られるものである。このうち（c），（d）の機構の応用例は少ないので，ここでは，（a），（b）の機構について述べる。

6.3.2 ピストンクランク機構

図 *6.8* のスライダクランク連鎖の節Dを固定すると，節Aの回転によっ

て，節Cが直線往復運動する機構を得る。これがピストンクランク機構である。

ピストンクランク機構は，前節に述べたてこクランク機構から，節の形や対偶の仕方を変形あるいは拡張して得たものと考えることができる。これを**図 6.9**で考えよう。まず図（a）に示すてこクランク機構のてこCを，図（b）に示すように，節Dに設けた円弧状の溝を滑るスライダCで置き換える。この機構の全体の運動は図（a）の機構の運動と変わらない。つぎにこの円弧状の溝の曲率半径 c を $c\to\infty$ とし，溝を直線状とする。このようにしてピストンクランク機構を得る。

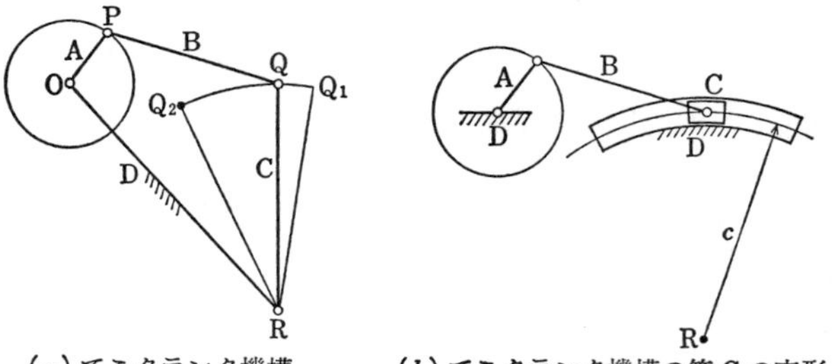

（a）てこクランク機構　　（b）てこクランク機構の節Cの変形

図 ***6.9***　てこクランク機構の拡張とピストンクランク機構

いまの例のように，一つの機構から，節の形や対偶の仕方を変形あるいは拡張して別の機構を得ることを**機構の拡張**（expansion of elements in the chain）という。機構の拡張は，新しい機構を作り出すのに役立つ場合が少なくない。

ピストンクランク機構の運動の特徴を調べよう。**図 6.10**に示されるように，クランクAの先端Pが P_1 から P_2 まで反時計方向に半回転する間に，スライダC上の点Qは Q_1 から Q_2 まで移動する。点Pがさらに P_2 から P_1 まで反時計方向に半回転する間に，点Qは Q_2 から Q_1 まで移動する。点Qの両極端の位置 Q_1，Q_2 の間の距離を**行程**（stroke）とい

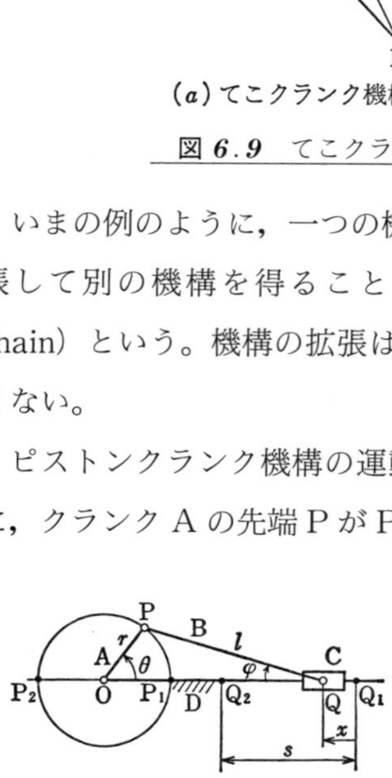

図 ***6.10***　ピストンクランク機構

う。図の場合の行程 s は，クランク A の長さを r とすると

$$s=2r \tag{6.10}$$

である。

スライダ C を原動節とするとき，ピストンクランク機構には思案点が存在し，それは，点 Q が Q_1 あるいは Q_2 に一致するところである。この位置は同時に死点でもある。

上で扱ったピストンクランク機構では，ピストン C 上の点 Q が運動する直線は，クランク A の回転中心 O を通った。この直線が回転中心 O を通らず，**図 6.11** に示すように，e だけ偏心している機構も用いられる。この機構を**片寄りクランク機構**（offset crank mechanism）という。

片寄りクランク機構の運動の特徴を，図 6.11 によって調べよう。点 O，P，Q が一直線になる P，Q の位置を，図のように，P_1，Q_1 と P_2，Q_2 とする。点 P が P_1 から P_2 まで反時計方向に回転する間に，点 Q は Q_1 から Q_2 まで移動する。点 P がさらに P_2 から P_1 の位置まで反時計方向に回転する間に，点 Q は Q_2 から Q_1 まで移動する。P_1 から P_2 に達する前半の回転角と，P_2 から P_1 に達する後半の回転角は，片寄りクランク機構では異なるので，クランク A が一定角速度で回転しても，スライダ C の往復運動は，往きと戻りで時間が異なる。点 Q の両極端の位置 Q_1，Q_2 の距離を，上の場合と同じように行程という。片寄りクランク機構の場合，行程 s は，図 6.11 からわかるように，式

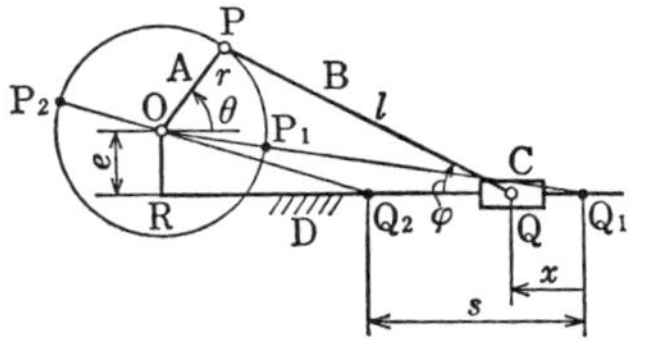

図 6.11 片寄りクランク機構

$$s=\overline{Q_1R}-\overline{Q_2R}=\sqrt{(l+r)^2-e^2}-\sqrt{(l-r)^2-e^2} \tag{6.11}$$

で与えられる。

6.3.3 回転スライダクランク機構

図 6.8 のスライダクランク連鎖の節 A を固定すると，**図 6.12** に示すように，節がともに完全回転する機構を得る。スライダが回転するので，この機構

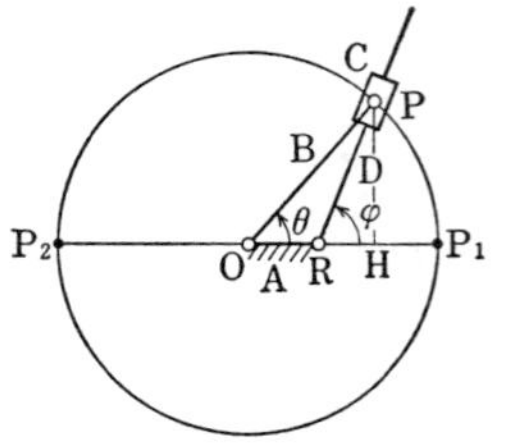

図 **6.12**　回転スライダクランク機構

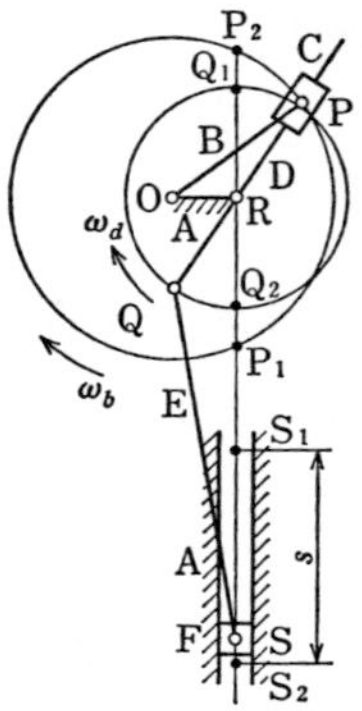

図 **6.13**　ウィットウォースの早戻り機構

を回転スライダクランク機構という。

回転スライダクランク機構の応用例として，ここでは**ウィットウォースの早戻り機構**（Whitworth's quick return mechanism）を取り上げる。この機構は，**図 6.13** に示すように，回転スライダクランク機構の節 D を延長し，点 Q で回り対偶によって節 E と結合し，さらに点 S で回り対偶によってスライダ F と結合したものである。

この機構の運動の特徴を見ておこう。図 *6.13* に示されるように，クランク B の先端の点 P が P_1 から P_2 まで時計方向に回転すると，クランク D の点 Q は Q_1 から Q_2 まで半回転し，スライダ F は S_1 から S_2 まで移動する。続いて点 P がさらに P_2 から P_1 まで回転すると，点 Q は Q_2 から Q_1 まで半回転し，スライダ F は S_2 から S_1 まで移動する。クランク B が一定の角速度で回転するとき，スライダ F が S_1 から S_2 へ往くために要する時間，S_2 から S_1 へ戻るために要する時間は，それぞれクランク B が P_1 から P_2，P_2 から P_1 まで回転するために要する時間であり，角度 $(360° - \angle P_1OP_2)$，$\angle P_1OP_2$ に比例する。このようにスライダ F は早戻り運動することがわかる。

【例題 6.4】　図 *6.13* のウィットウォースの早戻り機構のクランク B は一定角速度で回転するものとする。点 O と R の間の距離 $\overline{OR}$ がクランク B の長さ $\overline{OP}$ の 1/2 であるとき，早戻り比を求めよ。

［**解答**］　クランクBが一定角速度で回転するとき，早戻り比は $(360° - \angle P_1OP_2)/\angle P_1OP_2$ である。$\overline{OR} = \overline{OP}/2 = \overline{OP_2}/2$ であるから

$$\cos \angle P_2OR = \frac{1}{2}$$

となり，$\angle P_2OR = 60°$ を得る。ゆえに早戻り比は

$$\frac{360° - 60° \times 2}{60° \times 2} = 2$$

となる。

6.4　両スライダクランク連鎖とクロススライダ連鎖から得られる機構

6.4.1　両スライダクランク連鎖から得られる機構

図 *6.1*（*c*）に示す両スライダクランク連鎖のうちでよく用いられるのは，**図 *6.14*** に示すように，二つのスライダの方向が直交する形の連鎖である。この図の節Bと節Dはいずれもスライダで，これらは節Cに設けられた直交する滑り座に沿って運動する。

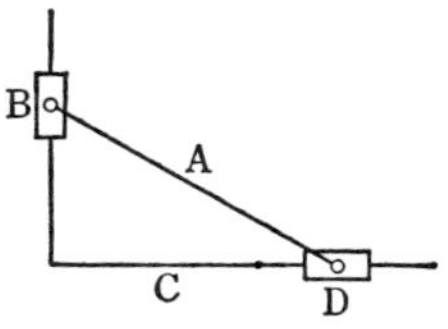

図 *6.14*　滑りの方向が直交する両スライダクランク連鎖

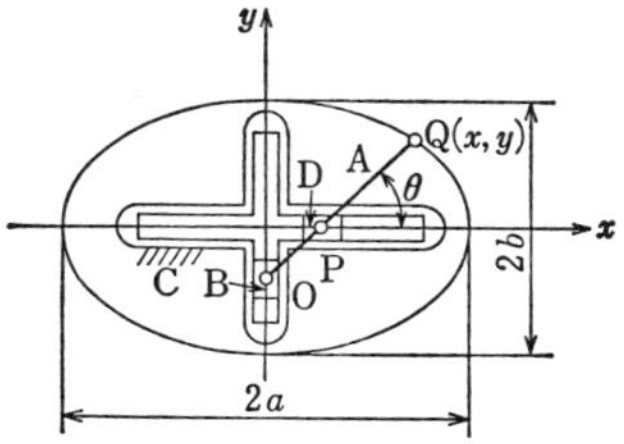

図 *6.15*　だ円定規機構

この連鎖では，節Bと節Dのどちらを固定しても同じ機構となるので，この連鎖から，連鎖の置換えによって

（*a*）　**だ円定規機構**（elliptic trammel）

（*b*）　**オルダム継手**（Oldham's coupling）

（*c*）　**単弦運動機構**（Scotch yoke）

の3種類の機構が得られる。

まずだ円定規機構は，節Cを固定して得られる機構である。この機構は，

図 *6.15* に示すように，節 A と B，節 A と D の間のそれぞれの回転中心 O，P を結ぶ直線上の任意の点 Q が描く軌跡がだ円であることを利用したものである。点 Q が描く軌跡がだ円であることを示そう。このため，節 C の滑り座に沿って x 軸，y 軸をとり，点 Q の座標を（x，y）とおく。$\overline{\mathrm{OQ}}=a$，$\overline{\mathrm{PQ}}=b$ とおき，直線 OP が x 軸となす角 θ をパラメータとすると

$$x=a\cos\theta,\quad y=b\sin\theta \tag{6.12}$$

が成り立つ。この式からパラメータ θ を消去すると

$$\frac{x^2}{a^2}+\frac{y^2}{b^2}=1 \tag{6.13}$$

を得る。この式は，点 Q の軌跡が $2a$，$2b$ を長径，短径とするだ円であることを示している。特に点 Q を直線 OP 上の中点に取れば，$a=b$ となるから，この場合の点 Q の軌跡は直径 $2a$ の円となる。

オルダム継手は，図 *6.14* の両スライダクランク連鎖で節 A を固定して得られる機構である。この機構の構成を**図 *6.16*** に示す。図（a）は，図 *6.14* の連鎖の節 A を固定した状態を示している。図の節 B，C，D を図（b）に示すような形にしても，各節の対偶の仕方は図（a）と同じで，節 B と C，節 C と D はそれぞれ直角方向に滑りが可能である。また節 B と D は台枠 A

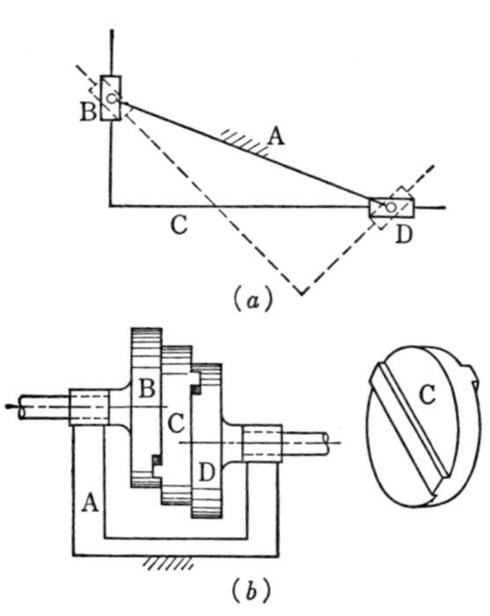

図 *6.16*　オルダム継手

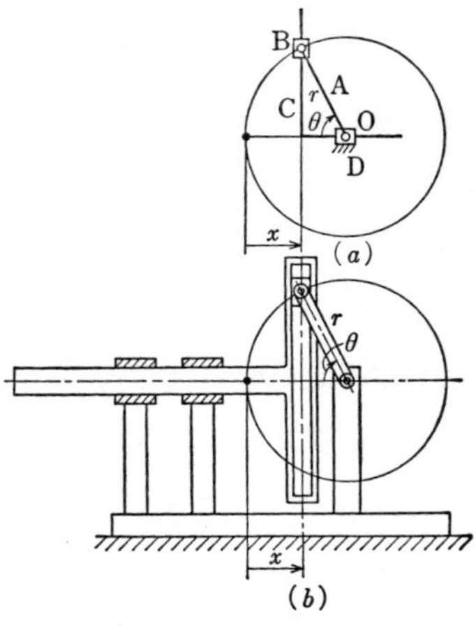

図 *6.17*　単弦運動機構

に対し，回転するようになっている。図（*b*）をもとにした装置がオルダム継手である。この図で節 B と D の溝はつねに直角をなすので，節 B と D の角速度はつねに等しい。オルダム継手は，平行な軸の間を等角速度で回転を伝えたい場合に用いられる。

単弦運動機構は，図 *6.14* の両スライダクランク連鎖において，節 B または D を固定して得られる機構である。この機構の構成を**図 *6.17*** に示す。図（*a*）は，図 *6.14* の連鎖をそのままの形にして節 D を固定した状態を示す。これを例えば図（*b*）に示すような装置にすれば，単弦運動機構を得る。この図で，クランクの長さを r とすると，節 C の変位 x は，クランクの傾き θ の関数として

$$x=r(1-\cos\theta) \tag{6.14}$$

で与えられる。したがってクランク A が一定角速度 ω で回転すれば，節 C は単弦運動をする。

6.4.2　クロススライダ連鎖から得られる機構

図 *6.1*（*d*）に示すクロススライダ連鎖からは，どの節を固定しても，同じ機構となる。したがってこの連鎖から得られる機構は 1 種類である。

この機構の応用例として，**ラプソンのかじ取装置**（Rapson's rudder steering mechanism）がある。この装置を**図 *6.18***（*a*）に示す。この図の節 A と B，節 C と D はそれぞれ回り対偶，節 B と C，節 D と A はそれぞれ滑り対偶で結ばれ，節 A は船体に取り付けられた固定節となっている。

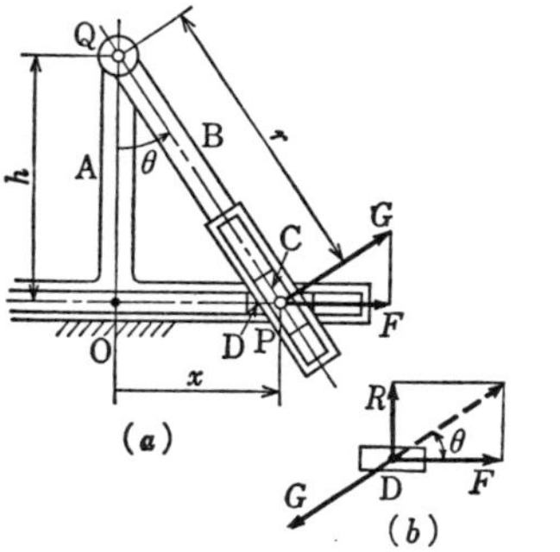

図 *6.18*　ラプソンのかじ取装置

この装置によって，節 D に大きさ F の力を加えると，節 B には，かじを回転させるモーメントが生じる。このモーメントの大きさ M を求める。このため，大きさ F の力を加えることによって，節 C に生じる力を G とし，$\overline{PQ}=r$，$\overline{OQ}=h$，かじの回転角を θ とおくと

$$M = rG = h\sec\theta \cdot G \tag{6.15}$$

となる。G の大きさは，節Dに作用する力の釣合いから定められる。図（b）に示すように，この節には，大きさ F の力のほかに，節Cからの反作用として作用する大きさ G の力および滑り座からの拘束力 R が作用するので，これらの釣合いの条件から

$$G\cos\theta = F, \quad G\sin\theta = R \tag{6.16}$$

が得られる。上式の第一式を式（6.15）に代入すると，モーメントの大きさ M は

$$M = hF\sec^2\theta \tag{6.17}$$

となる。この式から，F が一定のとき，θ が大きくなるにつれて M が大きくなることがわかる。一般にかじが受ける抵抗は，θ が大きくなるとき大きくなるので，以上のように作用するラプソンのかじ取装置は，抵抗に対して好都合である。

6.5 球面リンク機構

6.5.1 球 面 連 鎖

前節まで，四つの節を四つの低次対偶で結んでできた平面連鎖を考え，これから得られるリンク機構を議論した。節と低次対偶の数を変えないで，球面運動する球面連鎖を考えることができる。球面連鎖の種類も，四節回転連鎖に対応する球面四節回転連鎖，スライダクランク連鎖に対応する球面スライダクランク連鎖など，6.1節で述べた各連鎖に対応したものが考えられる。これらの各球面連鎖において，一つの節を固定して得られる機構を**球面四節リンク機構**（spherical four-bar linkage mechanism）という。ただしこの機構として実際によく用いられるのは，球面四節回転連鎖から得られる機構だけであるから，ここではこれについて考える。

球面四節回転連鎖（spherical quadric crank chain）は，四つの節を四つの回り対偶で結んだもので，スケルトン表示すると**図 6.19** のようになる。こ

の連鎖が運動可能となるため，回り対偶の軸はすべて球面の中心を通らなければならない。*6.4* 節までに考えた平面四節回転連鎖は，この連鎖において，中心が無限遠方にあり，対偶の軸がすべて平行になった特別な場合ということができる。

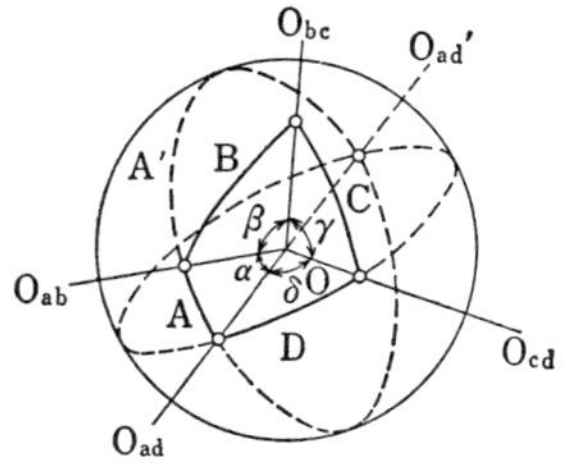

図 ***6.19*** 球面四節回転連鎖

球面四節回転連鎖の運動を特徴づける量を考える。このため図 *6.19* に示すように，連鎖を構成する節を A，B，C，D とし，球面の中心を O とする。節 A，B，C，D の運動を論ずるのに，各節を一つの球面上の大円の弧 A，B，C，D で代表させることができる。ここで平面四節回転連鎖から機構を作るとき，各部が同一平面上にあるとは限らないのと同じように，球面四節回転連鎖から機構を作るとき，各節は同じ半径の球面上にあるとは限らないことに注意しよう。このことから，球面四節回転連鎖において節の運動の性質を定めるものは，各節の長さではなく，中心 O に対して，各節が挟む角またはその補角であることがわかる。例えば図の節 A の運動の性質を決めるものは，角 α または $\alpha'=180°-\alpha$ である。節が挟む角の代わりに補角を用いてもよいのは，例えば図の節 A の代わりに，補角 $\alpha'=180°-\alpha$ を中心角に持つ同じ大円上の節 A′ を用いても，球面運動は変わらないからである。一般に球面連鎖の節の中心角を指定するとき，節が挟む中心角とその補角のうち，いずれか小さい方を用いることにするのが便利である。

6.5.2 フック継手

6.2 節で，平面四節回転連鎖の最短節 A を固定するとき，節 A の長さがある条件を満たすと，節 A と対偶をなす節 B，D が節 A まわりに完全回転する両クランク機構を得ることを述べた。これと同じように，球面四節回転連鎖において，最小の中心角を持つ節 A を固定するとき，その中心角がある範囲にあれば，節 A と対偶をなす節 B，D が節 A のまわりに完全に回転する**球面両クランク機構**（spherical double crank mechanism）が得られる。

この機構で実際に用いられているのは，節 A，B，C，D の中心角 α，β，

γ，δ が

$$\alpha < 90°, \quad \beta = \gamma = \delta = 90° \tag{6.18}$$

を満たす場合である。この機構の応用例として，**フック継手**（Hooke's joint）あるいは**自在継手**（universal joint）といわれる機構がある。ここでこの機構を考える。

図 6.20（*a*）は，式（6.18）を満たす球面四節回転連鎖の節 A を固定した球面両クランク機構のスケルトン表示である。この機構の各節の形状を変形したのが図（*b*）のフック継手である。強度を増すため，フック継手の節 C は図のような十字形，あるいは点 P，P_1，Q，Q_1 を結ぶリング形にされ，また節 B，D はフォーク形にされる。フック継手は，ある角度をなして交わる 2 軸の間で回転運動を伝えるのに用いることができる。

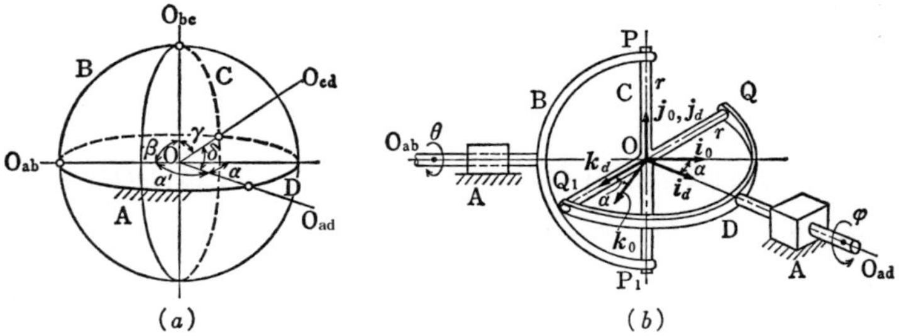

図 6.20　フック継手

フック継手では，1 回転で見れば，原動軸が 1 回転する間に従動軸も 1 回転するが，瞬間ごとの両軸の角速度比は一定ではなく，位置によって変化する。この角速度比をつぎに求めよう。

図 6.20 のフック継手において，節 B を原動軸，節 D を従動軸とする。フック継手は立体機構であるから，いまの問題を解くのに，ベクトルによる数式解法を用いるのが便利である。そこで図（*b*）に示すように，図の位置にあるときの軸 OO_{ab}，直線 OP，およびこれらに直角方向にそれぞれ単位ベクトル $\boldsymbol{i}_0$，$\boldsymbol{j}_0$，$\boldsymbol{k}_0$ を，また軸 OO_{ad}，直線 OP，およびこれらに直角方向にそれぞれ単位ベクトル $\boldsymbol{i}_d$，$\boldsymbol{j}_d$，$\boldsymbol{k}_d$ を空間に固定して定める。

さて節Bが軸OO_{ab}まわりに角θだけ回転して，図の点Pは点P′の位置に達し，その間に節Dは軸OO_{ad}まわりに角φだけ回転して，図の点Qは点Q′の位置に達したとする。このとき点P′，Q′の位置ベクトル$\overrightarrow{OP'}$，$\overrightarrow{OQ'}$は，$\overline{OP}=\overline{OQ}=r$として

$$\left.\begin{aligned}\overrightarrow{OP'}&=r(\cos\theta\,\boldsymbol{j}_0+\sin\theta\,\boldsymbol{k}_0)\\ \overrightarrow{OQ'}&=r(\sin\varphi\,\boldsymbol{j}_d+\cos\varphi\,\boldsymbol{k}_d)\end{aligned}\right\}\tag{6.19}$$

となる。図からわかるように，単位ベクトル$\boldsymbol{j}_d$，$\boldsymbol{k}_d$と$\boldsymbol{i}_0$，$\boldsymbol{j}_0$，$\boldsymbol{k}_0$は

$$\begin{aligned}\boldsymbol{j}_d&=\boldsymbol{j}_0\\ \boldsymbol{k}_d&=\cos\alpha\,\boldsymbol{k}_0-\sin\alpha\,\boldsymbol{i}_0\end{aligned}\tag{6.20}$$

の関係を満たす。これを式（6.19）の$\overrightarrow{OQ'}$の式に代入すると

$$\overrightarrow{OQ'}=r(\cos\varphi\sin\alpha\,\boldsymbol{i}_0+\sin\varphi\,\boldsymbol{j}_0-\cos\varphi\cos\alpha\,\boldsymbol{k}_0)\tag{6.21}$$

となる。ベクトル$\overrightarrow{OP'}$と$\overrightarrow{OQ'}$はつねに直交するので，それらのスカラ積$\overrightarrow{OP'}\cdot\overrightarrow{OQ'}$は

$$\overrightarrow{OP'}\cdot\overrightarrow{OQ'}=0\tag{6.22}$$

を満たす。この式に式（6.19）の第1式および式（6.21）を代入すると

$$\tan\varphi=\cos\alpha\tan\theta\tag{6.23}$$

を得る。これで原動軸と従動軸の回転角θ，φの間の関係が得られた。

原動軸と従動軸の角速度の関係を求めるため，式（6.23）を時間tで微分すると

$$\frac{1}{\cos^2\varphi}\frac{d\varphi}{dt}=\cos\alpha\frac{1}{\cos^2\theta}\frac{d\theta}{dt}\tag{6.24}$$

を得る。上式に現れる$d\theta/dt$，$d\varphi/dt$はそれぞれ軸B，Dの角速度を表すから，これをω_b，ω_dとおくと，上式から

$$\frac{\omega_d}{\omega_b}=\cos\alpha\frac{\cos^2\varphi}{\cos^2\theta}\tag{6.25}$$

を得る。三角関数の公式$1+\tan^2\varphi=1/\cos^2\varphi$と式（6.23）を用いて，この式の右辺を，原動節の回転角θで書き表すと

$$\frac{\omega_d}{\omega_b}=\frac{\cos\alpha}{\cos^2\theta(1+\cos^2\alpha\tan^2\theta)}=\frac{\cos\alpha}{1-\sin^2\alpha\sin^2\theta}\tag{6.26}$$

となる。

式（6.26）が求める関係で，これによって，折れ角 α のフック継手の角速度比 ω_d/ω_b が角位置 θ の関数として与えられる。これをグラフにすると**図 6.21** のようになる。この図から，原動軸 B が 1 回転する間に，ω_d/ω_b は最小値 $\cos\alpha$ と最大値 $1/\cos\alpha$ の間を 2 回変動することがわかる。

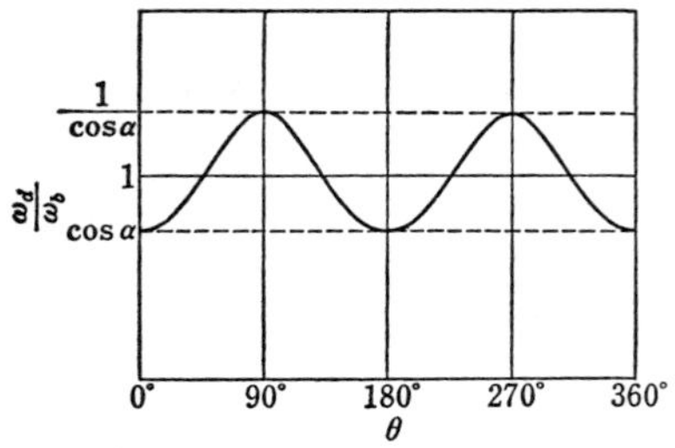

図 6.21 角速度比の変化

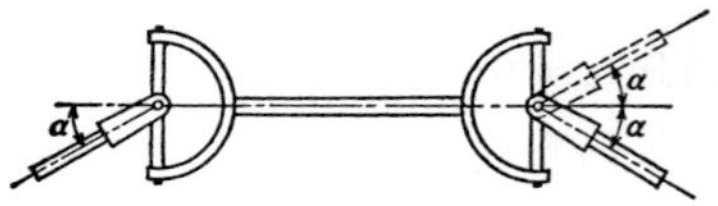

図 6.22 両フック継手

フック継手による従動軸の角速度変動を避けるためには，**図 6.22** のように，二つのフック継手を，その両端のフォーク形が同一平面上にくるようにし，同じ折れ角で組み合わせて用いればよい。このとき，原動軸と中間軸の角速度比と，中間軸と従動軸の間の角速度比が逆数となるため，原動軸と従動軸の間の角速度比が 1 となるのである。フック継手をこのように組み合わせたものを**両フック継手**（double Hooke's joint）という。

【例題 6.5】 フック継手でつながれた 2 軸の角速度が等しくなる瞬間位置を求めよ。

［**解答**］ 2 軸の角速度比を与える式（6.26）に $\omega_d/\omega_b=1$ を代入すると

$$\frac{\cos\alpha}{1-\sin^2\alpha\sin^2\theta}=1$$

を得る。この式を θ について解くと

$$\sin\theta=\frac{1}{\sqrt{2}\cos(\alpha/2)}$$

を得る。例えば，折れ角 $\alpha=20°$ のとき，$\theta=45°53'$，$134°7'$ あるいはこれに $180°$ を加えた値である。また折れ角 $\alpha=40°$ のとき，$\theta=48°48'$，$131°12'$ あるいはこれに $180°$ を加えた値である。

演 習 問 題

〔*1*〕 四節回転連鎖の最短節 A に対向する節 C を固定して得られる両てこ機構の節 B および D の揺動角を求めよ。ただし A，B，C，D の長さ a，b，c，d を

$$a=36\text{ mm},\quad b=84\text{ mm},\quad c=120\text{ mm},\quad d=130\text{ mm}$$

とする。

〔*2*〕 **図 *6.23*** に示す機構が倍力装置であることを示せ。

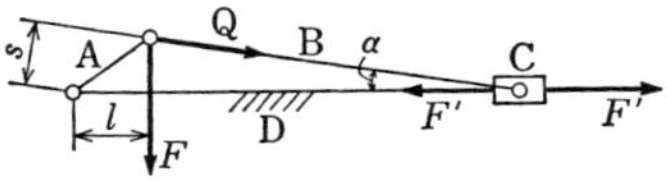

図 *6.23* 倍力装置

〔*3*〕 図 *6.11* の片寄りクランク機構の早戻り比を求めよ。

〔*4*〕 図 *6.12* の回転スライダクランク機構において，節 B の回転角 θ と節 D の回転角 φ の関係を求めよ。また角速度比 ω_d/ω_b を求めよ。

7

カ　ム　装　置

この章でカム装置を取り上げる。カム装置の定義を与えた後，カム装置の種類を述べ，つぎに最も基本的なカムである板カムについて，解析や総合の問題を考える。

7.1 カ　ム

図 *7.1* に示す装置は，軸まわりに回転可能な特殊な形状の板 A と，上下方向に滑り可能な棒 B を，台枠 C で支えて組み立てたものである。この装置の板 A を原動節，棒 B を従動節として，板 A に回転運動を与えると，板 A に接触する棒 B は，板 A の形状に応じて上下に複雑な運動をする。このように，特殊な形状の物体を原動節とし，この節の運動から，これと対偶をなす従動節に，複雑な運動を起こさせる装置を**カム装置**（cam device）という。カム装置の主要部分をなす，特殊な形状の要素を**カム**（cam）といい，従動節となる要素を**フォロワ**（follower）という。通常のカム装置は，上述のような構造になっているが，特別な場合には，従動節のほうにカムを用いることもある。これについては次節で述べる。

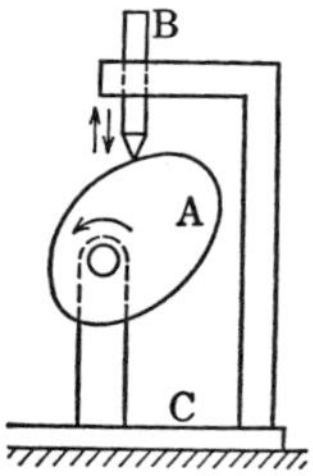

図 *7.1*　カ ム 装 置

カムとフォロワは，一般に線点対偶をなすので，設計に際して設計者の自由になる部分が多く，複雑な運動を得ることができる。しかし一方で，この対偶のため摩耗しやすく，また運動に確実性が欠けるといった欠点がある。

カムに関する問題は，他の機構の場合と同様に，カムの形状を知って従動節がどのような運動をするかを調べる解析の問題と，それとは逆に，必要な運動を生じさせるために，カムの形状をどうしたらよいかを考える，総合の問題に分けられる。以下，これらの問題の基礎になる事項を述べよう。

7.2 カムの種類

カムには多くの種類があり，いろいろな観点から分類することができる。カムを節の運動の仕方によって分類すると，平面カムと立体カムとなる。**平面カム**（plane cam）とは，各節が平面運動するカム，**立体カム**（three-dimensional cam）とは，各節が空間運動するカムをいう。

平面カムにはつぎのような種類がある。

（*1*） **板カム**（plate cam） 図 *7.1* のように，適当な平面曲線を輪郭曲線とする板から作られているカムを板カムという。

（*2*） **正面カム**（face cam） 板の正面に，**図 *7.2*** に記号 G で示すようなカムの輪郭曲線に相当する溝を切って，その溝にフォロワの先端をはめた構造のカムを正面カムという。

（*3*） **直動カム**（translation cam） カムの往復直線運動により，従動節

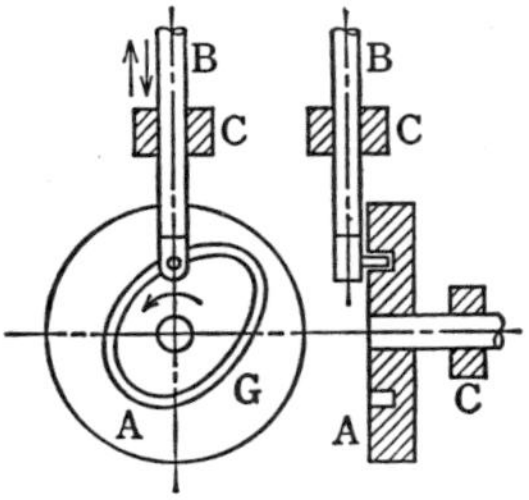

図 *7.2* 正面カム

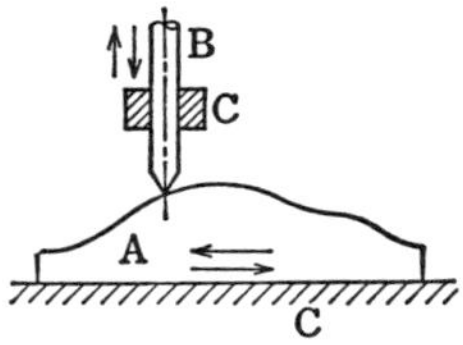

図 *7.3* 直動カム

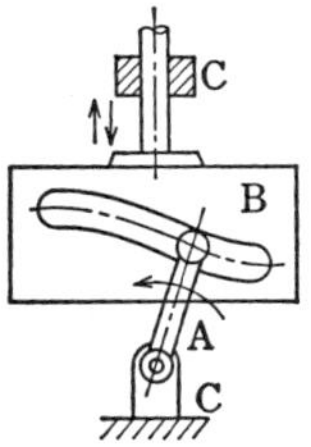

図 *7.4* 反対カム

に運動を与える，**図 *7.3*** のような構造のカムを直動カムという。カムに往復直線運動を与えるには，例えばピストンクランク機構を用いればよい。

（*4*）**反対カム**（inverse cam）　ふつう原動節にカムを用いるのに対し，**図 *7.4*** のように，従動節の方にカムを用いる構造のカムを反対カムという。

立体カムにはつぎのような種類がある。

（*1*）**実体カム**（solid cam）　**図 *7.5*** のように，円筒，円すい，球などの形状の物体の表面に溝を切り，その溝に従動節の先端をはめた構造のカムを総称して実体カムという。実体カムは形状により，（*a*）**円筒カム**（cylindrical cam），（*b*）**円すいカム**（conical cam），（*c*）**球面カム**（spherical cam）などに分けられる。

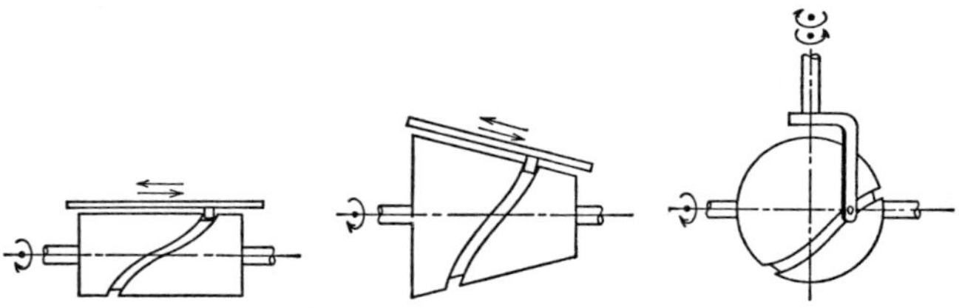

（*a*）円筒カム　（*b*）円すいカム　（*c*）球面カム

図 *7.5* 実体カム

（*2*）**端面カム**（end cam）　**図 *7.6*** のように，円筒の端面に沿って，従動節が往復直線運動をするようにした構造のカムを端面カムという。

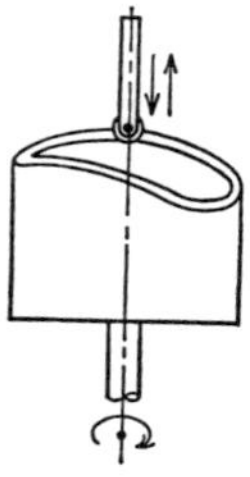

図 *7.6* 端面カム

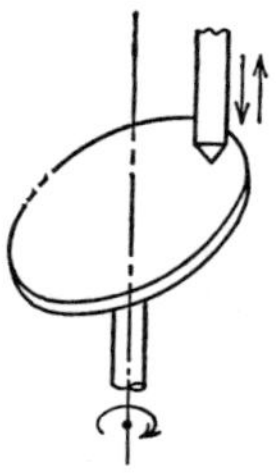

図 *7.7* 斜板カム

（3）　**斜板カム**（swash plate cam）　**図 7.7** のように，円板を回転軸に傾斜して取り付け，従動節の先端をこの板に接触させ，従動節が往復直線運動するようにした構造のカムを斜板カムという。斜板カムは，端面カムの一変形と見ることもできる。

カムを作動の仕方によって分類すると，確動カムと不確動カムに分けられる。例えば図 7.1 のカム装置で，カムを回転させるとき，回転するに従ってカムの中心からカムとフォロワの接触点までの距離が増加するときは，フォロワは，押し上げられることによって確実な運動をする。しかしこの距離が減少するときは，重力またはばねなどによってフォロワをカムに押し付けるようにしなければ，フォロワはカムの輪郭曲線に追従できない。このようなカムを不確動カムという。これに対し図 7.2 のカムのように，重力やばねの助けを借りないで確実に動作するカムを**確動カム**（positive-return cam）という。図 7.4，図 7.5 に示した反対カム，実体カムなどは確動カムである。

カムを分類するのに，フォロワの形に注目することもある。カム装置では，その接触部が滑り運動するため摩耗が激しいので，ふつうフォロワに工夫が加えられる。**図 7.8**（*a*）の接触部は，工夫されていない通常の線点対偶であり，このフォロワを**ポイントフォロワ**（point follower）という。これに対し図（*b*）では，接触部が転がり接触となるようにローラをおいたもので，このようなフォロワを**ローラフォロワ**（roller follower）という。さらに図（*c*）のように曲面で作られたフォロワを**曲面フォロワ**（curved-surface follower）という。曲面が特に平面であるフォロワを**平面フォロワ**（flat-faced follower）という。図 7.8 のカムそのものはすべて板カムであるから，カム装置としての名称は，図（*a*），（*b*），（*c*）の順に，ポイントフォロワ板カム装置，ローラフォロワ板カム装置，曲面フォロワ板カム装置である。

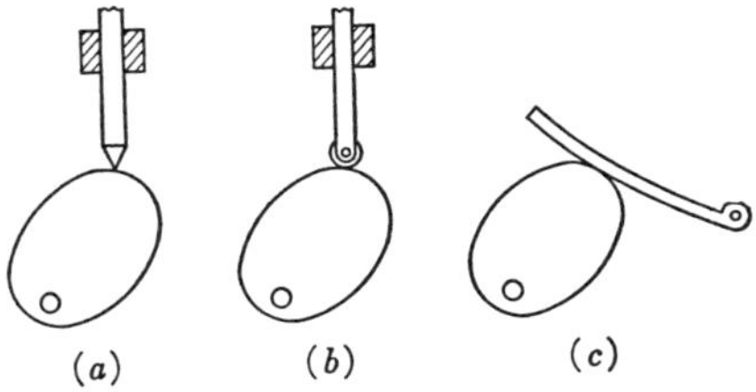

図 7.8　フォロワの分類

7.3 板カム装置の解析

板カムは，カムの中で最もよく用いられる基本的なものである。ここで図7.1の板カム装置を取り上げて，速度と加速度，伝動状態などの解析の問題を考える。

7.3.1 板カム装置の速度と加速度

ここでは速度と加速度の問題を取り上げる。対象とする板カム装置において，カムAが一定角速度 ω で回転するとして，フォロワの速度と加速度を求める問題を考える。フォロワBの先端を点 P_b，これと接触するカムA上の点を P_a とする。

まず点 P_a の速度 $\boldsymbol{v}_{pa}$ と加速度 $\boldsymbol{a}_{pa}$ を定める。$r=\overline{OP_a}$ とおくと，4章の式によって，**図7.9**（a）に示すように，速度 $\boldsymbol{v}_{pa}$ は直線 OP_a に直角方向で大きさ $v_{pa}=r\omega$，加速度 $\boldsymbol{a}_{pa}$ は点 P_a からOに向かい大きさ $a_{pa}=r\omega^2$ であることが導かれる。

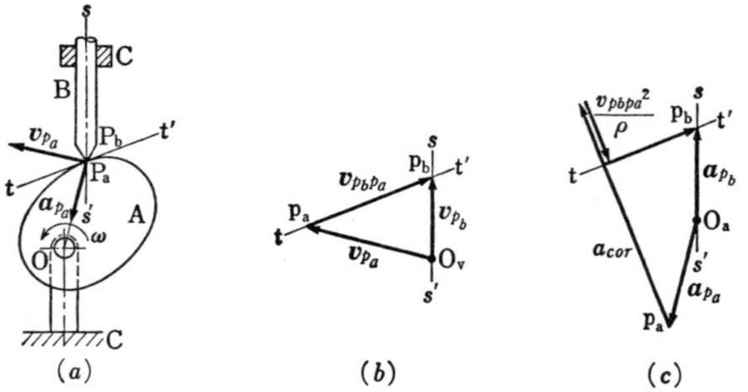

図7.9　板カムの速度と加速度

フォロワBの先端の点 P_b は，カムA上の点 P_a と同じ位置にあるから，点 P_b の速度 v_{pb} は，4章で導いた式

$$\boldsymbol{v}_{p_b}=\boldsymbol{v}_{p_a}+\boldsymbol{v}_{p_bp_a} \qquad (7.1)$$

を用いて求めることができる。カムAに対する点 P_b の相対速度 $v_{p_ap_b}$ は，カムの輪郭曲線の接触点における接線 tt' 方向を向く。そこで図（b）に示すよ

うに速度の基準点 O_v を任意に定め，速度 v_{p_a} を $\overrightarrow{O_v p_a}$ に写像する。このベクトルの先端の点 p_a から接線 tt' に平行に直線 $p_a p_b$ を引く。フォロワBの速度の方向はフォロワの軸線の方向であるから，点 O_v から軸線の方向に直線 $O_v p_b$ を引き，直線 $p_a p_b$ との交点を p_b とする。ベクトル $\overrightarrow{O_v p_b}$ が求める速度 $\boldsymbol{v}_{p_b}$ である。

フォロワB上の点 P_b の加速度 $\boldsymbol{a}_{p_b}$ は，*4* 章で導いた式

$$\boldsymbol{a}_{p_b} = \boldsymbol{a}_{p_a} + \boldsymbol{a}_{p_b p_a} + \boldsymbol{a}_{cor} \tag{7.2}$$

を用いて求めることができる。この式の右辺の第1項は，上で求められている。第3項のコリオリの加速度 $\boldsymbol{a}_{cor}$ は，大きさは $2\omega v_{p_b p_a}$，方向は $\boldsymbol{v}_{p_b p_a}$ を $90°$ だけ回転したベクトルで表され，これも求めることができる。つぎにカムAに対する点 P_b の相対加速度 $\boldsymbol{a}_{p_b p_a}$ のうちで求められるものは，輪郭曲線の接触点における法線方向の成分 $\boldsymbol{a}_{p_b p_a n}$ である。この大きさは，輪郭曲線の接触点における曲率半径 ρ と相対速度 $v_{p_b p_a}$ で定められる角速度 $\omega_{p_b p_a} = v_{p_b p_a}/\rho$ を用いると

$$a_{p_b p_a n} = \rho \left(\frac{v_{p_b p_a}}{\rho} \right)^2 = \frac{{v_{p_b p_a}}^2}{\rho} \tag{7.3}$$

となる。$\boldsymbol{a}_{p_b p_a}$ の接線方向の成分 $\boldsymbol{a}_{p_b p_a t}$ の大きさは未知である。そこで図（*c*）に示すように，加速度の基準点 O_a を任意に定め，点 P_b の加速度が軸線の方向をとることに注意して，以上の各ベクトルを写像すると，図の $\overrightarrow{O_a p_b}$ が求める加速度 $\boldsymbol{a}_{p_b}$ となる。

7.3.2 板カム装置の伝動状態と圧力角

図 *7.1* のカム装置について，動力の伝わり方を調べよう。簡単のため，カム装置はゆっくり動き，慣性力は無視できるものとする。

まずフォロワBの釣合いに注目する。**図 *7.10*** （*a*）に示すように，フォロワBには，カムを押し付けるための重力やばねなどによる力 $\boldsymbol{F}$，フォロワを支えている案内から受ける力 $\boldsymbol{G}$，さらにカムから受ける力 $\boldsymbol{R}$ が作用し，これらの作用によってフォロワは釣り合っている。これらの力のうち，力 $\boldsymbol{F}$ は既知である。また力 $\boldsymbol{R}$ は，大きさは未知であるが，方向はつぎのように既知

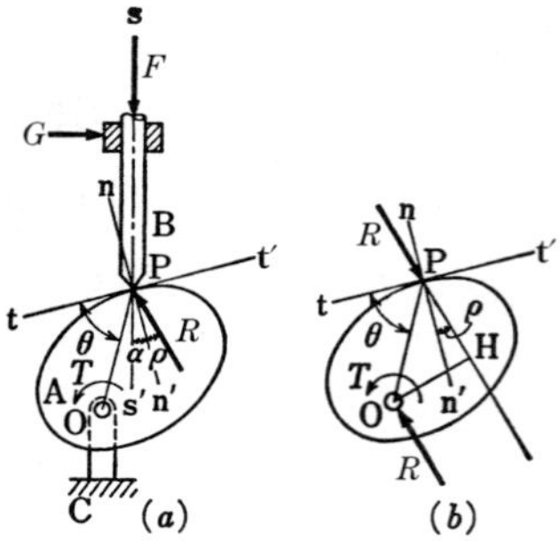

図 7.10　カム装置の伝動状態

である。まずカムとフォロワの間に摩擦がなければ，力 $\boldsymbol{R}$ は，カムとフォロワの接触点Pにおいて，カムの輪郭曲線に立てた法線 nn' の方向をとる。また摩擦係数 μ の摩擦が作用する場合は，$\mu=\tan\rho$ によって定められる摩擦角 ρ を用いて，力 $\boldsymbol{R}$ は，法線 nn' から角 ρ だけ傾いた方向となる（5章参照）。以下，ここでは摩擦係数 μ の摩擦が作用するものとする。

以上を考慮すると，フォロワBの釣合いの条件から，力 $\boldsymbol{R}$ の大きさ R は

$$R=\frac{F}{\cos(\rho+\alpha)} \tag{7.4}$$

となる。ここで α は，フォロワの軸線 ss' とカムに立てた法線 nn' がなす角で，**圧力角**（pressure angle）といわれる。

つぎにカムAの釣り合いを考える。カムには，図（b）に示すように，フォロワに加えている力 $\boldsymbol{R}$ の反力 $-\boldsymbol{R}$ が作用し，これはカムの軸受部の力 $\boldsymbol{R}$ と釣合う。反力 $-\boldsymbol{R}$ はカムの軸中心点Oまわりのモーメントを生じる。カムを回転させるには，これと釣合うトルク T を外から加えなければならない。このようにして，カムを回転させるに必要なトルク T が定められる。

トルク T を与える式を導くため，図（b）に示すように，点Oから反力 $-\boldsymbol{R}$ の作用線に垂線OHを下ろす。直線OPが点Pにおける接線 tt' となす角を θ とし，$\overline{\mathrm{OP}}=r$ とおくと

$$\overline{\mathrm{OH}}=r\sin\left(\frac{\pi}{2}-\theta+\rho\right)=r\cos(\theta-\rho) \tag{7.5}$$

となる。したがってトルク T は

$$T=Rr\cos(\theta-\rho) \tag{7.6}$$

となる。この式に式（7.4）を代入し，$\mu=\tan\rho$ を用いると

$$T=rF\frac{\cos\theta+\mu\sin\theta}{\cos\alpha-\mu\sin\alpha} \tag{7.7}$$

となる。これが，カムを回転させるために必要なトルク T である。

式(7.7)から，$\cot\alpha=\mu$ のときトルク T は無限大となることがわかる。このときカムを回転させることができないので，圧力角 α は小さいほうがいいことがわかる。一般に圧力角 α をある限度以下に保つことは，カムが円滑な運動をするために必要な条件である。圧力角として許容される最大圧力角は，カムの回転速度によって異なり，例えば回転速度が 100 rpm 以下のときは 45° 程度まで，高速度あるいはフォロワの質量が大きいときは 30° 程度までとされている。

【例題 7.1】 図 7.10 において，カムの回転中心 O がフォロワ B の軸線 ss' の延長上にあるとき，式(7.7)の α と θ は

$$\theta+\alpha=\frac{\pi}{2} \tag{a}$$

の関係を満たすことを確かめよ。つぎにこの関係が満たされるとき，カムを回転させるために必要なトルク T と圧力角 α の関係を求めよ。

［**解答**］ 式（a）が成り立つことは図 7.10 から明らかである。この関係を式（7.7）に代入すると

$$T=rF\frac{\cos\left(\dfrac{\pi}{2}-\alpha\right)+\mu\sin\left(\dfrac{\pi}{2}-\alpha\right)}{\cos\alpha-\mu\sin\alpha}=rF\frac{\sin\alpha+\mu\cos\alpha}{\cos\alpha-\mu\sin\alpha}$$

を得る。

7.4　図式解法による板カムの輪郭曲線の求め方

この節で，板カム装置を取り上げて，図式解法により，望みの運動を実現する輪郭曲線を求める問題を考える。3 種類のフォロワに対して，それぞれこの問題を考える。

カムの運動を記述するのに，カムの変位量を横軸に，フォロワの変位量を縦軸にとって，両者の関係を示した**カム線図**（cam

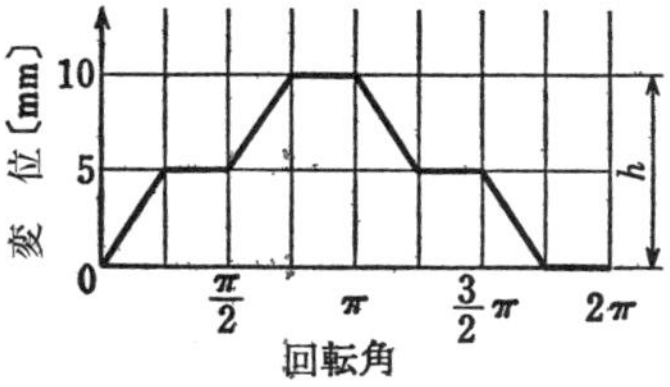

図 7.11　カム線図

chart, cam diagram）を用いることができる。板カム装置の場合，カムの変位量としてカムの回転角をとるので，カム線図は**図 7.11** に示すようなものになる。以下，望みの運動がカム線図により指定されているものとする。

7.4.1　ポイントフォロワに対する板カムの輪郭曲線

ポイントフォロワに対する板カムの輪郭曲線の求め方を述べる。はじめに簡単な場合として，フォロワの軸線がカムの回転中心を通る場合を取り上げる。

図 7.12 の左に示すカム線図が与えられたとして，回転中心 O のまわりに，反時計方向に回転するカムの輪郭曲線を求める。図の右に示すように，まず適当な大きさの円を，点 O を中心に描く。この円をこのまま輪郭曲線としたカムを回転させるときは，フォロワはもちろん変位しない。カム線図に示される変位量だけフォロワを変位させるには，いま描いた円が反時計方向に回転するにつれて，この円に，フォロワの変位量に相当する分だけふくらみを持たせればよい。

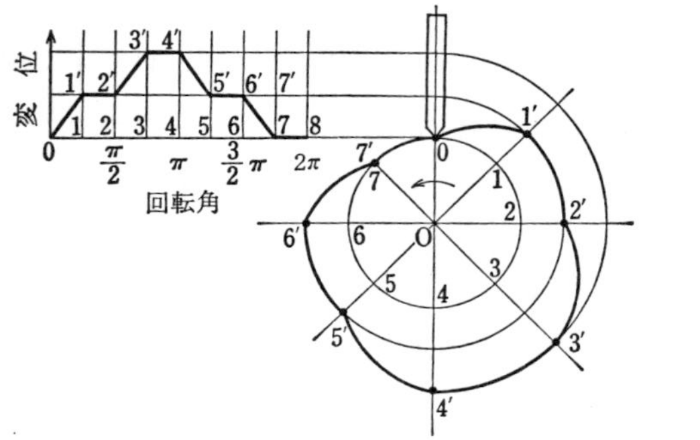

図 7.12　ポイントフォロワに対する板カムの輪郭曲線

この曲線を実際に求めるには図 7.12 の右に示すようにする。カムを回転させる代わりに，カムを静止させ，フォロワがカムの回転方向と逆に回転するものと考える。このようにしても，カムとフォロワの相対的な位置関係は変わらないから，正しい輪郭曲線が得られるはずである。そこでフォロワを回転させ，回転に応じて軸線がとる方向を，O0 から始まって，適当な間隔で O1, O2，… のようにとる。つぎにカムの回転角が ∠0O1，∠0O2，… のときのフォロワの変位量をカム線図から読みとり，直線 O1，O2，… の延長上に，$\overline{11'}$，$\overline{22'}$，… が変位量に等しくなるように点 1′，2′，… を定める。点 1′，2′，… を滑らかに結んで得られる曲線が求める輪郭曲線である。

上でカムの輪郭曲線を求めるのに，はじめに，変位 0 に対応させて円を描いた。この円を**基礎円**（base circle）という。この円の大きさは機構学的には任意でよい。しかし**図 7.13** に示すように，同じカム線図に対して，基礎円が大きいほど圧力角 α が小さくなるので，実用的には，機械部品として許される範囲で基礎円を大きくしたほうがよい。

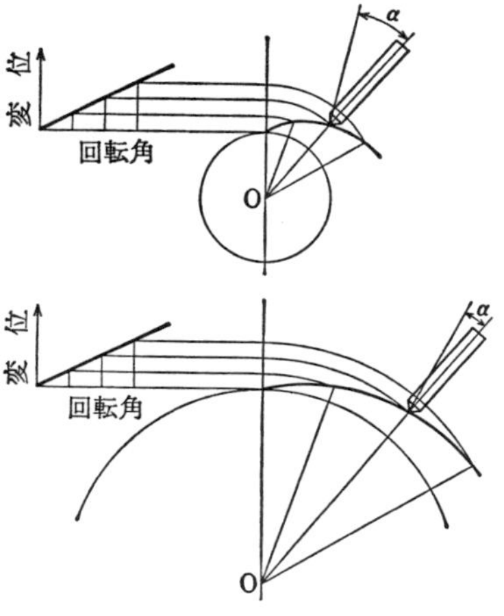

図 7.13 基礎円の大きさと圧力角

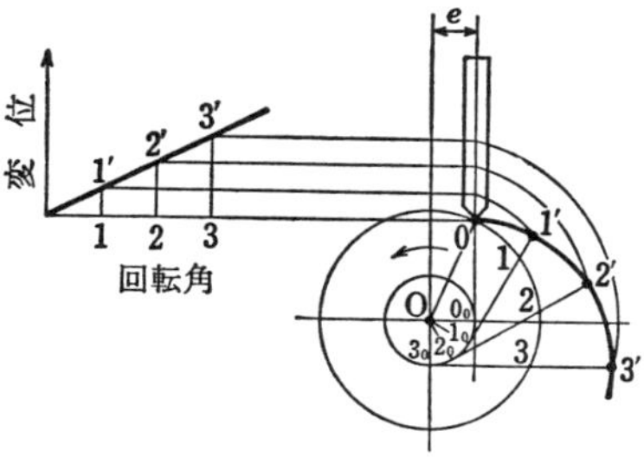

図 7.14 片寄りカムの輪郭曲線の求め方

フォロワの軸線がカムの回転の中心を通らない**片寄りカム**（offset cam）の輪郭曲線も，片寄りがないカムと同じ考え方で求めることができる。**図 7.14** に，片寄りが e であるカムの輪郭曲線の求め方を示す。片寄りがない場合と同じように，まず基礎円を適当に定める。つぎにカムを回転させる代わりに，カムを静止させ，フォロワをカムの回転と逆の向きに回転させる。この回転とともに軸線がとる方向を，$0_0 0$ からはじまって，適当な間隔で $1_0 1$，$2_0 2$，… のようにとる。軸線を効率よく描くには，点 O を中心とする半径 e の円を描き，その上に適当な間隔で点 1_0，2_0，… をとり，各点を通って直線 $O1_0$，$O2_0$，… に直角方向に直線 $1_0 1$，$2_0 2$，… を描けばよい。つぎに軸線 $1_0 1$，$2_0 2$，… の延長上に，$\overline{11'}$，$\overline{22'}$，… がカム線図で与えられる変位量に等しくなるように点 1′，2′，… を定める。点 1′，2′，… を滑らかに結んだ曲線が求める輪郭曲線である。

7.4.2 ローラフォロワに対する板カムの輪郭曲線

ローラフォロワに対する板カムの輪郭曲線は，**図 7.15** に示すようにして求められる。まずフォロワがポイントフォロワであるとして，7.4.1項で述べたようにして，カムの輪郭曲線を図の破線のように求める。これを**ピッチ曲線**（pitch line）と呼ぶ。つぎにこのピッチ曲線上に中心をおき，ローラの半径と同じ半径の円を多数描く。これらの円群にピッチ曲線の内側で接する曲線を描く。これが求める輪郭曲線である。

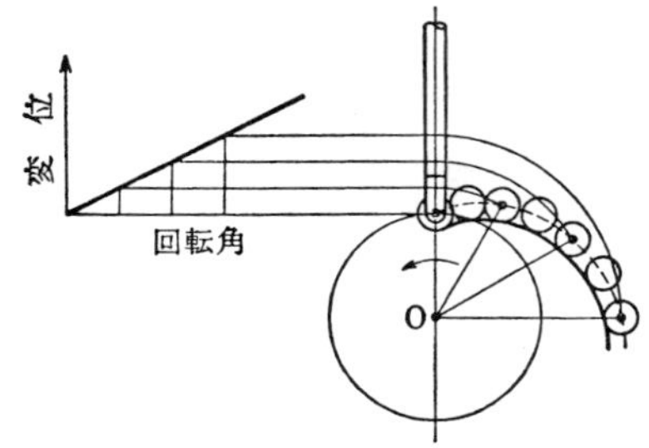

図 7.15　ローラフォロワに対する板カムの輪郭曲線の求め方

ローラの半径は強度の点からいえば大きいほうがいいが，あまり大きいと，幾何学的な意味で不都合を生じる。それを見るため，**図 7.16** に，同じピッチ曲線に対し，ローラの半径を変えたときの状況を示す。図（a）はローラの半径が十分小さい場合で，円群に接する曲線はカムの輪郭曲線として使用できる。図（b）はローラの半径をピッチ曲線の曲率半径の最小値に等しくとった場合で，円群に接する曲線に**尖点**（cusp）を生じている。ローラの半径をさらに大きくした場合には，円群に接する曲線は図（c）のようになり，これをカムの輪郭曲線とすることができない。このように実用となる輪郭曲線を得るには，ローラの半径を，ピッチ曲線の最小半径より小さいものとしなければならないことがわかる。

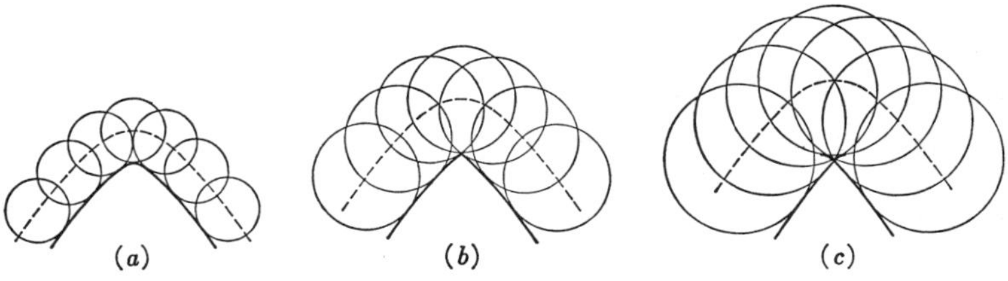

図 7.16　実用となる輪郭曲線

7.4.3 平面フォロワに対する板カムの輪郭曲線

平面フォロワに対する板カムの輪郭曲線は，**図 7.17** に示すようにして求められる。まずフォロワがポイントフォロワであるとして，カムの輪郭曲線上の点 1′，2′，… を定める。つぎに点 1′，2′，… において，直線 O1′，O2′，… に直角に直線を引き，これら直線群のすべてに接する曲線を描く。これが求めるカムの輪郭曲線である。

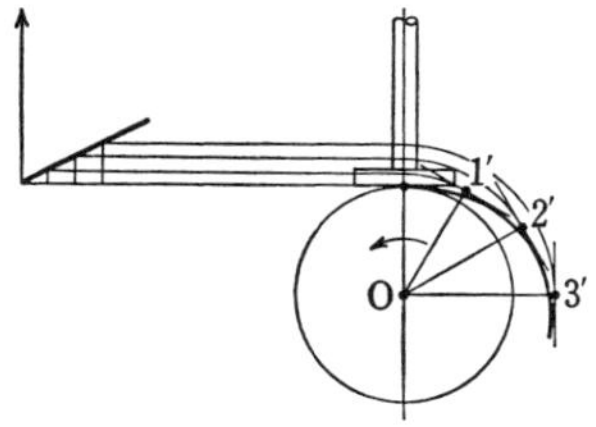

図 7.17　平面フォロワに対する板カムの輪郭曲線の求め方

図 7.17 からわかるように，カムとフォロワの接触点は，フォロワの軸線上にあるとは限らない。したがってフォロワの面の大きさは，接触点が軸線から最も離れたときにもフォロワの面の中にあるように定める必要がある。

平面フォロワに対する板カムの輪郭曲線を上のように定めるとき，7.4.2 項と同じように，直線群に接する曲線に尖点を生じたり，あるいは実現不可能な曲線になったりすることがある。実際，上述の点 1′，2′，… において，直線 01′，02′，… に直角に線を引いたとき，これら直線群のうちのある 3 本が，**図 7.18**（*a*）のようになっていれば，3 本の線に接する曲線を定めることができるのに対し，図（*c*）のようになると，3 本の直線に接する曲線を定めることができない。図（*a*）から図（*c*）へ移る限界の状態で図（*b*）のように曲線に尖点を生じる。図（*b*），（*c*）の状態を避けて実現可能な輪郭曲線を得るためには，基礎円を大きくする必要がある。

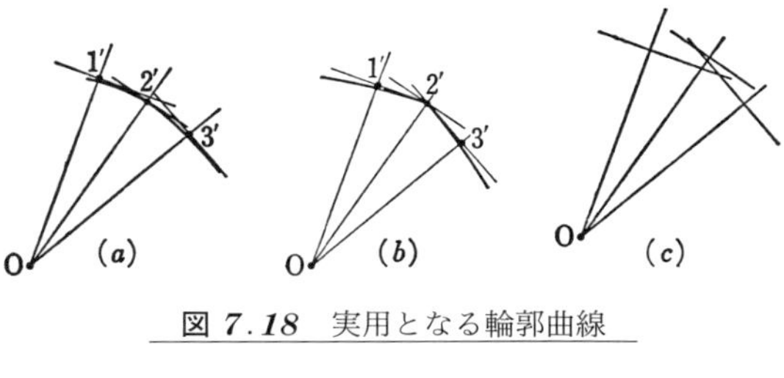

図 7.18　実用となる輪郭曲線

7.5* 数式解法による板カムの輪郭曲線の求め方

7.4 節で，図式解法によって，板カムの輪郭曲線を求める方法を考えた。この節で，同じ板カムに対して，数式解法でカムの輪郭曲線を求める方法を考える。この場合，カムの運動を記述するものとして，カム線図の代わりに，カムの回転角 θ とフォロワの変位量 r の間の関係式 $r=f(\theta)$ を用いる。輪郭曲線の表示式を求めるのに，ここでも 7.4 節と同様に，カムが回転するのではなく，フォロワが回転すると考えると便利である。

7.5.1 ポイントフォロワに対する板カムの輪郭曲線

この項では，フォロワがポイントフォロワである場合の輪郭曲線を求める。片寄りのないカムと片寄りのあるカムについて考える。

まず片寄りのないカムの輪郭曲線を求める。**図 7.19** に示すように，カムの回転中心を O とし，フォロワの軸線と y 軸が一致するように座標系 O-xy を定める。基礎円の半径を r_0 とする。軸線が y 軸から θ だけ回転したとき，回転中心 O からフォロワの先端 P までの距離 $\overline{\mathrm{OP}}=R$ は

$$R=r_0+f(\theta) \tag{7.8}$$

で与えられる。この式は，このままで y 軸を基線とした極座標表示の輪郭曲線となっており，求める表示式である。

直交座標 $(x,\ y)$ で表示した輪郭曲線も簡単に求められる。求める輪郭曲線は，図 7.19 からわかるように

$$\left.\begin{aligned} x&=[r_0+f(\theta)]\sin\theta \\ y&=[r_0+f(\theta)]\cos\theta \end{aligned}\right\} \tag{7.9}$$

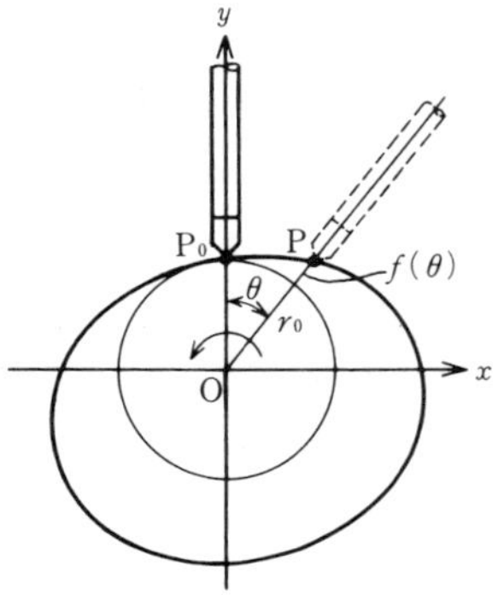

図 7.19　ポイントフォロワに対する板カムの輪郭曲線

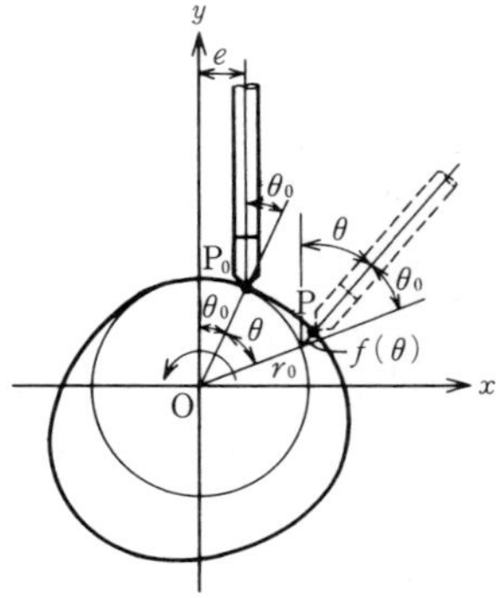

図 7.20　ポイントフォロワに対する板カムの輪郭曲線

である。この式において θ を変化させると，それに応じて x，y が変化し，点（x，y）は輪郭曲線を描く。

片寄り e のある片寄りカムに対して，輪郭曲線の表示式を求めよう。**図 7.20** に示すように，フォロワの先端が，はじめ図の P_0 の位置にあったとする。直線 OP_0 と y 軸のなす角を θ_0 とおくと，この角 θ_0 は

$$\sin\theta_0=\frac{e}{r_0} \tag{7.10}$$

によって定められる。フォロワが θ だけ回転したとき，フォロワの先端 P の座標（x，y）は，図から

$$\left.\begin{array}{l} x=r_0\sin(\theta+\theta_0)+f(\theta)\sin\theta \\ y=r_0\cos(\theta+\theta_0)+f(\theta)\cos\theta \end{array}\right\} \tag{7.11}$$

となる。この式で $e=0$，したがって $\theta_0=0$ とおけば，式（7.11）は式（7.9）に帰着される。

式（7.11）において θ を変化させると，それに応じて x，y が変化し，点（x，y）は輪郭曲線を描く。

式（7.9），（7.11）はいずれも θ をパラメータとした式である。前述のように，これらの式において θ を変化させると，それに応じて x，y が変化し，点（x，y）は輪郭曲線を描く。もし式（7.9），（7.11）から θ を消去できれば，輪郭曲線は，パラメータを含まない

$$y=F(x) \tag{7.12}$$

の形の式で与えられる。

【例題 7.2】 一定の角速度で回転するカムが1回転するとき，ポイントフォロワははじめの半回転では一定の速さで上昇し，後の半回転では同じ一定の速さで下降するものとする。フォロワに片寄りはないものとして，このカムの輪郭曲線を定めよ。

［**解答**］ カムの変位量 r とフォロワの回転角 θ は，題意によって

$$r=\begin{cases} a\theta & (0<\theta<\pi) \\ -a\theta+2\pi a & (\pi<\theta<2\pi) \end{cases}$$

で与えられる。ここで a はフォロワの上昇の速さで決まる定数である。上式を式（7.8）に代入すると

$$R=\begin{cases} r_0+a\theta & (0<\theta<\pi) \\ r_0+2\pi a-a\theta & (\pi<\theta<2\pi) \end{cases}$$

を得る。これが求める輪郭曲線の極座標表示である。

一般に極座標表示で

$$R=c\pm a\theta\ （c，a：定数） \tag{7.13}$$

の形で表される曲線はアルキメデスの渦巻き線と呼ばれる。

ここで求めた輪郭曲線は，アルキメデスの渦巻き線の一部分をつなぎ合わせた形となる。この輪郭曲線を持つカムは，その形から**ハートカム**（heart cam）と呼ばれる。

7.5.2　ローラフォロワに対する板カムの輪郭曲線

この項で，ローラフォロワに対する板カムの輪郭曲線の表示式を求める。このため，図式解法の場合と同様に，まずフォロワがポイントフォロワであるとしてピッチ曲線の式を求める必要がある。これは 7.5.1 項で述べたようにして求められる。したがってここでは，ピッチ曲線が式（7.12）の形に求められているとして，これ以降の取り扱いを述べる。

求める輪郭曲線は，ピッチ曲線上の各点を中心とし，ローラの半径で円を描き，これらの円に接する曲線，すなわち包絡線として求められる。そこでつぎに，ローラの半径を a として，この包絡線の式を導く。

まず曲線 $y=F(x)$ 上の点（X，$F(X)$）を中心に持つ半径 a の円の式を求めると

$$(x-X)^2+[y-F(X)]^2=a^2 \tag{7.14}$$

となる。この式は X をパラメータとする式で，X を変化させれば，円群が得られる。

ここで，上の円群の包絡線を求めるため，一般に包絡線を求める方法を思い出しておこう。解析学によれば，パラメータを含む曲線の式が与えられた場合に，その曲線群の包絡線を求めるには，曲線の式をパラメータで偏微分した式と，もとの曲線の式からパラメータを消去すればよい。もしパラメータが消去できなければ，二つの式を連立させたものが，パラメータを含んだ形の包絡線の式となる。

式（7.14）に戻って，これをパラメータ X で微分すると

$$(x-X)+[y-F(X)]F'(X)=0 \tag{7.15}$$

を得る。式（7.14）と式（7.15）を連立させたものが，パラメータ X を含んだ形の輪郭曲線であり，求める表示式である。

式（7.14），（7.15）の幾何学的意味を明らかにするため，パラメータ X の代わりに，式

$$F'(X)=\tan\psi \tag{7.16}$$

で定義されるパラメータ ψ を導入する。図 **7.21** に示すように，この変数 ψ は，点（X，$F(X)$）における曲線 $y=F(x)$ の接線 tt' が x 軸となす角，あるいは法線 nn' と y 軸がなす角を表す。式（7.16）を式（7.15）に代入すると

$$(x-X)+[y-F(X)]\tan\psi=0 \tag{7.17}$$

を得る。この式と式（7.14）を連立させて，これらの式から $y-F(x)$ あるいは $x-X$ を消去すると，それぞれの場合に

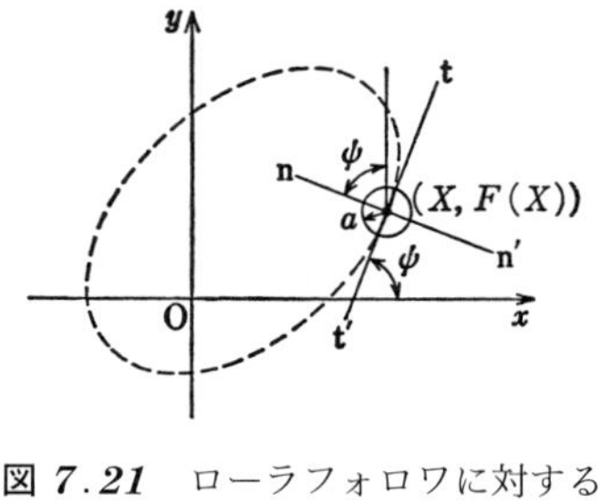

図 7.21　ローラフォロワに対する板カムの輪郭曲線

$$x=X-a\sin\psi,\quad y=F(X)+a\cos\psi \tag{7.18}$$

を得る。式（7.16）で X を変化させると，それに応じて ψ が変化し，したがって式（7.18）の x，y も変化し，点（x，y）はある曲線を描く。これが輪郭曲線であ

る。このように考えると，式(7.14)，(7.15) の連立式と，式(7.16)，(7.18) の連立式は同じ輪郭曲線を与えることがわかる。図 7.21 によれば，式 (7.18) で与えられる点 $(x,\ y)$ は，ピッチ円上の点 $(X,\ F(X))$ を法線 nn' の方向に a だけずらした点であることが容易にわかる。これで連立式の幾何学的意味が明らかになった。

図式解法の場合と同じように，上で求めた曲線が実用的なものとなる条件を考える必要がある。この条件は，ピッチ曲線の曲率半径 ρ がローラの半径 a に対してつねに $a \leqq \rho$ となることである。曲率半径を与える式は数学の教科書に与えられているので，それを用いれば，条件式が求められる。

7.5.3 平面フォロワに対する板カムの輪郭曲線

この項では，平面フォロワに対する板カムの輪郭曲線の表示式を求めよう。ここでは表示式を，軸心の傾き θ をパラメータとする $x=F(\theta)$，$y=G(\theta)$ の形で求めることにする。

図 7.22 (a) のように，任意の θ に対し，軸心を θ だけ傾けたときのフォロワの中心を P，$x=F(\theta)$，$y=G(\theta)$ を座標とする点を Q とする。このとき，求める表示式は，つぎの条件を満たさなければならない。第 1 の条件として，点 P とカムの回転中心 O の間の距離 $\overline{\mathrm{OP}}$ は，基礎円の半径を r_0 として

$$\overline{\mathrm{OP}}=r_0+f(\theta) \tag{7.19}$$

でなければならない。第 2 の条件として，フォロワの接触平面を表す直線が点 Q で輪郭曲線と接しなければならない。これらを満たすように $F(\theta)$，$G(\theta)$ を定めることが，ここでの問題である。

フォロワの中心 P から接点 Q までの距離 $\overline{\mathrm{PQ}}=l$ を導入すると，図 7.22 (b) からわかるように，第 1 の条件から

$$\left.\begin{aligned} r_0+f(\theta)&=x\sin\theta+y\cos\theta \\ l&=x\cos\theta-y\sin\theta \end{aligned}\right\} \tag{7.20}$$

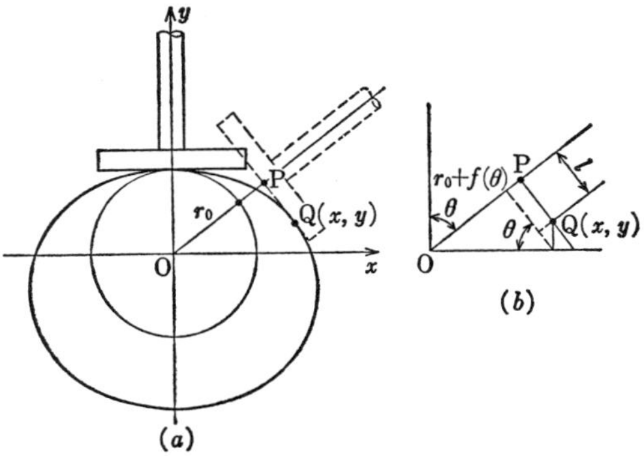

図 7.22 平面フォロワに対する板カムの輪郭曲線

を得る。また第2の条件から

$$\frac{dy}{dx}=\tan(180°-\theta)=-\tan\theta \tag{7.21}$$

を得る。式（7.20）の第1式を θ で微分すると

$$f'(\theta)=\frac{dx}{d\theta}\sin\theta+\frac{dy}{d\theta}\cos\theta+x\cos\theta-y\sin\theta \tag{7.22}$$

を得る。式（7.21）の条件から，この式のはじめの2項は0である。そこでこの式を式（7.20）の第2式と比較すると

$$l=f'(\theta) \tag{7.23}$$

を得る。l が既知の量となったので，これを式（7.20）に代入すると，式（7.20）は x と y に関する連立方程式となる。これを解いて

$$\left.\begin{aligned}x&=[r_0+f(\theta)]\sin\theta+f'(\theta)\cos\theta\\ y&=[r_0+f(\theta)]\cos\theta+f'(\theta)\sin\theta\end{aligned}\right\} \tag{7.24}$$

を得る。これが求める表示式である。

実用的な輪郭曲線を得るための条件を求めよう。カムが $d\theta$ だけ回転してもフォロワが同じ点 (x,y) にとどまって $dx=dy=0$ となる，すなわち

$$\frac{dx}{d\theta}=\frac{dy}{d\theta}=0 \tag{7.25}$$

となる輪郭曲線上の点が尖点である。式（7.24）を θ で微分すると

$$\left.\begin{aligned}\frac{dx}{d\theta}&=[r_0+f(\theta)+f''(\theta)]\cos\theta\\ \frac{dy}{d\theta}&=-[r_0+f(\theta)+f''(\theta)]\sin\theta\end{aligned}\right\} \tag{7.26}$$

となる。これから，輪郭曲線上に尖点がないための条件は，任意の θ に対して

$$r_0+f(\theta)+f''(\theta)>0 \tag{7.27}$$

となることであることがわかる。この結果，実用的な輪郭曲線を得るには，基礎円の半径 r_0 をある程度大きくすればよいことがわかる。

【例題 7.3】 平面フォロワの変位 r を，カムの回転角 θ の関数として

$$r=f(\theta)=25(1-\cos 2\theta)\quad〔\mathrm{mm}〕$$

で与えるものとする。このためのカムの輪郭曲線が実用的な輪郭曲線となるためには，基礎円の半径 r_0 はいくら以上でなければならないか。また平面フォロワの大きさはいくら以上でなければならないか。

［解答］ 式（7.27）に $f(\theta)=25(1-\cos 2\theta)$ を代入すると

$$r_0+25+75\cos 2\theta>0$$

を得る。これがつねに満たされるためには，$\cos 2\theta$ が最小値（-1）をとるときにも上式が満たされなければならない。したがって $r_0+25-75>0$ より

$$r_0>50\ \mathrm{mm}$$

を得る。

平面フォロワの大きさを定める式（7.23）に $f(\theta)=25(1-\cos 2\theta)$ を代入すると

$l=f'(\theta)=50\sin 2\theta$

を得る。この l の最大値は 50 mm である。したがって平面フォロワの大きさは 50 mm より大きくなければならない。

演　習　問　題

〔*1*〕 カムが，最初の 90° を回転する間フォロワは等速度で 10 mm 上昇，つぎの 90° を回転する間フォロワはこの最高位置で静止，さらにつぎの 90° を回転する間フォロワは等速度で 10 mm 下降，最後の 90° を回転する間フォロワはこの最低位置に静止するようなカムを，つぎの各場合について定めよ。ただし基礎円の半径を 40 mm とする。

（*1*） ポイントフォロワに対するカム

（*2*） 先端に 5 mm のローラがあるローラフォロワに対するカム

（*3*） 平面フォロワに対するカム

（*4*） フォロワの軸線がカムの回転中心に対し 10 mm の片寄りを持つ場合

〔*2*〕 同じカム線図からカムの輪郭曲線を定めるとき，基礎円を大きくした方が，圧力角が小さくなることを数式によって示せ。

〔*3*〕 **図 *7.23*** は円板を偏心軸に取り付けた**円板カム**（circular cam）を示す。このカムに対する平面フォロワの変位，速度，加速度を求めよ。ただし，カムは一定角速度 ω で回転し，図の θ は $\theta=\omega t$ で与えられるとする。

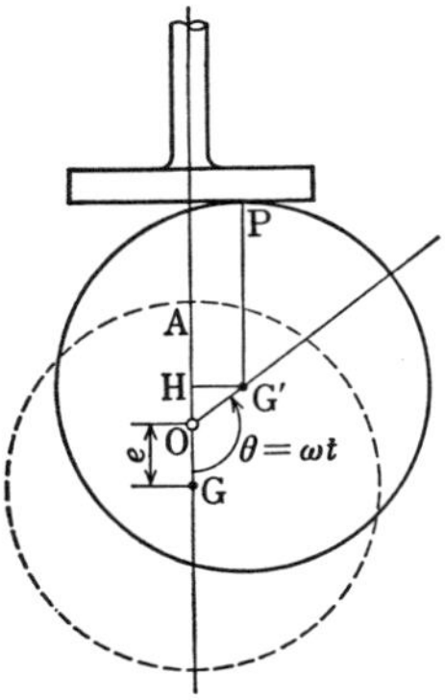

図 *7.23* 円板カム

8

転がり接触車

二つの節を直接接触させて運動を伝えるものに，転がり接触を利用した伝動機構がある。この章でこのような機構である転がり接触車を考える。

8.1 転がり接触の条件

二つの節を直接接触させて一方の節から他方の節に運動を伝えるとき，接触点で，滑りを伴う場合と伴わない場合がある。滑りを伴う接触を**滑り接触**(sliding contact)，滑りを伴わない接触を**転がり接触**（rolling contact）という。この章では，転がり接触を利用した伝動機構を考える。このための準備として，この節で，二つの節が転がり接触する条件を求める。

図*8.1*（*a*）に示すように，二つの節A，Bが，点O_a，O_bを回転中心と

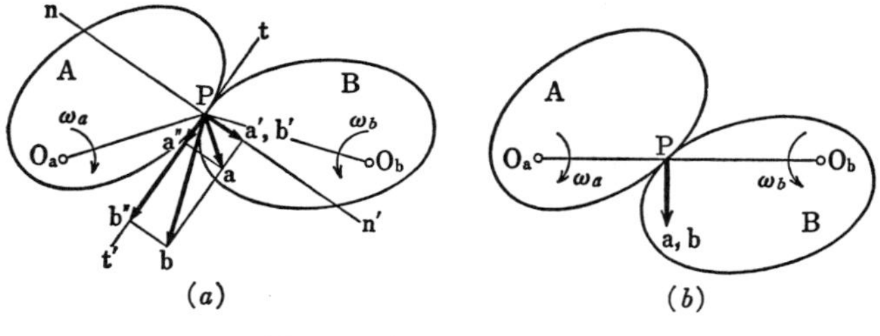

図 *8.1*　転がり接触の条件

して回転運動し，点Pで転がり接触しているとする。このとき，接触点の速度がどのようになるかを考える。点Pを節A上の点と考えれば，その速度ベクトル $\overrightarrow{\mathrm{Pa}}$ は直線 $\mathrm{O_aP}$ に直角の方向となる。また点Pを節B上の点と考えれば，その速度ベクトル $\overrightarrow{\mathrm{Pb}}$ は直線 $\mathrm{O_bP}$ に直角の方向となる。ここで図 *8.1* のように，速度ベクトル $\overrightarrow{\mathrm{Pa}}$，$\overrightarrow{\mathrm{Pb}}$ を，接触点Pにおける法線 nn' 方向と接線 tt' 方向の成分に分け，$\overrightarrow{\mathrm{Pa}}=\overrightarrow{\mathrm{Pa}'}+\overrightarrow{\mathrm{Pa}''}$，$\overrightarrow{\mathrm{Pb}}=\overrightarrow{\mathrm{Pb}'}+\overrightarrow{\mathrm{Pb}''}$ とする。節A，Bが接触を保つため，法線方向の成分 $\overrightarrow{\mathrm{Pa}'}$，$\overrightarrow{\mathrm{Pb}'}$ は等しくなければならない。また節A，Bは滑りを伴わないため，接線方向の成分 $\overrightarrow{\mathrm{Pa}''}$，$\overrightarrow{\mathrm{Pb}''}$ は等しくなければならない。このようにして，二つの節A，Bが転がり接触するとき，速度ベクトル $\overrightarrow{\mathrm{Pa}}$ と $\overrightarrow{\mathrm{Pb}}$ は，大きさも方向も等しくなければならないことがわかる。

速度ベクトル $\overrightarrow{\mathrm{Pa}}$ と $\overrightarrow{\mathrm{Pb}}$ の方向が一致するためには，図 *8.1*（*b*）に示すように，点Pは二つの節A，Bの回転中心 $\mathrm{O_a}$，$\mathrm{O_b}$ を結ぶ直線上になければならない。このようにして，“二つの節が転がり接触するとき，接触点は，二つの節の回転中心を結ぶ中心連結線上にある”ことがわかる。

転がり接触する二つの節A，Bの角速度を ω_a，ω_b とおくと，図 *8.1*（*b*）に $\overline{\mathrm{Pa}}$，$\overline{\mathrm{Pb}}$ で表される速さは，それぞれ

$$\overline{\mathrm{Pa}}=\overline{\mathrm{O_aP}}\cdot\omega_a,\quad \overline{\mathrm{Pb}}=\overline{\mathrm{O_bP}}\cdot\omega_b \tag{8.1}$$

である。これらが等しくなるため，角速度 ω_a，ω_b の比 ε は

$$\varepsilon=\frac{\omega_b}{\omega_a}=\frac{\overline{\mathrm{O_aP}}}{\overline{\mathrm{O_bP}}} \tag{8.2}$$

となる。このようにして，“二つの節がころがり接触するとき，その角速度比 ε は，回転中心から接触点までの距離の逆比に等しい”ことがわかる。

図 *8.1*（*b*）では，接触点Pは中心連結線上で点 $\mathrm{O_a}$，$\mathrm{O_b}$ の間にあり，二つの節の回転の向きはたがいに反対であった。このような接触の仕方を**外接触**（external contact）という。これに対し**図 *8.2*** のように，接触点Pが回転中心連結線上で，点 $\mathrm{O_a}$，$\mathrm{O_b}$ を結ぶ区間の外側

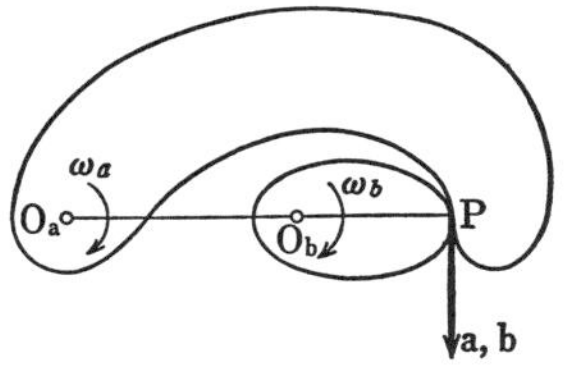

図 *8.2*　転がり接触の条件

にあるとき，このような接触の仕方を**内接触**（internal contact）という。内接触するとき，二つの節の回転の向きは同じになる。このときも角速度比は式（*8.2*）で与えられることは容易に確かめられる。

【例題 *8.1*】 3 瞬間中心の定理を用いて，二つの節が転がり接触するための条件を調べよ。

［**解答**］ 三つの節として，図 *8.1*（*a*）の節 A，B およびこれらを支持する節 C を考える。節 C は図には描かれていないが，例えば紙面と考えればよい。節 A と節 C，節 B と節 C の間の瞬間中心はそれぞれ永久中心 O_a および O_b である。節 A と節 B は点 P で転がり接触するので，節 A 上の点 P と節 B 上の点 P は同一速度を持ち，節 A と節 B は点 P において相対速度がない。二つの節で相対速度がない点は瞬間中心であるから（*2* 章参照），節 A と節 B の間の瞬間中心は点 P である。3 瞬間中心の定理によれば，三つの節の間の瞬間中心は一直線上になければならない。このようにして転がり接触するとき，接触点の位置について本文に述べた結果が得られる。

8.2 転がり接触する輪郭曲線の条件

8.1 節で，二つの節 A，B が点 P で転がり接触するための条件を求めた。ここでは，二つの節 A，B が転がり接触を続けて回転するため，節の**輪郭曲線**（profile curve）がどのようなものでなければならないかを考える。節 A，B の回転中心 O_a，O_b は固定されているとし，$\overline{O_aO_b}=l$ とする。

まず外接触する場合を取り上げる。**図 *8.3***（*a*）の曲線 A_0A_0'，B_0B_0' を外接触する輪郭曲線とし，これらは，いま点 P で接触しているものとする。曲

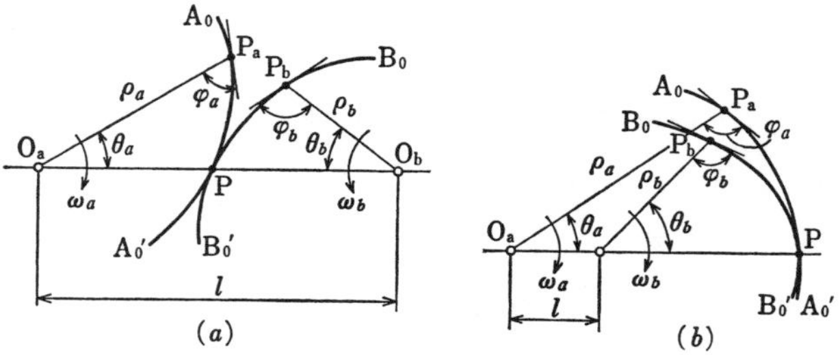

図 *8.3* 転がり接触する輪郭曲線

線 A_0A_0'，B_0B_0' は転がり接触するので，点 P は，点 O_a，O_b を結ぶ中心連結線上になければばならない。輪郭曲線となる条件を求めるため，点 P とは別に，曲線 A_0A_0'，B_0B_0' 上に，それぞれたがいに接触することになる点 P_a，P_b を任意に定める。点 O_a，O_b とこれらの点の間の距離を $\overline{O_aP_a}=\rho_a$，$\overline{O_bP_b}=\rho_b$ とする。また点 P_a，P_b における輪郭曲線の接線が直線 O_aP_a，O_bP_b と成す角を φ_a，φ_b とする。これらの量を用いて，ころがり接触する輪郭曲線の条件がつぎのように与えられる。

点 P_a，P_b はたがいに接触することになる点であるから，二つの節 A，B が転がり接触を続けてある角度だけ回転すると，これらの点は同時に中心連結線上に来る。この状態を考えると，ρ_a，ρ_b は

$$\rho_a+\rho_b=l \tag{8.3}$$

を満たし，φ_a，φ_b は

$$\varphi_a+\varphi_b=180° \tag{8.4}$$

を満たさなければならないことがわかる。また二つの節の点 P_a，P_b が接触するまでの間に滑りはないので，輪郭曲線に沿う弧の長さ $\overset{\frown}{PP_a}$，$\overset{\frown}{PP_b}$ は

$$\overset{\frown}{PP_a}=\overset{\frown}{PP_b} \tag{8.5}$$

を満たさなければならない。

上で曲線 A_0A_0' と B_0B_0' が転がり接触するとして，式 (*8.3*)，(*8.4*)，(*8.5*) の三つの条件を得た。しかしこれら三つの条件は独立ではなく，このうちの二つが満たされれば，残りの条件は満たされる。これを示すため，例として，式 (*8.3*) と式 (*8.4*) が満たされるとき，式 (*8.5*) が導かれることを示す。

このための準備として，一般に極座標で与えられる2点 $(\rho,\ \theta)$ および $(\rho+d\rho,\ \theta+d\theta)$ の間の線素 ds は，**図 *8.4*** に示す φ を用いて $ds=d\rho/\cos\varphi$ で与えられることに注意する。

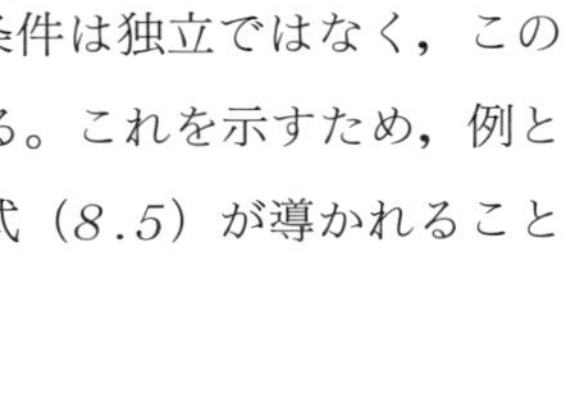

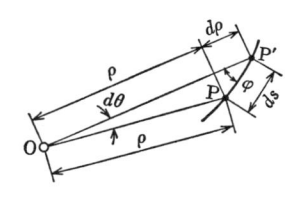

図 *8.4*　極座標による線素 ds の表示

本題に戻る。点 O_a，O_b を極とする極座標系 ρ_a，θ_a および ρ_b，θ_b を図 *8.3* のように導入

する。点 P_a と点 P_b の座標をそれぞれの極座標で表して（ρ_a, θ_a），（ρ_b, θ_b）とする。さらに曲線 A_0A_0'，B_0B_0' 上に，点 P_a，P_b の近傍にある別の点 P_a'，P_b' をとり，これらもたがいに接触することになる点とする。この点の座標を極座標で表して（$\rho_a+d\rho_a$, $\theta_a+d\theta_a$），（$\rho_b+d\rho_b$, $\theta_b+d\theta_b$）とする。

上述の準備によれば，点 P_a，P_a' の間および点 P_b，P_b' の間の線素 ds_a および ds_b は

$$ds_a=\frac{d\rho_a}{\cos\varphi_a},\quad ds_b=\frac{d\rho_b}{\cos\varphi_b} \tag{8.6}$$

で与えられる。式（8.3）から

$$d\rho_a+d\rho_b=0 \tag{8.7}$$

が得られる。式(8.6)にこの関係と式(8.4)を代入すると

$$ds_a=ds_b \tag{8.8}$$

を得る。これを積分したものが式（8.5）である。

以上の議論から，二つの曲線 A_0A_0' と B_0B_0' が外接触で転がり接触する輪郭曲線となるためには，曲線 A_0A_0' 上の任意の点 P_a に対し，曲線 B_0B_0' 上に，式（8.3），（8.4），（8.5）のいずれか二つの条件を満たす点 P_b を見出すことができればよいことがわかる。どの二つの条件を満たすようにするかは，場合に応じて都合のいいものとする。

二つの曲線が図 8.3(*b*)のように内接触するとき，式(8.3)と式(8.4)の条件はそれぞれ

$$\rho_a-\rho_b=l \tag{8.9}$$

と

$$\varphi_a=\varphi_b \tag{8.10}$$

で置き換えられる。式（8.5）の条件はそのままである。二つの曲線 A_0A_0' と B_0B_0' が内接触で転がり接触する輪郭曲線となるためには，曲線 A_0A_0' 上の任意の点 P_a に対し，曲線 B_0B_0' 上に，式（8.9），（8.10），（8.5）のうちいずれか二つの条件を満たす点 P_b を見出すことができればよい。

8.3　転がり接触する輪郭曲線の例

二つの円は式（*8.3*）と式（*8.4*）あるいは式（*8.9*）と式（*8.10*）の条件を満たす。したがって二つの円は，外接触させても内接触させても転がり輪郭曲線となる。この節では，円以外の輪郭曲線の例として，だ円と対数渦巻き線を考える。

8.3.1　だ　　円

同じ大きさの**だ円**（ellipse）は，回転中心を適切にとるとき，転がり接触する。回転中心のとり方を先に示し，後で，このときだ円が転がり接触することを示す。

同じ大きさのだ円をA，Bとし，**図 8.5** に示すように，直線 tt' に対して対称な位置になるように接触点Pにおいて A，B を接触させる。だ円Aの回転中心 O_a を，その焦点のうちいずれか一方に定め，だ円Bの回転中心 O_b を，直線 tt' に対し O_a と対称の位置にない方の焦点に定める。

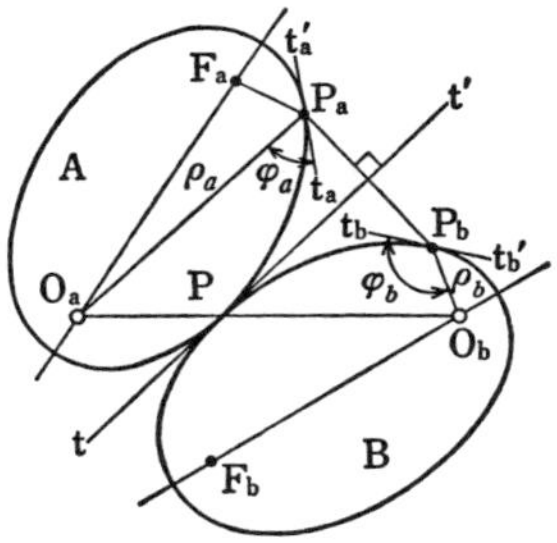

図 *8.5*　転がり接触するだ円

だ円A，Bが転がり接触することを示す。だ円の長径を $2a$，短径を $2b$ とする。だ円A，B上に，直線 tt' に対称な位置にある任意の点 P_a，P_b をとる。

まず $\overline{O_aP_a}=\rho_a$，$\overline{O_bP_b}=\rho_b$ が式（*8.3*）を満たすことを示す。このため，だ円A，Bの焦点のうち，回転中心 O_a，O_b としなかった方の焦点をそれぞれ F_a，F_b とおく。点 P_a と点 P_b，点 F_a と点 O_b はそれぞれ直線 tt' に関して対称な点であるから $\overline{F_aP_a}=\overline{O_bP_b}$ となる。したがって

$$\rho_a+\rho_b=\overline{O_aP_a}+\overline{O_bP_b}=\overline{O_aP_a}+\overline{F_aP_a} \tag{8.11}$$

が成り立つ。だ円の定義によれば，二つの焦点からだ円上の任意の点までの距離の和は長径 $2a$ に等しい。したがって

$$\rho_a+\rho_b=2a \tag{8.12}$$

となる。これで式(8.3)が満たされることが示された。

つぎに点 P_a，P_b におけるだ円 A，B の接線 $t_a t_a'$，$t_b t_b'$ が直線 O_aP_a，O_bP_b となす角 $\varphi_a=\angle O_aP_at_a$，$\varphi_b=\angle O_bP_bt_b$ が式(8.4)を満たすことを示す。だ円の性質によって $\angle O_aP_at_a=\angle F_aP_at_a'$ が成り立つ。またた円が直線 tt' に対称に置かれていることから $\angle F_aP_at_a'=\angle O_bP_bt_b'$ が成り立つ。これらを用いると

$$\varphi_a+\varphi_b=\angle F_aP_at_a'+\angle O_bP_bt_b=\angle O_bP_bt_b'+\angle O_bP_bt_b=180° \quad (8.13)$$

を得る。

以上によって，だ円 A，B は，転がり接触する輪郭曲線であることが示された。なお接触点 P は，点 P_a，P_b が一致した特別な場合の点であるから式(8.13)の関係を満たし，したがって図 8.5 のように，点 P は点 O_a，O_b を結んだ中心連結線上にある。

8.3.2 対数渦巻き線

まず対数渦巻き線を定義する。このため，点 O を極とする極座標系 ρ，θ を導入する。**対数渦巻き線**（logarithmic spiral）とは

$$\rho=\rho_0 e^{\alpha\theta} \quad (\rho_0,\ \alpha：定数) \qquad (8.14)$$

で定められる曲線をいう。**図 8.6** に示すように，対数渦巻き線は，α の正負に応じて，動径 ρ が角 θ とともに単調に増加または減少する曲線である。

この曲線は，曲線上の任意の点 P における接線と，点 P と極 O を結ぶ直線 OP のなす角 φ が一定であるという特徴を持つ。実際，微分学で知られている公式（図 8.4 を参照）

$$\tan\varphi=\frac{\rho d\theta}{d\rho} \qquad (8.15)$$

に，式(8.14)を代入すると

$$\tan\varphi=\frac{1}{\alpha} \qquad (8.16)$$

が得られる。この式から φ は一定であることが導かれる。

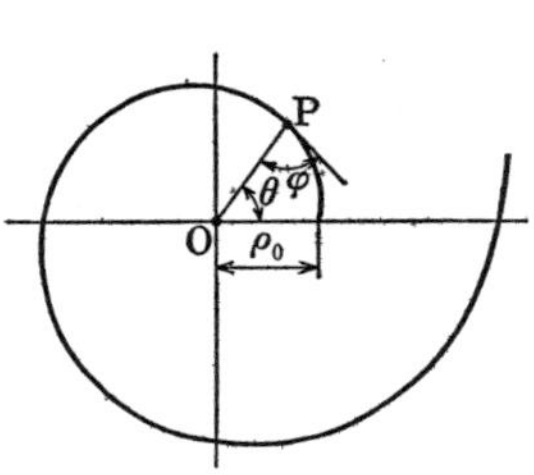

図 8.6　対数渦巻き線

本題に戻る。2 点 O_a, O_b を極とする 2 組の極座標系 ρ_a, θ_a と ρ_b, θ_b を導入する。方程式

$$\rho_a=\rho_{a0}e^{\alpha\theta_a},\quad \rho_b=\rho_{b0}e^{-\alpha\theta_b}\quad (\rho_{a0},\ \rho_{b0},\ \alpha:\text{定数}) \tag{8.17}$$

で与えられる，2 本の対数渦巻き線を考える。これらを，**図 8.7**（a）のように接触させて点 O_a, O_b まわりに回転させるとき，以下に示すように，これらは外接触で転がり接触する。また方程式

$$\rho_a=\rho_{a0}e^{\alpha\theta_a},\quad \rho_b=\rho_{b0}e^{\alpha\theta_b}\quad (\rho_{a0},\ \rho_{b0},\ \alpha:\text{定数}) \tag{8.18}$$

で与えられる，2 本の対数渦巻き線を考える。これらを，図 8.7（b）のように接触させ，点 O_a, O_b まわりに回転させるとき，以下に示すように，これらは内接触で転がり接触をする。

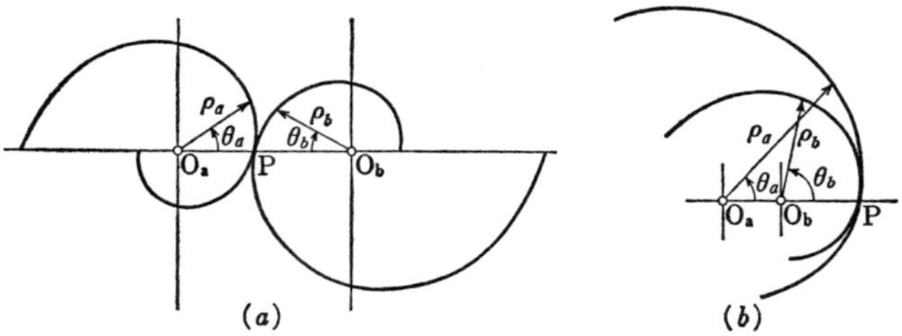

図 8.7 転がり接触する対数渦巻き線

式(8.17)の曲線が転がり接触することを示そう。式(8.17)の 2 本の対数渦巻き線上のそれぞれの任意の点における接線が，その点と極 O_a, O_b を結ぶ直線となす角 φ_a, φ_b は，式(8.16)から

$$\tan\varphi_a=\frac{1}{\alpha},\quad \tan\varphi_b=-\frac{1}{\alpha} \tag{8.19}$$

で与えられる。この式から

$$\varphi_a+\varphi_b=180° \tag{8.20}$$

が得られる。したがって式（8.17）の 2 本の対数渦巻き線を任意の点 P で外接触させると，接触点 P は直線 O_aO_b 上にくる。そこでこのときの点 O_a, O_b を回転中心とし，式（8.17）の曲線を輪郭曲線とする。この曲線上に，$\widehat{PP_a}=\widehat{PP_b}$ なる任意の点 P_a, P_b を定めれば，これらの点において，もちろん式

(*8.5*)が満たされ，また式（*8.19*)によって式（*8.4*）が満たされる。

式（*8.18*)の2本の対数渦巻き線が転がり接触する輪郭曲線となることも，上と同じようにして示すことができる。

8.4　転がり接触する輪郭曲線の求め方

一方の輪郭曲線を与えて，これと転がり接触する輪郭曲線を求める方法を述べる。一般には図式解法によって求められるが，輪郭曲線を表す関数が簡単なときは，数式解法によっても求められる。

8.4.1　図　式　解　法

ここでは図式解法を述べる。**図 *8.8*** において，節 A の輪郭曲線 A_0A_0' と，節 A，B の回転中心 O_a，O_b が与えられたとして，これと外接触する節 B の輪郭曲線 B_0B_0' を求めよう。

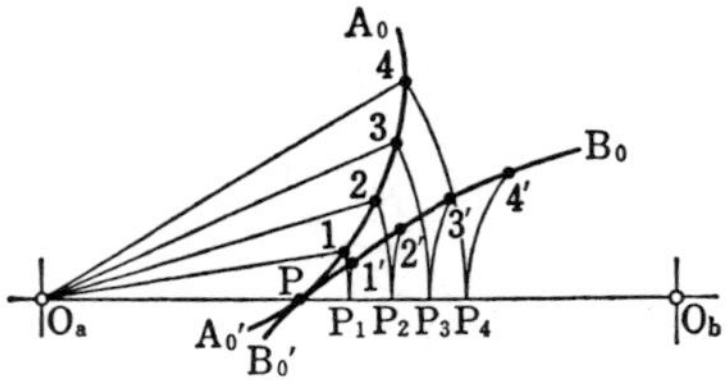

図 *8.8*　転がり接触する輪郭曲線の求め方

求める曲線 B_0B_0' は中心連結線 O_aO_b と曲線 A_0A_0' の交点 P を通るので，まず点 P を求める曲線上の点とする。

つぎに曲線 A_0A_0' を適当な間隔で分割し，分割点を図 *8.8* のように P から順に 1，2，3，… とする。点 1，2，3，… と接触することになる節 B 上の点 1′，2′，… を求めることができれば，これらを滑らかな曲線で結んで求める輪郭曲線を得る。点 1′，2′，… を求めるため，式（*8.3*）と式（*8.5*）から得られる条件

$$\left.\begin{array}{l}\overline{O_a1}+\overline{O_b1'}=\overline{O_aO_b},\quad \overline{O_a2}+\overline{O_b2'}=\overline{O_aO_b},\ \cdots \\ \widehat{P1}=\widehat{P1'},\quad \widehat{12}=\widehat{1'2'},\ \cdots\end{array}\right\} \tag{8.21}$$

を導く。これらを満たす点 1′，2′，… をつぎの手順で求める。点 O_a を中心として，$\overline{O_a1}$，$\overline{O_a2}$，… を半径とする円が中心連結線と交わる点をそれぞれ P_1，P_2，… とすると，式（*8.21*）の第1の条件から，点 1′，2′，… は点 O_b を中心としてそれぞれ $\overline{O_bP_1}$，$\overline{O_bP_2}$，… を半径とする円上にある。つぎに弧の長

さで表された第2の条件を，それぞれ弦の長さで表した条件 $\overline{\mathrm{P1}}=\overline{\mathrm{P1'}}$，$\overline{12}=\overline{1'2'}$，… で近似し，先に求めた半径 $\overline{\mathrm{O_bP_1}}$，$\overline{\mathrm{O_bP_2}}$，… を半径とする円上に $\overline{\mathrm{P1}}=\overline{\mathrm{P1'}}$，$\overline{12}=\overline{1'2'}$，… となるように点1′，2′，… を順次定める。はじめの分割点1，2，3，… の間隔が十分小さければ，弧の長さで表された条件は弦の長さで表された条件によって十分の精度で近似されるので，以上のようにして定めた点1′，2′，… は正しい点1′，2′，… に十分近い。

内接触する場合も，同じようにして輪郭曲線を求めることができる。内接触する場合は，式（*8.5*），（*8.9*）から式（*8.21*）に相当する条件を導けばよい。

8.4.2　数　式　解　法

数式解法による輪郭曲線の求め方を述べる。このため図 *8.3* に示すように，節A，Bの回転中心 $\mathrm{O_a}$，$\mathrm{O_b}$ をそれぞれ極とする極座標系 ρ_a，θ_a および極座標系 ρ_b，θ_b を導入する。このとき問題は，一方の輪郭曲線 $\mathrm{A_0A_0'}$ の方程式

$$\rho_a=f_a(\theta_a) \tag{8.22}$$

を与えて，他方の輪郭曲線 $\mathrm{B_0B_0'}$ の方程式

$$\rho_b=f_b(\theta_b) \tag{8.23}$$

を求めることである。

はじめに輪郭曲線 $\mathrm{A_0A_0'}$，$\mathrm{B_0B_0'}$ が外接触する場合を取り上げる。転がり接触するための条件として，式（*8.3*）と式（*8.4*）を用いることにする。まず式（*8.4*）を

$$\tan\varphi_a=-\tan\varphi_b \tag{8.24}$$

と書き直す。これを，式（*8.15*）の関係を用いて

$$\frac{\rho_a d\theta_a}{d\rho_a}=-\frac{\rho_b d\theta_b}{d\rho_b} \tag{8.25}$$

と書き直す。さらにこの式を，式（*8.3*）から得られる式（*8.7*）の関係を用いて

$$\rho_a d\theta_a=\rho_b d\theta_b \tag{8.26}$$

と書き直す。この式の右辺の ρ_b を，式（*8.3*）を用いて ρ_a で表し，この式

を積分すれば

$$\theta_b = \int_0^{\theta_a} \frac{\rho_a}{l-\rho_a} d\theta_a \tag{8.27}$$

が得られる。つぎにもう一方の条件である式（8.3）を，式（8.22）を用いて

$$\rho_b = l - f_a(\theta_a) \tag{8.28}$$

と書き直す。式（8.27）と式（8.28）を連立させた式は，θ_a をパラメータとして，ρ_b と θ_b の間の関係を表す式で，これで輪郭曲線 B_0B_0' が与えられたことになる。もし上式から θ_a を消去することができれば，得られる式は ρ_b と θ_b を直接関連づける式となる。

つぎに輪郭曲線 A_0A_0'，B_0B_0' が内接触する場合を考える。転がり接触するための条件として，式（8.9）と式（8.10）を用いる。上と同じような取扱いをすれば，輪郭曲線 B_0B_0' を与える方程式は

$$\left.\begin{aligned} \rho_b &= f_a(\theta_a) - l \\ \theta_b &= \int_0^{\theta_a} \frac{f_a(\theta_a)}{f_a(\theta_a)-l} d\theta_a \end{aligned}\right. \tag{8.29}$$

となる。この場合もパラメータ θ_a を消去できれば，得られる式は ρ_b と θ_b を直接関係づける式となる。

【例題 8.2】　節 A の輪郭曲線 A_0A_0' は

$$\rho_a = \rho_{a_0} e^{\alpha\theta_a} \tag{a}$$

で与えられる対数渦巻き線である。これと転がり接触する節 B の輪郭曲線 B_0B_0' の方程式を求めよ。

［**解答**］　外接触する輪郭曲線 B_0B_0' の方程式を求めるため，式（a）を式（8.28）と式（8.27）に代入すると

$$\left.\begin{aligned} \rho_b &= l - \rho_{a_0} e^{\alpha\theta_a} \\ \theta_b &= \int_0^{\theta_a} \frac{\rho_{a_0} e^{\alpha\theta_a}}{l-\rho_{a_0} e^{\alpha\theta_a}} d\theta_a \end{aligned}\right\} \tag{b}$$

を得る。この例題では，パラメータとして，θ_a を用いるより ρ_a を用いるほうが便利である。そこで式（a）から得られる関係 $d\rho_a = \rho_{a_0}\alpha e^{\alpha\theta} d\theta_a$ を用いて，式（b）を ρ_a をパラメータとする式に書き直すと

$$\left.\begin{aligned} \rho_b &= l-\rho_a \\ \theta_b &= \frac{1}{\alpha}\int_{\rho_{a_0}}^{\rho_a}\frac{d\rho_a}{l-\rho_a} = \frac{1}{\alpha}\Big[-\ln(l-\rho_a)\Big]_{\rho_{a_0}}^{\rho_a} = -\frac{1}{\alpha}\ln\frac{l-\rho_a}{l-\rho_{a_0}} \end{aligned}\right\}$$

を得る。この式からパラメータ ρ_a を消去すれば

$$\theta_b = -\frac{1}{\alpha}\ln\frac{\rho_b}{\rho_{b_0}}$$

を得る。したがって

$$\rho_b = \rho_{b_0}e^{-\alpha\theta_b}$$

を得る。このようにして，輪郭曲線 B_0B_0' も対数渦巻き線であることがわかる。この結果は *8.3.2* 項で述べた通りである。

内接触する場合は，式（*8.29*）を用いて同様に求められる。最終結果は

$$\rho_b = \rho_{b_0}e^{\alpha\theta_b}$$

となる。この場合も輪郭曲線 B_0B_0' は対数渦巻き線である。

8.5 円 筒 摩 擦 車

一つの軸から他の軸へ回転運動を伝えるため，転がり接触する輪郭曲線で囲まれた面を断面とする二つの車を考える。この車を両軸に取り付け，両方の車を直接接触させれば，回転運動は転がり接触によって伝えられる。このような車を**転がり接触車**（rolling wheel）という。この節とつぎの節で，平行な 2 軸の間に，回転運動を伝える転がり接触車を考える。まずこの節では，角速度比が一定となる転がり接触車を取り上げる。

転がり接触する輪郭曲線の角速度比は式（*8.2*）で与えられる。したがって角速度比が一定となる車は断面が円形となり，車は円筒形となる。円筒形の車の場合，回転運動は接触点の摩擦によって伝えられるので，この車のことを，単に円筒車とはいわないで，**円筒摩擦車**（cylindrical friction wheel）ということが多い。

円筒摩擦車を用いるとき，二つの車の間に十分な摩擦力が生じるようにする必要がある。このため車の材料や押し付け力を定めて，必要な動力の伝達を確保する。動力はつぎのように求められる。二つの車を押し付ける力を P，二つの車の間の摩擦係数 μ を，車の円周速度を v とすると，摩擦力の大きさは

μP，単位時間あたりの移動距離は v であるから，単位時間に伝達されるエネルギー，すなわち動力 L は

$$L = \mu P v \tag{8.30}$$

となる。ここで力 P を〔N〕，速度 v を〔m/s〕で与えるとき，この式の動力 L は〔W〕で与えられる。

2 軸間の距離 l と角速度比 $\varepsilon = \omega_b / \omega_a$ を与えて，二つの車の半径 ρ_a，ρ_b を定める円筒摩擦車の設計の問題はやさしい。角速度比は式（8.2）で与えられるから

$$\varepsilon = \frac{\rho_a}{\rho_b} \tag{8.31}$$

が成り立つ。この条件と

$$\rho_a + \rho_b = l \tag{8.32}$$

より ρ_a，ρ_b を定めれば

$$\rho_a = \frac{l}{1 + 1/\varepsilon}, \quad \rho_b = \frac{l}{1 + \varepsilon} \tag{8.33}$$

となる。これが求める半径である。

8.6 角速度比が変化する転がり接触車

平行な 2 軸の間に角速度比を変化させながら回転運動を伝えるのに，適当な断面形を持つ転がり接触車を用いることができる。角速度比を変化する場合を考えているので，断面は円形ではない。この節で，角速度比が変化する転がり接触車の代表的なものを紹介する。

ここで，このような転がり接触車による運動の伝わり方の特徴を述べる。二つの接触車を A，B とし，一つの断面を考える。この断面上で，車 A の軸 O_a から接触点 P までの距離 $\overline{O_aP}$ は，車 A が回転するにつれて増加する場合と減少する場合がある。車 A を原動節とするとき，車 A が回転するにつれて，距離 $\overline{O_aP}$ が増加するとき，車 A は車 B を押し付けるので**確実伝動**（positive drive）となるのに対し，距離 $\overline{\mathrm{O_aP}}$ が減少するとき，回転するにつれて車Aは車Bから離れてしまうので，確実伝動とならない。角速度比が変化する転がり接触車では，軸の回転のある範囲でのみ確実伝動となる。全回転を伝えるには，接触をつねに保つように両方の車に工夫をする必要がある。

8.6.1 だ　円　車

8.3 節で述べたように，同じ大きさのだ円は，焦点上に回転中心をとれば転がり接触する。だ円は閉じた曲線であるから，だ円断面の車を製作することができる。この車を**だ円車**（rolling ellipses wheel）という。

だ円車の角速度比が軸の回転につれてどのように変化するかを考えよう。そのため，**図 8.9**(*a*)に示すように，だ円車A，Bの断面を，長径 $2a$，短径 $2b$ の同じだ円とする。二つのだ円の接触点を点Pとする。車A，Bの回転中心 $\mathrm{O_a}$，$\mathrm{O_b}$ から点Pまでの距離 $\overline{\mathrm{O_aP}}$，$\overline{\mathrm{O_bP}}$ が軸の回転によってどのように変化するかがわかれば，式（8.2）によって角速度比の変化がわかる。これを求めるため，図（*a*）に示すように，車Aに直交座標系 O-xy を固定し，点Pの座標を（x，y）とする。離心率

$$e=\frac{\sqrt{a^2-b^2}}{a} \tag{8.34}$$

を導入すれば，図（*a*）の $\overline{\mathrm{O_aO}}$ は $\overline{\mathrm{O_aO}}=ea$ となるので

$$\overline{\mathrm{O_aP}}=\sqrt{(ea-x)^2+y^2} \tag{8.35}$$

となる。点Pはだ円上の点であるから

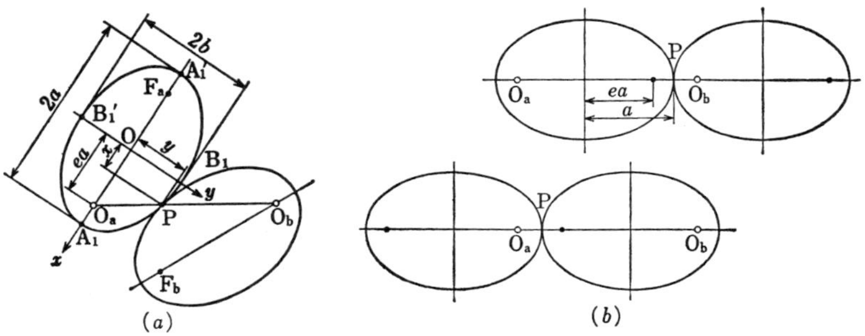

図 8.9　だ　円　車

$$\frac{x^2}{a^2}+\frac{y^2}{b^2}=1 \tag{8.36}$$

を満たす。この式を用いて式（8.35）から y を消去すると

$$\overline{\mathrm{O_aP}}=a-ex \tag{8.37}$$

を得る。長さ $\overline{\mathrm{O_bP}}$ の方は $\overline{\mathrm{O_aP}}+\overline{\mathrm{O_bP}}=2a$ を用いると

$$\overline{\mathrm{O_bP}}=a+ex \tag{8.38}$$

となる。式（8.37），（8.38）を式（8.2）に代入すると，求める角速度比 $\varepsilon=\omega_b/\omega_a$ は，接触点 P の座標 x の関数として

$$\varepsilon=\frac{a-ex}{a+ex} \tag{8.39}$$

で与えられる。座標 x は a と $-a$ の間を変化するので，ε の最大値 $\varepsilon_{\max}$ と最小値 $\varepsilon_{\min}$ は

$$\varepsilon_{\max}=\frac{1+e}{1-e},\quad \varepsilon_{\min}=\frac{1-e}{1+e} \tag{8.40}$$

となる。$\varepsilon_{\max}$，$\varepsilon_{\min}$ を与える車の位置関係は，それぞれ図（b）の上と下に示したようになる。

【例題 8.3】 200 mm 離れた平行 2 軸間にだ円車を用いて回転運動を伝えたい。角速度比を 3 から 1/3 まで変えるためには，だ円の長径と短径をいくらにしたらよいか。

［**解答**］ 長径を $2a$，短径 $2b$ をとする。長径は軸間距離に等しく $2a=200$ mm である。また角速度比は 3 から 1/3 まで変わるから

$$\frac{1+e}{1-e}=3 \quad または \quad \frac{1-e}{1+e}=\frac{1}{3}$$

が成り立つ。これから e を求めると $e=0.5$ を得る。ゆえに

$$b=a\sqrt{1-e^2}=86.6$$

となり，短径は $2b=173$ mm である。

8.6.2 対数渦巻き線車

8.3.2 項で述べたように，2 本の対数渦巻き線は転がり接触する。対数渦巻き線の動径は，回転角の増加とともにつねに増加あるいは減少するから，このままでは閉じた曲線とならず，したがって 1 本の対数渦巻き線を断面とする

車を製作することはできない。しかし，車の1回転の角度360°をいくつかの部分に分け，部分ごとに1本の対数渦巻き線を配置し，全体として閉じた形を作れば，この形を断面とする車を製作することができる。同じ大きさの車は転がり接触する。**図8.10**にこのような車の例を示す。これらの車は，形が木の葉に似ていることから，**木の葉車**（lobed wheel）と名づけられている。

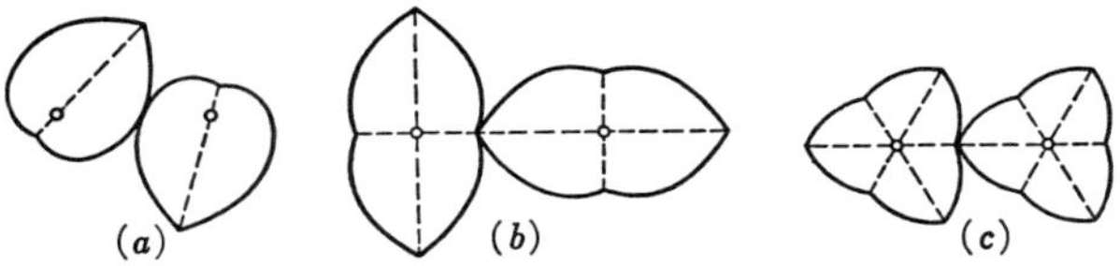

図 *8.10* 木の葉車

8.7 円　すい　車

8.5 節，*8.6* 節では，回転運動を伝えたい2軸が平行な場合を考えた。つぎに2軸が平行でない場合の転がり接触車を考える。角速度比が一定となる転がり接触車に限定する。2軸が交わるか交わらないかで車の形は異なったものとなる。この節で2軸が交わる場合を，つぎの節で2軸が交わらない場合を取り上げる。

交わる2軸をOO_a，OO_bとおく。2軸OO_a，OO_bで定められる平面内に，点Oを通って，2軸と一致しない曲線OTを定め，これを軸OO_a，OO_bまわりにそれぞれ回転させると，二つの回転面ができる。この回転面の形状を持つ車を作り，それぞれ軸OO_a，OO_b回りに回転させる構造にすれば，これらの車は曲線OTを接触線として転がり接触する。

この車の簡単な例が，曲線OTを直線とした場合に得られる，円すい形をした車である。これを**円すい車**（cone wheel）または**傘車**（bevel wheel）という。円すい車は，実用的には円すいの一部を切り取った形で使用され，**図*8.11***の（*a*）のように外接触する場合と，図（*b*）のように内接触する場合がある。

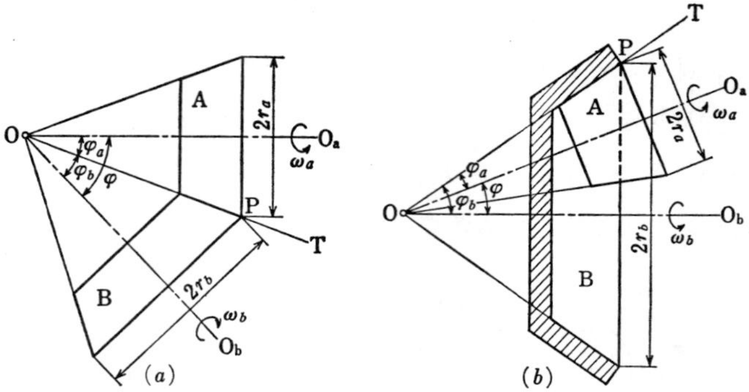

図 8.11 円すい車

円すい車A，Bの角速度比 ω_a，ω_b の比 $\varepsilon=\omega_b/\omega_a$ と，車A，Bの2軸のなす角 φ を与えて，円すい車A，Bの形状を定める問題を考えよう。円すい車の形状を規定するものはその頂角であるから，円すい車A，Bの頂角のそれぞれの半分を φ_a，φ_b とおく。このとき問題は，これらの角が ε と φ のどのような式で与えられるかを求めることである。

はじめに円すい車が外接触する図（a）の場合を取り上げる。2軸のなす角 φ と頂角の半分 φ_a，φ_b は，関係

$$\varphi=\varphi_a+\varphi_b \tag{8.41}$$

を満たす。また角速度比 ε と φ_a，φ_b の関係を導くため，二つの車の接触線OT上の1点，例えば図の点Pの位置で二つの車の速度が等しいことを用いる。点Pの位置における車の半径を r_a，r_b とおくと，速度が等しい条件は

$$r_a\omega_a=r_b\omega_b \tag{8.42}$$

となる。半径 r_a，r_b は $r_a=\overline{\mathrm{OP}}\sin\varphi_a$，$r_b=\overline{\mathrm{OP}}\sin\varphi_b$ で与えられるから，式（8.42）から，角速度比 ε として

$$\varepsilon=\frac{\omega_b}{\omega_a}=\frac{r_a}{r_b}=\frac{\sin\varphi_a}{\sin\varphi_b} \tag{8.43}$$

となる。

式（8.41）と式（8.43）を連立させれば，円すい車A，Bの頂角の半分 φ_a，φ_b が定められる。まず φ_a を求めるため，この2式から φ_b を消去すると

$$\varepsilon=\frac{\sin\varphi_a}{\sin(\varphi-\varphi_a)}=\frac{\tan\varphi_a}{\sin\varphi-\cos\varphi\tan\varphi_a} \tag{8.44}$$

となる。この式から $\tan\varphi_a$ が得られる。同じようにして $\tan\varphi_b$ が求められる。得られた結果を合わせて示せば

$$\tan\varphi_a=\frac{\sin\varphi}{1/\varepsilon+\cos\varphi},\quad \tan\varphi_b=\frac{\sin\varphi}{\varepsilon+\cos\varphi} \tag{8.45}$$

となる。

円すい車が内接触する図 8.11（b）の場合には，式（8.41）の条件は

$$\varphi=\varphi_b-\varphi_a \tag{8.46}$$

で置き換えられる。式（8.43）の条件はこのままである。式（8.43）と式（8.46）を解いて

$$\tan\varphi_a=\frac{\sin\varphi}{1/\varepsilon-\cos\varphi},\quad \tan\varphi_b=\frac{\sin\varphi}{\varepsilon-\cos\varphi} \tag{8.47}$$

を得る。

円すい車のうち，特に 2 軸が直交する $\varphi=90°$ となるものが多く使われる。このとき内接触，外接触のいずれの円すい車に対しても，円すいの頂角の半分 φ_a と φ_b は，角速度比 $\varepsilon=\omega_b/\omega_a$ を用いて

$$\tan\varphi_a=\varepsilon,\quad \tan\varphi_b=\frac{1}{\varepsilon} \tag{8.48}$$

で与えられる。この場合の円すい車で $\varepsilon=1$ となるもの，すなわち $\varphi_a=\varphi_b=45°$ となる車は，**図 8.12** のようになる。1 組のこの車を**マイタ車**（miter wheels）という。

円すい車のもう一つ特別なものは，円すい車 B の頂角の半分 φ_b を $\varphi_b=90°$ とする場合で，このとき車 B は，**図 8.13** のように平面となる。これを**冠車**（crown wheel）という。冠車と転がり接触する円すい車 A の頂角の半分 φ_a を求めるには，外接触の場合の式（8.45）に $\varphi=90°+\varphi_a$ を代入し，$\tan\varphi_b=\infty$ となるように分母を 0 とおけばよい。この結果，φ_a を定める式として

$$\sin\varphi_a=\varepsilon \tag{8.49}$$

を得る。

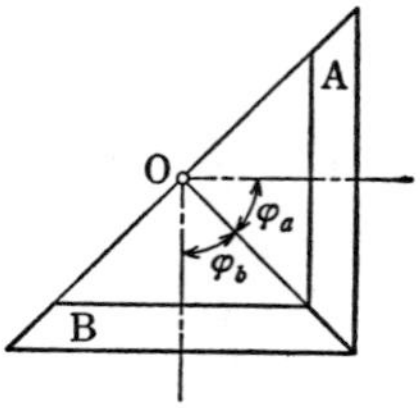

図 *8.12* マイタ車

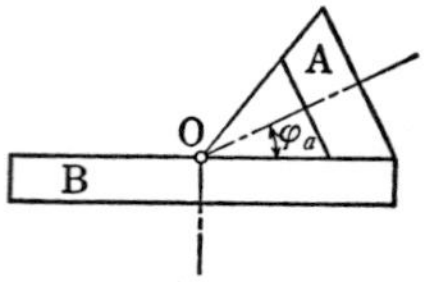

図 *8.13* 冠　車

【例題 *8.4*】 外接触する円すい車を用いて，120° をなして交わる 2 軸の間に 1/2 の角速度比で回転を伝えたい。円すい車の頂角の半分を何度にすればよいか。

［**解答**］ 角速度比 $\varepsilon=1/2$，2 軸のなす角 $\varphi=120°$ を式（*8.45*）に代入すると

$$\tan\varphi_a=\frac{\sin 120°}{2+\cos 120°}=0.577$$

を得る。この式から $\varphi_a=30°$ を得る。また $\varphi_b=120°-\varphi_a=90°$ を得る。

*8.8** 回転双曲面車

平行でなく交わりもしない 2 軸 O_aO_a，O_bO_b が与えられたとして，この 2 軸の間で，一定の角速度比 $\varepsilon=\omega_b/\omega_a$ の回転運動を伝える車を考える。

このための準備として，回転双曲面とは何かを調べておく。軸 OO のまわりに，軸に平行な直線 TT を回転させると，**図 *8.14***（*a*）のように直線 TT を母線とする円筒面ができる。これに対し軸 OO のまわりに，軸と平行でなく交わりもしない直線 TT を回転させると，直線 TT を母線とする図（*b*）のような曲面ができる。これが**回転双曲面**（hyperboloid of revolution）である。軸 OO を含む平面でこの曲面を切ると切り口が双曲線となることから，この曲面をこのように呼ぶ。回転双曲面を，最も くびれた所で軸に垂直な平面で切ったとき得られる切り口の円を**のど円**（gorge circle）という。

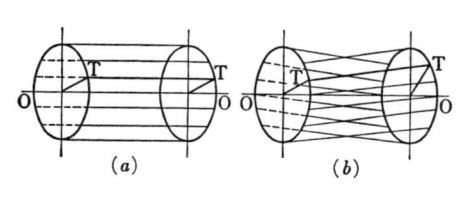

図 *8.14* 円筒面と回転双曲面

第 2 の準備として，与えられた 2 軸 O_aO_a，O_bO_b の位置関係を規定する量を調べる。2 軸 O_aO_a，O_bO_b が**図 *8.15*** のように与えられたとする。この図の軸 O_bO_b 上に任意の点 I をとり，この点を通って O_aO_a に平行な直線 $O_a'''O_a'''$ を引くと，直線 $O_a'''O_a'''$ と

O_bO_b は一つの平面を定める。これを平面［B］とする。平面［B］に平行で，直線 O_aO_a を含む平面を定め，これを平面［A］とする。軸 O_aO_a を平面［B］に垂直に投影して直線 $O_a''O_a''$ を平面［B］上に定めると，この直線は O_bO_b とある角 φ をなして交わる。φ は 2 軸 O_aO_a と O_bO_b のなす角ということができる。これが，2 軸 O_aO_a，O_bO_b の位置関係を規定する第 1 の量である。直線 $O_a''O_a''$ と軸 O_bO_b の交点を B_0 とし，点 B_0 から平面［B］上に立てた垂線を平面［A］と交わらせると，その交点 A_0 は軸 O_aO_a 上にあり，直線 A_0B_0 は軸 O_aO_a と O_bO_b の共通法線となる。明らかに $\overline{A_0B_0}=l$ は 2 軸間の最短距離となる。この距離 l が 2 軸 O_aO_a，O_bO_b の位置関係を規定する第 2 の量である。

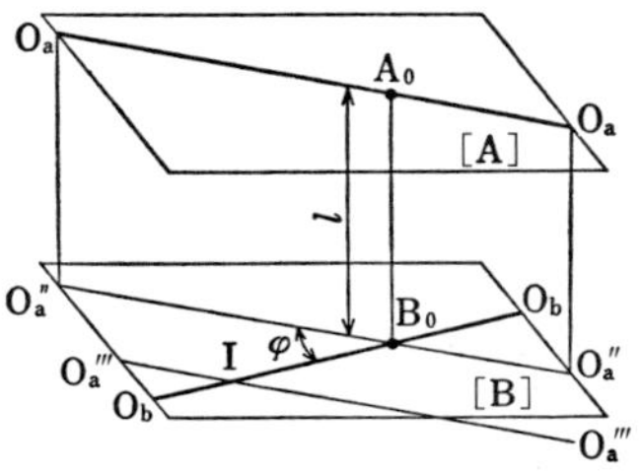

図 *8.15* 平行でなく交わらない 2 軸

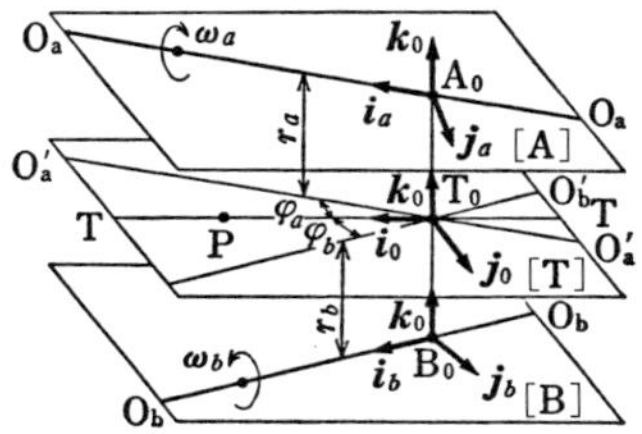

図 *8.16* 二つの回転双曲面の決定

以上の準備をしておいて，図 *8.15* と同じ 2 軸 O_aO_a，O_bO_b を軸とする二つの回転双曲面を，**図 *8.16*** に示すように定めよう。まず直線 A_0B_0 上に平面［A］，［B］からの距離が r_a，r_b である点 T_0 を定める。r_a，r_b は

$$l=r_a+r_b \tag{8.50}$$

を満たす。r_a，r_b の個々の値はさしあたって未定としておく。つぎに点 T_0 を通って，平面［A］，［B］に平行にもう一つの平面［T］を定め，この平面上に，点 T_0 を通って軸 O_aO_a，O_bO_b と角 φ_a，φ_b をなす直線 TT を引く。φ_a，φ_b は

$$\varphi=\varphi_a+\varphi_b \tag{8.51}$$

を満たす。φ_a，φ_b の個々の値もさしあたって未定としておく。直線 TT を軸 O_aO_a，O_bO_b まわりにそれぞれ回転すれば，直線 TT を母線とする二つの回転双曲面 A，B が得られ，これらは直線 TT でたがいに接触する。

上で定めた曲面 A，B をそれぞれ軸 O_aO_a，O_bO_b まわりに角速度 ω_a，ω_b で回転させるとき，二つの曲面は直線 TT 上でどのような接触となるかを考える。このため，直線 TT 上に点 T_0 から任意の距離 r だけ離れた点 P を定め，点 P を，曲面 A 上の点と見なすときの速度 $\boldsymbol{v}_a$ と曲面 B 上の点と見なすときの速度 $\boldsymbol{v}_b$ を比較する。もし $\boldsymbol{v}_a$ と $\boldsymbol{v}_b$ が完全に一致すれば，曲面 A，B は転がり接触することになる。速度 $\boldsymbol{v}_a$，$\boldsymbol{v}_b$ を求めるのに，ここではベクトルによる数式解法を用いる。得られた結果から速度 $\boldsymbol{v}_a$，$\boldsymbol{v}_b$ の差を導き，転がり接触の可能性を調べる。

図 *8.16* に示すように，軸 O_aO_a，軸 O_bO_b，直線 TT に沿って単位ベクトル $\boldsymbol{i}_a$，$\boldsymbol{i}_b$，$\boldsymbol{i}_0$ を定める。直線 B_0A_0 に沿って単位ベクトル $\boldsymbol{k}_0$ を定める。さらに $\boldsymbol{i}_a$ と $\boldsymbol{k}_0$，$\boldsymbol{i}_b$ と $\boldsymbol{k}_0$，$\boldsymbol{i}_0$ と $\boldsymbol{k}_0$ のそれぞれ直角方向に単位ベクトル $\boldsymbol{j}_a$，$\boldsymbol{j}_b$，$\boldsymbol{j}_0$ を定める。軸 O_aO_a，O_bO_b の方向に大きさ ω_a，ω_b の角速度ベクトルを導入し，それを $\boldsymbol{\omega}_a$，$\boldsymbol{\omega}_b$ とおくと

$$\boldsymbol{\omega}_a=\omega_a\boldsymbol{i}_a,\quad \boldsymbol{\omega}_b=\omega_b\boldsymbol{i}_b \tag{8.52}$$

となる。*4* 章で述べた角速度ベクトルと速度の関係から，速度 $\boldsymbol{v}_a$，$\boldsymbol{v}_b$ は

$$\left.\begin{aligned}\boldsymbol{v}_a&=\boldsymbol{\omega}_a\times\overrightarrow{A_0P}=\omega_a\boldsymbol{i}_a\times(-r_a\boldsymbol{k}_0+r\boldsymbol{i}_0)\\ \boldsymbol{v}_b&=\boldsymbol{\omega}_b\times\overrightarrow{B_0P}=\omega_b\boldsymbol{i}_b\times(r_b\boldsymbol{k}_0+r\boldsymbol{i}_0)\end{aligned}\right\} \tag{8.53}$$

で与えられる。$\boldsymbol{i}_a$，$\boldsymbol{i}_b$ を $\boldsymbol{i}_0$，$\boldsymbol{j}_0$ を用いて表すと

$$\left.\begin{aligned}\boldsymbol{i}_a&=\cos\varphi_a\boldsymbol{i}_0-\sin\varphi_a\boldsymbol{j}_0\\ \boldsymbol{i}_b&=\cos\varphi_b\boldsymbol{i}_0+\sin\varphi_b\boldsymbol{j}_0\end{aligned}\right\} \tag{8.54}$$

が得られる。これを式（*8.53*）に代入すると，$\boldsymbol{v}_a$，$\boldsymbol{v}_b$ が $\boldsymbol{i}_0$，$\boldsymbol{j}_0$，$\boldsymbol{k}_0$ で表される。その結果を用いて速度 $\boldsymbol{v}_a$，$\boldsymbol{v}_b$ の差 $\boldsymbol{v}_a-\boldsymbol{v}_b$ を求めると

$$\begin{aligned}\boldsymbol{v}_a-\boldsymbol{v}_b=&(r_a\omega_a\sin\varphi_a+r_b\omega_b\sin\varphi_b)\boldsymbol{i}_0\\ &+(r_a\omega_a\cos\varphi_a-r_b\omega_b\cos\varphi_b)\boldsymbol{j}_0\\ &+r(\omega_a\sin\varphi_a-\omega_b\sin\varphi_b)\boldsymbol{k}_0\end{aligned} \tag{8.55}$$

となる。

曲面 A，B が転がり接触するのは，上式の速度差 $\boldsymbol{v}_a-\boldsymbol{v}_b$ が 0 となる場合，したがって $\boldsymbol{i}_0$，$\boldsymbol{j}_0$，$\boldsymbol{k}_0$ の係数がすべて 0 となるときである。角速度比 $\varepsilon=\omega_b/\omega_a$ が与えられているとき，ここで自由に加減できる量は r_b/r_a，φ_b/φ_a の二つの量であるから，$\boldsymbol{i}_0$，$\boldsymbol{j}_0$，$\boldsymbol{k}_0$ の三つの係数をすべて 0 にすることは一般にはできない。このようにして，二つの回転双曲面 A，B は，厳密な意味では転がり接触となり得ない。ここではもう少し緩やかな意味の転がり接触を考える。曲面 A，B は，$\boldsymbol{i}_0$ の方向には滑りを伴うが，$\boldsymbol{j}_0$ および $\boldsymbol{k}_0$ の方向に転がるとする。曲面 A，B がこのような接触をするためには，式（*8.55*）の $\boldsymbol{j}_0$ と $\boldsymbol{k}_0$ の係数が 0 となればよいから，これらの係数を 0 とおくと，$\boldsymbol{j}_0$ の係数から

$$\varepsilon=\frac{r_a\cos\varphi_a}{r_b\cos\varphi_b} \tag{8.56}$$

を，$\boldsymbol{k}_0$ の係数から

$$\varepsilon=\frac{\sin\varphi_a}{\sin\varphi_b} \tag{8.57}$$

を得る。

先に直線 TT を定めるとき，r_a，r_b および φ_a，φ_b の値を未定としておいた。そこで φ_a，φ_b の値を，式（*8.51*），（*8.57*）を満たすように

$$\tan\varphi_a=\frac{\sin\varphi}{1/\varepsilon+\cos\varphi},\quad \tan\varphi_b=\frac{\sin\varphi}{\varepsilon+\cos\varphi} \tag{8.58}$$

と定め，また r_a，r_b の値を，式（*8.50*）と式（*8.56*）を満たすように

$$r_a = l\frac{\varepsilon+\cos\varphi}{1/\varepsilon+2\cos\varphi+\varepsilon},\quad r_b = l\frac{1/\varepsilon+\cos\varphi}{1/\varepsilon+2\cos\varphi+\varepsilon} \tag{8.59}$$

と定める。これらの値を用いて直線 TT を定め，上述のように二つの回転双曲面を作れば，この形状の車は，直線 TT の方向には滑りを伴うが，直線 TT に垂直な断面で見ると転がり接触する。このときの車は**図 *8.17*** のような形状となり，これによって 2 軸 O_aO_a，O_bO_b の間に回転運動を伝えることができる。これを**回転双曲面車**（hyperbolic wheel）という。なお直線 TT 方向の滑り速度 v_s は式（*8.55*）の $\boldsymbol{i}_0$ の係数で与えられ

$$v_s = r_a\omega_a \sin\varphi_a + r_b\omega_b \sin\varphi_b \tag{8.60}$$

となる。

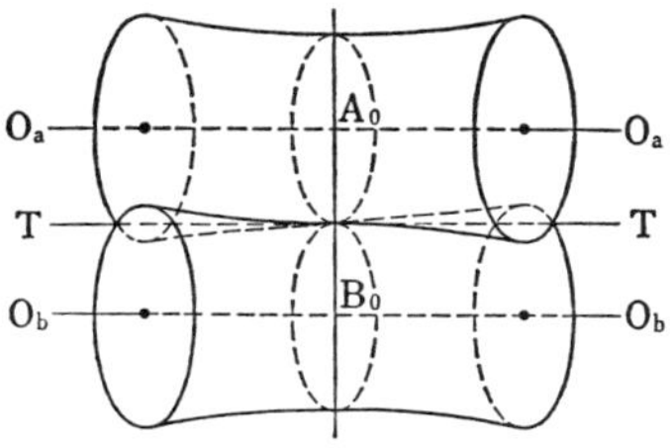

図 *8.17*　回転双曲面車

回転双曲面車は特別な場合として，2 軸が平行となる $\varphi=0$ の場合および 2 軸が交わる $l=0$ となる場合を含む。$\varphi=0$ の場合，式（*8.58*）から $\varphi_a=\varphi_b=0$ が得られ，式（*8.59*）は式（*8.33*）に帰着される。また $l=0$ の場合，式（*8.59*）から $r_a=r_b=0$ が得られ，式（*8.58*）は式（*8.45*）に帰着される。これらのいずれの場合も，式（*8.60*）から $v_s=0$ となって滑りがなくなることがわかる。

演　習　問　題

〔*1*〕 放物線は，だ円の二つの焦点のうち一つを無限遠に離した場合の曲線と考えることができる。これを知って，**図 *8.18*** に示すような放物線車が転がり接触し得ることを示せ。

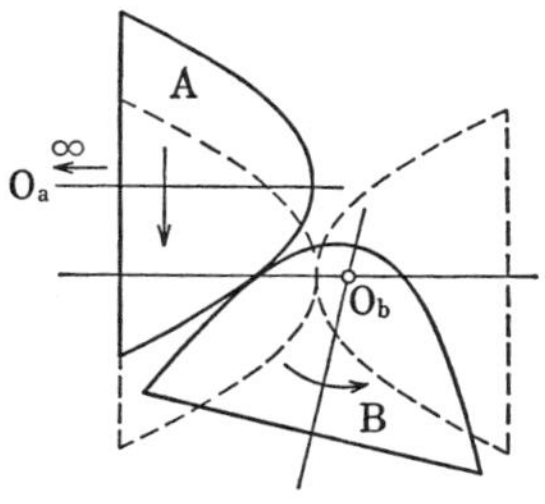

図 *8.18*　放物線車

〔*2*〕 400 mm 離れた平行な 2 軸の間に円筒摩擦車で回転を伝えたい。角速度比を 1/3 とするには，摩擦車の直径を何 mm にすればよいか。

〔*3*〕 長軸 120 mm，短軸 60 mm の二つのだ円を転がり接触させるとき，軸間距離，角速度比の最大値および最小値を求めよ。

〔*4*〕 400 mm 離れた平行な 2 軸の間に木の葉車を用いて回転を伝えたい。角速度比が前半回転する間に 1/3 から 3 に，後半回転する間に 3 から 1/3 に変化するような木の葉車の輪郭を求めよ。

〔*5*〕 直交する 2 軸の間で円すい車によって回転を伝えたい。原動車の頂角の半分を 40° とすると，角速度比はいくらとなるか。

9

歯　　車

この章では，滑り接触を利用した伝動機構である歯車を取り上げる。歯車の定義を与えた後，歯車の種類について述べ，つぎに，これらのうち最も基本的な平歯車の歯形がどのように作られているかを考える。

9.1 歯　　車

8 章で，2 軸の間で回転運動を伝える機構として，円筒摩擦車と一般の形の転がり接触車を考えた。このうち，円筒摩擦車は，伝動が摩擦によって行われるため大きな動力を伝えるのに適さず，また滑りのため角速度比を一定に保つことが難しいという不利な点を持つ。また転がり接触車は，原動節の 1 回転中に確実伝動でないときが現れるため，利用にあたって工夫しなければならないという不利な点を持つ。

2 軸の間で回転運動を確実に伝える機構として，**歯車**（toothed wheels, gears）がある。歯車を定義するため，断面図が**図 *9.1*** のようになる伝動機構を考える。図（*a*）は転がり接触車を表す。この車の転がり面上に，図（*b*）のように，適当な突起を付ける。歯車とは，突起と突起のかみ合いによって伝動を確実なものとし，運動そのものは転がり面の転がり接触と同じにする伝動機構をいう。歯車に付けた突起を**歯**（tooth）という。

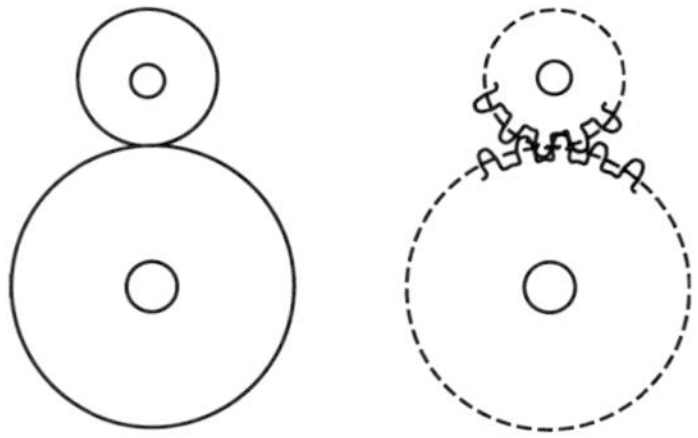

図 9.1　転がり接触車と歯車

上述のように，歯車に対しては，歯車の運動と同じになる転がり接触車を想定する。この転がり接触車の転がり面を**ピッチ面**（pitch surface）という。ピッチ面が円筒形あるいは円すい形であるとき，これを特に**ピッチ円筒**（pitch cone）あるいは**ピッチ円すい**（pitch cylinder）という。たがいにかみ合う二つの歯車のピッチ面はその母線で接する。これを**ピッチ母線**（pitch surface）という。歯車の軸に垂直な断面でピッチ面を切断して得られる曲線を**ピッチ線**（pitch line）という。ピッチ円筒あるいはピッチ円すいの歯車のピッチ線は円となるので，これを特に**ピッチ円**（pitch circle）という。二つの歯車のピッチ線が接触する点を**ピッチ点**（pitch point）という。

歯車によって運動を伝えるとき，歯と歯の接触点では転がりの条件を満たさず，滑りを伴う。このように歯車は，滑り接触を利用した伝動機構であるということができる。

9.2 歯 車 の 種 類

歯車には多くの種類があり，分類法もいろいろある。ここでは，どのような位置関係の 2 軸に用いるかによって歯車を分類する。実用となっている歯車のほとんどは，ピッチ線が円の歯車であるから，ここでは，そのような歯車だけを取り上げる。

9.2.1 円 筒 歯 車

運動を伝えたい2軸が平行な場合，ピッチ面は円筒となる。この円筒に歯をつけた歯車を，**円筒歯車**（cylindrical gear）あるいは**平行軸歯車**という。

円筒歯車のうちで，**図 *9.2*** のように，歯筋が軸に平行な直線である歯車を**平歯車**（spur gear）という。この平歯車をかみ合いの仕方で分類すると，図9.2（*a*）のように，ピッチ円筒が外側どうしでかみ合う**外かみ合い歯車**（external gears）と，図（*b*）のように，大きい方のピッチ円筒の内側が，小さい方のピッチ円筒とかみ合う**内かみ合い歯車**（internal gears）に分けられる。いずれの場合にも，かみ合う歯車のうち，大きい方の歯車を**大歯車**あるいは**ギヤ**（gear）といい，小さい方の歯車を**小歯車**あるいは**ピニオン**（pinion）という。大歯車のピッチ円筒の半径が無限大になると，このピッチ円筒は平面になる。このときの大歯車を**ラック**（rack）といい，ピニオンとのかみ合いは**図 *9.3*** のようになる。

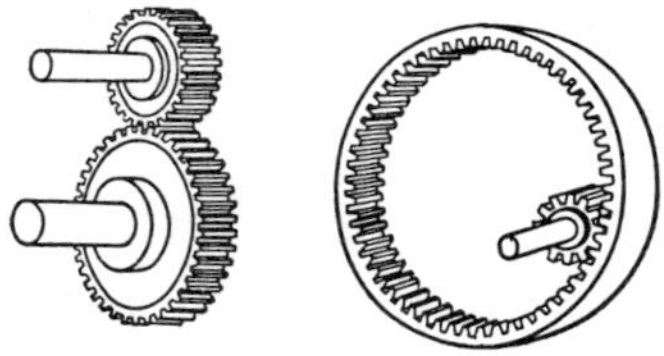

(*a*)　　(*b*)

図 *9.2* 平 歯 車

図 *9.3* ラックとピニオン

平歯車を軸に直角な断面で切断し，それぞれの歯車を，**図 *9.4*** に示すように，一定角度だけずらして固定した形の歯車を用いると，同時にかみ合う歯数が増加して動力の伝達が円滑になる。この歯車を**段歯車**（stepped gear）という。この段歯車において，**図 *9.5*** のように，段の数を無限にし，歯をピッチ円筒上につる巻線状に巻付けたと考えられる歯車を**はすば歯車**（helical gear）という。はすば歯車を用いるとき，歯すじのねじれのため，軸方向に推力を生じる。この推力を打ち消すため，**図 *9.6*** のように，つる巻線のねじれの方向を正逆にしたものを組み合わせた歯車を**やまば歯車**（double helical

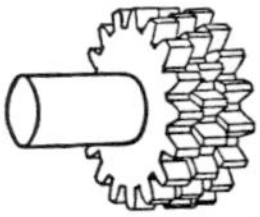

図 9.4 段 歯 車

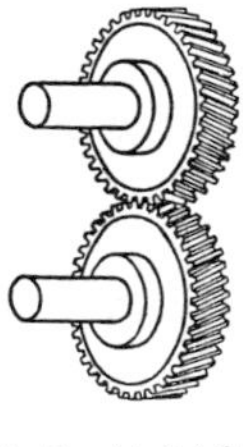

図 9.5 はすば歯車

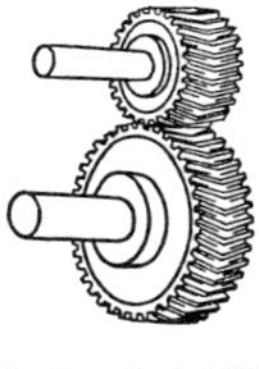

図 9.6 やまば歯車

gear）という。

9.2.2 傘 歯 車

運動を伝えたい2軸が1点で交わる場合，歯車のピッチ面は円すいとなる。この円すいに歯をつけた歯車は形状が傘のようになるので，これを**傘歯車**（bevel gear）という。傘歯車のうち，**図 9.7**のように，歯すじがピッチ円すいの頂点を通る直線である歯車を**直歯(すぐば)傘歯車**（straight bevel gear）という。また歯すじが直線ではあるが，ピッチ円すいの頂点を通らないものを**はすば傘歯車**（skew bevel gear）という。さらに歯すじが曲線である歯車を**曲がりば傘歯車**（curved bevel gear）という。

図 9.7 直歯傘歯車

傘歯車の実際の使用例で多いのは，運動を伝えたい2軸のなす角度が90°で，歯数の等しい傘歯車を組み合わせた場合である。この組み合わせを**マイタ歯車**（miter gears）という。またピッチ円すいの頂角が180°をなし，したがってピッチ面が平面となる傘歯車を特に**冠(かんむり)歯車**（crown gear）という。

9.2.3 食違い軸歯車

運動を伝えたい2軸が，平行でなく交わりもしない場合の歯車のピッチ面は，*8*章で述べたように回転双曲面となる。この回転双曲面に歯をつけた歯車を，**食違い軸歯車**（skew gears, hyperboloidal gears）という。食違い軸歯車は，製作が困難なためほとんど用いられない。

食違い軸歯車に代わる近似的なものが実用になっている。一つは，回転双曲面ののど円からはずれた短い部分を近似的に円すいで置き換え，この二つの円すいをピッチ面とし，これに歯をつけた歯車である。したがって，このときのピッチ面は，その母線で接するのではなく，母線上の１点で点接触することになる。このような歯車を**ハイポイド歯車**（hypoid gears）という。

食違い軸歯車に変わるもう一つの近似的なものは，回転双曲面ののど円部を近似的に円筒面で置き換え，これをピッチ面として１点で点接触させ，このピッチ面に歯をつけた歯車である。これを**ねじ歯車**（screw gears）という。なお１対のねじ歯車から一つだけを取り出してみれば，それははすば歯車である。

１対のねじ歯車の小歯車の歯数を１枚ないし数枚にすると，小歯車はねじ状のものとなり，形が虫に似るので，これを**ウォーム**（worm）という。これとかみ合う大歯車を**ウォーム車**（worm wheel）という。ウォームとウォーム車を組み合わせたものを**ウォーム歯車**（worm gears）という。

9.3　歯車各部の用語

図 9.8 に平歯車の一部を示す。この歯車を例にして，歯車各部の用語を述べる。平歯車はピッチ円筒に歯を設けたものであることは前述した。歯の表面のかみ合いに関与する部分を**歯面**（tooth surface）といい，このうち，ピッチ円筒の外側にある歯面を**歯末**（はすえ）**の面**（tooth face），内側にある歯面を**歯元**（はもと）**の面**（tooth flank）という。

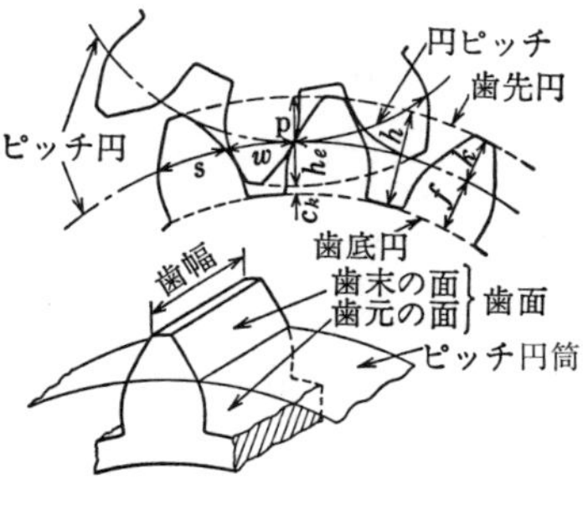

図 9.8　歯車の用語

平歯車では，歯の形状を，歯車の軸に垂直な断面を用いて論ずることができるので，以下，断面で考える。断面で考えるとき，ピッチ円筒はピッチ円となる。ピッチ円から外側にある歯の高さ k を**歯末の丈**（たけ）（addendum），ピッチ円から歯底までの深さ f を**歯元の丈**（dedendum）といい，歯先をつなぐ円を**歯先円**（addendum circle），歯の根元をつなぐ円を**歯底円**（dedendum circle）という。歯末の丈 k と歯元の丈 f を加えた $h=f+k$ を**全歯丈**（whole depth）という。歯元の丈 f からかみ合う相手の歯末の丈 k' を引いた $c_k=f-k'$ を**頂げき**（radical clearance），1組の歯車の歯末の丈の和 $h_e=k+k'$ を**有効歯丈**（working depth）という。

ピッチ円上で測った歯の厚さ s を**歯厚**（はあつ）（tooth thickness）という。かみ合っている歯の間に適当なすき間を設けるため，歯厚 s はピッチ円上で測った**歯溝の幅**（space thickness）w よりやや小さくしてある。歯厚 s と歯溝の幅 w の差 $c_0=w-s$ を**バックラッシ**（backlash）という。歯車の軸方向に測った歯の長さを**歯幅**（ははば）（face width）という。

頂げきやバックラッシは，動きのある物体間に避けられない**がた**（play）である。がたは理想的な場合にはないほうがいいが，まったくがたがないと，小さな金屑や軸のわずかな曲がりなどで動けなくなってしまうので，がたをどの程度とするかは設計者が苦心するところである。

ピッチ円上で測った，隣り合う二つの歯の対応する点の間の距離 p を**円ピッチ**（circular pitch）という。円ピッチ p は，歯の大きさを決める基礎になる寸法である。歯数を z，ピッチ円の直径を d とするとき，円ピッチ p は

$$p=\frac{\pi d}{z} \tag{9.1}$$

となる。この式で直径 d を有理数にとるとき，p は無理数となるので，p を歯の大きさの基準寸法とすると不便である。そこで

$$m=\frac{d}{z} \tag{9.2}$$

で与えられる量を考える。この式で d を mm の単位で表したものを**モジュール**（module）と名づけ，ふつうこれを歯車の大きさの基準寸法として用いる。

【例題 9.1】 モジュール 2 mm の1組の平歯車を，角速度比 3.0 となるようかみ合わせたい。中心間距離を 72 mm として，この1組の歯車の歯数を求めよ。

［**解答**］ 問題の1組の平歯車をA，Bとおく。平歯車A，Bの直径をそれぞれ d_a，d_b 歯数をそれぞれ z_a，z_b とする。角速度比 $\omega_b/\omega_a=3.0$ となることから，d_a，

d_b は

$$\frac{\omega_b}{\omega_a}=\frac{d_a}{d_b}=3.0 \qquad (a)$$

を満たさなければならない。また中心間距離が 72 mm となることから，d_a，d_b は

$$\frac{1}{2}(d_a+d_b)=72 \qquad (b)$$

を満たさなければならない。式（a），（b）を解いて

$$d_a=108\ \mathrm{mm},\quad d_b=36\ \mathrm{mm}$$

を得る。この値と式（9.2）の関係から，歯数 z_a，z_b は

$$z_a=\frac{108}{2}=54,\quad z_b=\frac{36}{2}=18$$

となる。

9.4 歯形の定め方

前述のように，歯車は，ピッチ面が転がり接触するときと同じ運動をするように，ピッチ面上に歯を設けたものである。歯車がこのような運動をするため，歯形をどのように定めたらよいかは歯車の基本問題である。ここでは，運動を伝えたい2軸が平行で，歯すじが軸に平行である，最も基本的な歯車について，歯形がどのように定められるかを考えよう。

9.4.1 滑り接触による角速度比

準備として，滑り接触している二つの節の角速度比がどのように与えられるかを考える。

図 9.9 の節 A，B は，点 O_a，O_b を回転中心として，それぞれ角速度 ω_a，ω_b で回転運動し，点 C で接触を保っているものとする。点 C を節 A 上の点と考えれば，点 C の速度ベクトル $\overrightarrow{\mathrm{Ca}}$ は，大きさは $\overline{\mathrm{O_aC}}\,\omega_a$ で方向は直線 O_aC に直角である。点 C を節 B 上の点と考えれば，点 C の速度ベクトル $\overrightarrow{\mathrm{Cb}}$ は，大きさは $\overline{\mathrm{O_bC}}\,\omega_b$ で方向は

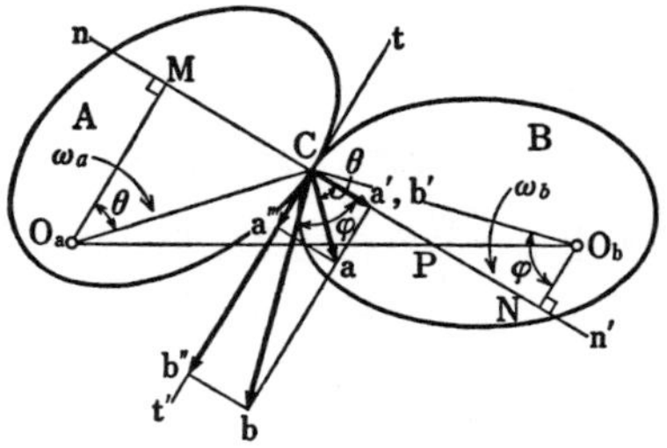

図 9.9　滑り接触する 2 節の角速度比

直線O_bCに直角である。二つの節A，Bが接触を保つためには，接触点Cにおける$\overrightarrow{Ca}$，$\overrightarrow{Cb}$の法線nn'方向の成分$\overline{Ca'}$，$\overline{Cb'}$が等しくなければならない。ベクトル$\overrightarrow{Ca}$，$\overrightarrow{Cb}$が法線nn'となす角をθ，φとおくと，このことから，二つの節A，Bが接触を保つための条件は

$$\overline{O_aC}\,\omega_a \cos\theta = \overline{O_bC}\,\omega_b \cos\varphi \qquad (9.3)$$

となる。この式から，二つの節A，Bの角速度比ω_b/ω_aを求めると

$$\frac{\omega_b}{\omega_a} = \frac{\overline{O_aC}\cos\theta}{\overline{O_bC}\cos\varphi} \qquad (9.4)$$

となる。

式(9.4)を書き直すため，点O_a，O_bから法線nn'に垂線を下ろし，その足をM，Nとおく。図から$\angle CO_aM=\theta$，$\angle CO_bN=\varphi$が得られるから，式(9.4)は

$$\frac{\omega_b}{\omega_a} = \frac{\overline{O_aM}}{\overline{O_bN}} \qquad (9.5)$$

となる。点O_a，O_bを結んだ中心連結線と法線nn'の交点をPとおくと，$\varDelta O_aMP$と$\varDelta O_bNP$が相似形になることから，上式の角速度比はさらに書き換えられ

$$\frac{\omega_b}{\omega_a} = \frac{\overline{O_aP}}{\overline{O_bP}} \qquad (9.6)$$

となる。この結果から，“節A，Bの角速度ω_a，ω_bの比は，接触点Cにおいて立てた節A，Bの法線が中心連結線O_aO_bと交わる点Pから点O_a，O_bまでの距離$\overline{O_aP}$，$\overline{O_bP}$の逆比に等しい”ということができる。もし点Pがつねに同じ位置にあれば，角速度比も一定となる。

【例題 9.2】 **図 9.10** に示す二つの節A，Bはつねに点接触する。この機構の節Aは円形で，円の中心Pから10 mm離れた点O_aを中心に回転する。また節Bは棒状で，節Aと接触する側は，節Bの回転中心O_bを通る直線である。点Pが直線O_aO_b上にあってO_aの右側にあるとき，および反対にO_aの左側にあるときのそれぞれについて，角速度比ω_b/ω_aを求めよ。2節の中心間距離$\overline{O_aO_b}$を60 mmとする。

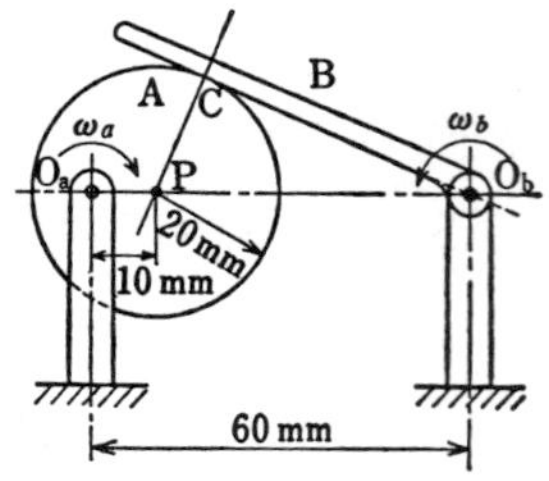

図 9.10　滑り接触する二つの節の角速度比

［**解答**］ 節 A，B の接触点 C において立てた節 A，B の法線は明らかに節 A の円の中心 P を通る。したがって点 P が直線 O_aO_b 上にあるとき，点 P はそのまま中心連結線と法線との交点に一致する。

まず図のように，点 P が点 O_a の右側にあるときは

$$\overline{O_aP}=10\ \text{mm},\quad \overline{O_bP}=50\ \text{mm}$$

となり

$$\frac{\omega_b}{\omega_a}=\frac{10}{50}=\frac{1}{5}$$

である。この場合の節 A，B の回転の向きは，図に示すようにたがいに反対である。

つぎに点 P が点 O_a の左側にあるときは

$$\overline{O_aP}=10\ \text{mm},\quad \overline{O_bP}=70\ \text{mm}$$

となり

$$\frac{\omega_b}{\omega_a}=\frac{10}{70}=\frac{1}{7}$$

である。この場合の節 A，B の回転の向きは同じである。

9.4.2　歯形の機構学的必要条件

歯形が満たすべき条件を求めるため，**図 *9.11*** に示すように，点 O_a，O_b を回転中心とし，点 P で接触するピッチ線 P_aP_a'，P_bP_b' を想定する。ピッチ線は転がり曲線であれば円と限る必要はない。これに 1 対の歯をつけ，点 C で接触させる。接触点 C において歯に立てた共通法線と中心連結線 O_aO_b の交点を P′ とすると，*9.4.1* 項の議論から，歯と歯の接触によって伝えられる回転運動の角速度比 ω_b/ω_a は

$$\frac{\omega_b}{\omega_a}=\frac{\overline{O_aP'}}{\overline{O_bP'}} \tag{9.7}$$

となる。一方，点 P で転がり接触するピッチ線の角速度比 ω_b/ω_a に，*8* 章の式（*8.2*）により

$$\frac{\omega_b}{\omega_a}=\frac{\overline{O_aP}}{\overline{O_bP}} \tag{9.8}$$

となる。歯車では，歯の接触によって伝えられる回転運動と，想定したピッチ線で伝えられる回転運動

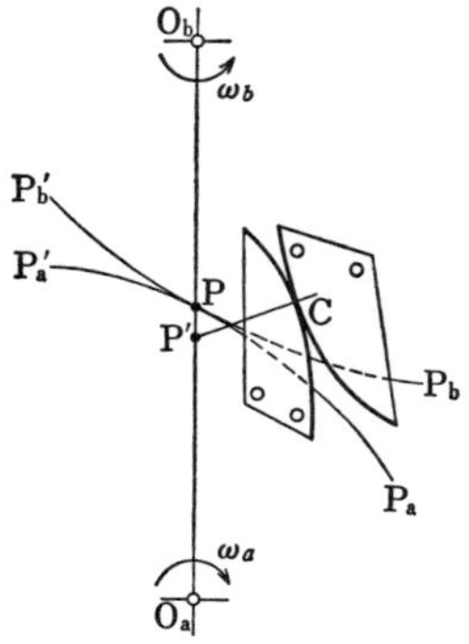

図 9.11　歯形の条件

が同じにならなければならない。したがって式 (9.7) と式 (9.8) で与えられる ω_b/ω_a は一致しなければならないので，点 P′ と点 P は一致しなければならない。このようにして，歯形が満たすべき条件は，“任意の瞬間に歯と歯の接触点において歯形に立てた法線が，その瞬間のピッチ点を通ることである”ことがわかる。これは，フランスの数学者**カミュ** (E. L. Camus) によってはじめて示されたもので，歯形理論の基礎をなす。

点 O_a，O_b を回転中心とするピッチ線が転がり接触しながら 1 方向に回転する間，つねに上の条件を満たす歯形が求められれば，これをピッチ線上に固定して，かみ合い可能な 1 対の歯形を得る。

実際の歯車は 1 対の歯形から作られるわけではない。かみ合い可能な歯形のうち，後に述べるように，実用上都合のいい部分だけを歯車の歯形として用いる。その結果，この歯形のかみ合いによって伝えられる回転運動は，1 周のうちの短い角度に限られてくる。そのため，同じ方向の回転に対し，かみ合い可能な第二の 1 対の歯形を求め，第一の歯形がかみ合いを終える前に，第二の歯形がかみ合いを始めるように，この歯形をピッチ線上に固定する。さらに第三，第四の対になった歯形を求めておき，ピッチ線が 1 周する間，つねに，少なくとも一つ前の歯形がかみ合いを終えるまでに，つぎの歯形がかみ合いを始めるようにしておく。このようにして，歯車は回転運動を連続して伝える。

歯車は，1 方向の回転だけでなく，逆方向の回転も伝えるように作られるのがふつうである。同じ数の歯形を正方向，逆方向の回転のために求め，一つの歯の両側面をそれぞれ正方向，逆方向の回転のための歯形にして歯車を作れば，この歯車によって，正方向，逆方向の回転運動を連続して伝えることができる。

9.4.3 歯形の求め方

9.4.2 項で，歯形が満たすべき機構学的条件を述べた。これを用いると，一方の歯形が与えられたとき，これとかみ合う相手の歯形を定めることができる。ここで歯形の求め方を考える。

図 9.12 は，点 O_a，O_b を回転中心とする二つの歯車 A，B のピッチ曲線

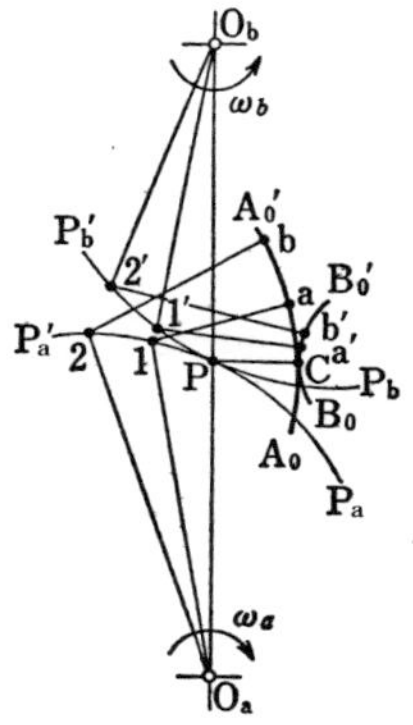

図 9.12　歯形の求め方

P_aP_a'，P_bP_b' および歯車 A の歯形 A_0A_0' が与えられたときの，歯車 B の歯形 B_0B_0' の求め方を示す。

ピッチ点 P から曲線 A_0A_0' に法線を引き，A_0A_0' との交点を C とすれば，歯形 B_0B_0' は点 C を通る。ピッチ線 P_aP_a' と P_bP_b' 上にそれぞれ点 1，2，… と点 1′，2′，… を，$\widehat{P1}=\widehat{P1'}$，$\widehat{12}=\widehat{1'2'}$，… となるよう適当な間隔でとると，歯車の回転によって点 1，2，… が順次直線 O_aO_b 上にくるとき，点 1′，2′，… も順次直線 O_aO_b 上にきてたがいに接触し，ピッチ点となる。したがって図の位置の点 1，2，… から歯形 A_0A_0' へ法線 1a，2b，… を下ろせば，点 a，b，… は点 1，2，… がピッチ点となる瞬間の接触点を表す。そこで点 1′，2′，… を通る直線を

$$\left.\begin{array}{ll} \angle O_a1a+\angle O_b1'a'=180°, & \overline{1a}=\overline{1'a'} \\ \angle O_a2b+\angle O_b2'b'=180°, & \overline{2b}=\overline{2'b'} \\ \cdots\cdots & \end{array}\right\} \qquad (9.9)$$

となるように引き，点 a′，b′ … を定めれば，a′，b′ … は歯形 B_0B_0' 上の点となる。点 C，a′，b′，… を滑らかな曲線で結べば，これが歯形 B_0B_0' となる。

9.4.4　歯形の実用的必要条件

歯形は機構学的な必要条件以外に，強度上，製作上あるいは利用上のいくつかの条件を満たさなければならない。おもな条件はつぎのようなものである。

（1）　歯の厚さは，歯底に近づくにつれて厚くなるのがよい。歯の根元のほうが薄いと折れやすくなる。

（2）　歯車が設計しやすく，また製作しやすいために，歯形は簡単で，性質のよく知られているものがよい。

（3）　歯車はできるだけ**互換かみ合い**（interchangeable gear）のできるものが望ましい。ここで互換かみ合いとは，円ピッチの同一な歯車が多数あるとき，どの二つの歯車を選んでもかみ合うことをいう。

歯形はまた，動力を効率よく伝えるための条件を満たさなければならない。動力の伝達を支配する大きな要因は**圧力角**（pressure angle）である。ここで圧力角とは，**図 9.13** に α で示す，接触点において歯形に立てた共通法線と，中心連結線に直角に引いた直線がなす角である。歯の接触によって伝達される力は，摩擦力が小さければほぼ共通法線の方を向く。したがって圧力角が小さいときは，原動節の歯車から従動節の歯車に加えられる力の方向は運動の方向に近くなり，効率よく回転運動が伝えられる。これに対し圧力角が大きいと，原動節の歯車から従動節の歯車にかかる力は，運動の方向の成分のほかに，中心連結線の方向の成分が大きくなり，軸受にかかる力が増大して，動力の損失が大きい。このように，歯形の条件として，圧力角が小さいことが要求される。

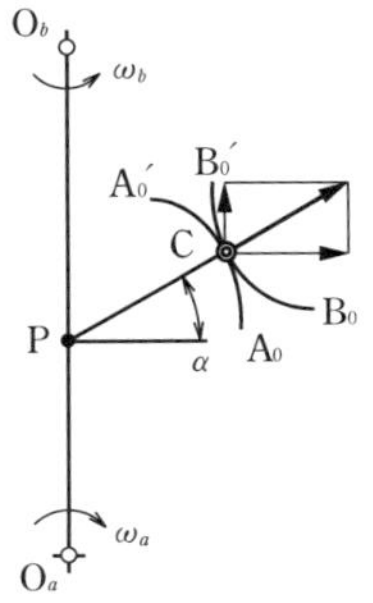

図 9.13 圧 力 角

9.5 平歯車の実用歯形

9.4 節で，歯形が満たすべき条件を考えたとき，ピッチ線は，転がり接触する曲線であれば特に制限は設けなかった。実際，種々のピッチ線を持つ歯形が考えられる。ただし現在実用とされている歯車のピッチ線は，ほとんどが円である。そこでこの節では，ピッチ線が円の場合について実用歯形を考える。簡単のため，歯車の種類としては，平歯車とする。

平歯車の歯形は，前節で示した各条件を満たせば任意のものでよいが，現在普通に用いられているものは，**サイクロイド歯形**（cycloid tooth profile）と**インボリュート歯形**（involute tooth profile）の二つである。このうちでも，インボリュート歯形は，サイクロイド歯形に比べて歯切りが容易などの利点を持つので多く用いられ，サイクロイド歯形は特別な場合にのみ用いられている。この節では，これら2種類の歯形を調べる。

9.5.1　サイクロイド歯形

サイクロイド歯形のもとになっているサイクロイド曲線について，まず述べる。**図 9.14** に示すように，**導円**（directing circle）と呼ぶ一つの円を平面に固定する。**転がり円**（rolling circle）と呼ぶ別の円を，導円に沿って，外側あるいは内側を転がす。このとき，転がり円の円周上に定めた任意の点Cは，空間にある軌跡を描く。転がり円を導円の外側を転がすときの軌跡を**外転サイクロイド**（epicycloids），内側を転がすときの軌跡を**内転サイクロイド**（hypocycloid）という。これらをまとめて**サイクロイド曲線**（cycloid curve）という。

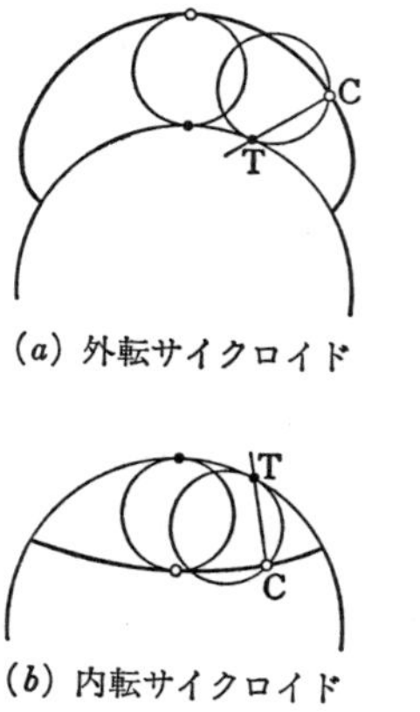

図 9.14　サイクロイド曲線

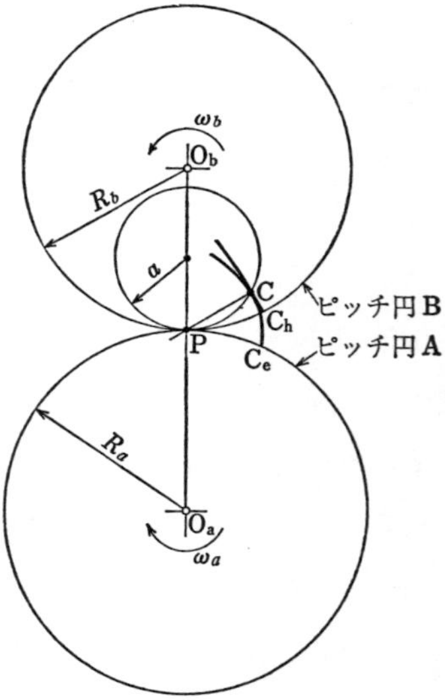

図 9.15　サイクロイド歯形

サイクロイド曲線上の任意の点の法線は，その点に転がり円上の点Cがきたときの転がり円と導円が接触する点Tを通ることが確かめられる。なぜなら，接触点Tは転がり円と導円の瞬間中心となっているからである。

上に定義したサイクロイド曲線を用いて歯形を作ることができることを，**図 9.15** を用いて考えよう。

図に示すように，ピッチ円A，Bを転がり接触させて回転させる場合を考える。両ピッチ円の接触点Pは，回転中心O_a，O_bを結んだ直線上の定点となる。半径aの転がり円をピッチ円Bの中におき，これも点Pでピッチ円A，Bと転がり接触させて回転させる。転がり円上に点Cを定める。ピッチ円A，Bおよび転がり円が以上のように点Pでたがいに転がり接触しながら回転するとき，点Cはピッチ円A，B上にある軌跡を描く。

いま述べた軌跡を求めるため，軌跡を描く相手である円A，Bは固定し，その代わり，相対運動を変えないよう転がり円の方を円A，Bに対して転がらせることにする。このように考えれば，点Cが円A，B上に描く軌跡はそれぞれA，Bを導円とする外転サイクロイドC_eと内転サイクロイドC_hであることがわかる。

曲線C_e，C_hをそれぞれピッチ円A，B上に固定すれば，これらの曲線は歯形の条件を満たすことを示そう。任意の瞬間において，ピッチ円A，Bと転がり円はピッチ点Pにおいて接触し，そのとき転がり円上の点Cはピッチ円A，Bに固定した曲線C_e，C_hの接触点となっている。前述したように，サイクロイド曲線の法線は転がり円と導円の接触点を通るから，接触点Cにおいて曲線C_e，C_hに立てた共通法線はピッチ点Pを通る。したがって曲線C_e，C_hは歯形の条件を満たしている。

上で定めた曲線C_e，C_hは，それぞれピッチ円A，Bの外側，内側にあるので，C_eを歯車Aの歯末の面，C_hを歯車Bの歯元の面とする。

つぎに半径a'の転がり円を，上の場合とは逆にピッチ円Aの中におき，点Pで接触させる。この転がり円上に点C′を固定する。上の場合と同じようにして，この点がピッチ円AとB上に描く軌跡によってそれぞれ内転サイクロイドC_h'と外転サイクロイドC_e'を定め，ピッチ円A，B上に固定する。上と同じ理由によって，曲線C_h'，C_e'を歯形とすることができる。そこでC_h'を歯車Aの歯元の面，C_e'を歯車Bの歯末の面とし，ピッチ円A，Bを中心O_a，O_bの回りに適当にずらすことによって，上で求めたC_e，C_hと連結すれば，歯車A，Bの歯形が定められる。以上によって，サイクロイド曲線を用いて，歯形を作るができた。得られた歯形をサイクロイド歯形という。

一つの歯車の歯末と歯元を決める転がり円の半径 a と a' は，機構学的には同一である必要はない。しかし歯車間に互換性を持たせようとするときは，同一でなければならない。これをつぎに示す。

三つの歯車 A，B，C を取り上げ，この三つのうちのどの二つの歯車もかみ合い可能であるとする。歯車 A の歯末と歯元を決める転がり円の半径をそれぞれ a と a' とする。歯車 A，B がかみ合うためには，B の歯末と歯元を決める転がり円の半径はそれぞれ a と a' でなければならない。同様に，歯車 A，C がかみ合うためには，歯車 C の歯末と歯元を決める転がり円の半径はそれぞれ a と a' でなければならない。最後に，歯車 B，C がかみ合うためには，B の歯末を決める転がり円の半径 a と C の歯元を決める転がり円の半径 a' は等しくならなければならない。このようにして $a=a'$ を得る。このことから，一つの歯車の歯末と歯元を決める転がり円の半径は，ふつう等しくとる。

サイクロイド歯形を定めるための転がり円の大きさは，機構学的には制限はないが，実用的には制限がある。図 **9.16**（a），（b），（c）は，転がり円の半径 a が，ピッチ円 B の半径 R_b に対し，それぞれ $a<(1/2)R_b$，$a=(1/2)R_b$，$a>(1/2)R_b$ となる場合の，歯車 B の歯元の面を表す。図（b）から明らかなように，$a=(1/2)R_b$ の場合，歯元はピッチ円の中心を通る直線となる。転がり円の半径がこれより大きいと，歯元の面は図（c）に示すようになって，この場合の歯車は根元で薄くなる。先に歯形の実用的必要条件の一つとして挙げたように，歯の根元が薄くなるのは不都合であるから，転がり円の半径

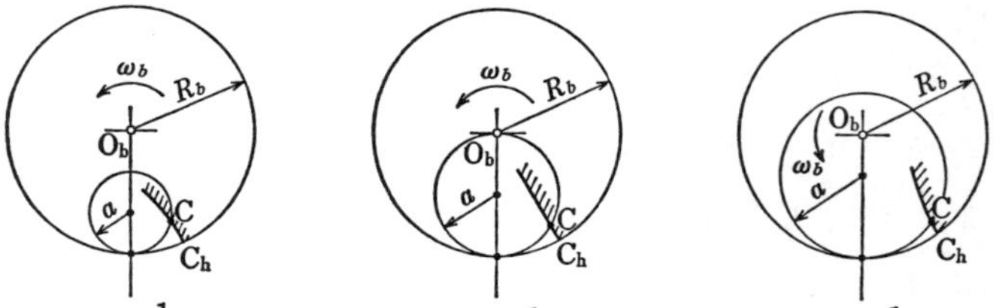

（a）$a<\frac{1}{2}R_b$　　（b）$a=\frac{1}{2}R_b$　　（c）$a>\frac{1}{2}R_b$

図 **9.16**　サイクロイド歯形と転がり円の大きさの関係

はピッチ円の半径の1/2以下にするのがよい。

9.5.2 インボリュート歯形

インボリュート歯形のもとになっているインボリュート曲線についてまず述べる。平面内に与えられた任意の曲線に糸を巻きつけ，その糸をたるまないように張力を与えながらほどいていくとき，糸の上の任意の1点は平面上にある曲線を描く。このような曲線を**インボリュート曲線**（involute curve）という。与えられた曲線が円であるときのインボリュート曲線は**図 9.17** のようになる。

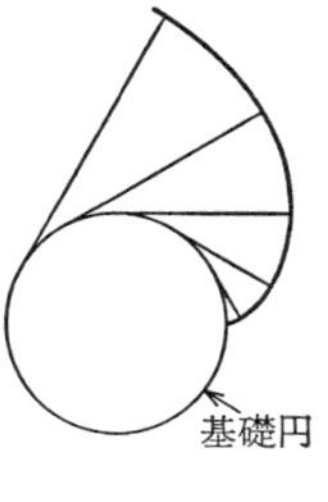

図 9.17 インボリュート曲線

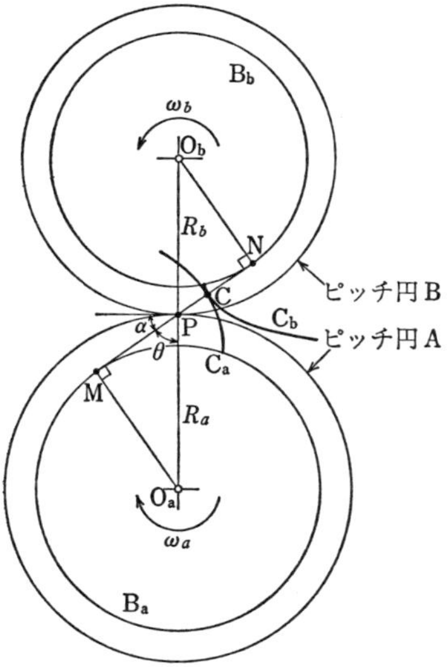

図 9.18 インボリュート歯車

歯車の場合には，円に対するインボリュート曲線が用いられる。このときの円を**基礎円**（base circle）という。以下，**図 9.18** によって，インボリュート曲線が歯車の歯形として用いることができることを示そう。

図に示すように，ピッチ円A，Bを転がり接触させ，接触点をPとする。点Pにおいて，中心連結線 O_aO_b と任意の角 θ をなす直線MNを引き，点 O_a，O_b から直線MNに下ろした垂線の足をM，Nとする。点 O_a，O_b を中心として，直線 MN を通る二つの円を描き，これらを円 B_a，B_b とする。円 B_a，B_b は直線 MN に接する。

円 B_a，B_b に糸を巻きつけ，この糸をゆるまないように結び付けて1本の糸とする。糸は直線 MN に沿って張られる。張られた糸は，ピッチ円 A，B を転がり接触して回転させるとき伸び縮みしない。これを示すため，ピッチ円 A，B の角速度をそれぞれ ω_a，ω_b とすると，転がり接触の条件から

$$\overline{O_aP}\cdot\omega_a=\overline{O_bP}\cdot\omega_b \tag{9.10}$$

が得られる。点 M，N における円 B_a，B_b の速度をそれぞれ v_m，v_n とおくと

$$v_m=\overline{O_aM}\cdot\omega_a,\quad v_n=\overline{O_bN}\cdot\omega_b \tag{9.11}$$

となる。これから速度比 v_m/v_n を求め，上式の関係を用いると

$$\frac{v_m}{v_n}=\frac{\overline{O_aM}\cdot\omega_a}{\overline{O_bN}\cdot\omega_b}=\frac{\overline{O_aM}}{\overline{O_bN}}\cdot\frac{\overline{O_bP}}{\overline{O_aP}} \tag{9.12}$$

を得る。$\varDelta O_aMP$ と $\varDelta O_bNP$ が相似形となることを用いれば，上式の右辺の値は1となり，$v_m=v_n$ となる。

糸が伸び縮みしないことが確認されたので，張られた糸の上に点 C を定め，ピッチ円 A，B を転がり接触させながら回転させると，張られた糸が移動し，点 C はピッチ円 A，B 上にそれぞれある軌跡を描く。これらの軌跡を求めるため，軌跡を描く相手である円 A，B をそれぞれ固定し，その代わりに，相対運動を変えないように，糸の方を巻きつけたりほどいたりする。このように考えれば，点 C がピッチ円 A，B 上に描く軌跡は，それぞれ円 B_a，B_b を基礎円とするインボリュート曲線 C_a，C_b であることがわかる。曲線 C_a，C_b をそれぞれピッチ円 A，B に固定すれば，曲線 C_a，C_b は歯形の条件を満たす。なぜなら，任意の瞬間において曲線 C_a，C_b は点 C で接触し，その共通法線は直線 MN となってピッチ点 P を通るからである。以上によって歯形が得られた。これがインボリュート歯形である。

インボリュート歯形は，サイクロイド歯形の場合と異なって，歯末，歯元の面とも同一のインボリュート曲線によって与えられる。

演 習 問 題

〔*1*〕 歯数18と45でモジュール3 mmの平歯車A，Bがかみ合っている。これらの歯車のピッチ円の直径 d_a，d_b，各歯車の軸の間の距離，円ピッチ p を求めよ。またこの歯車で回転が伝えられるときの角速度比を求めよ。

〔*2*〕 **図 *9.19*** の機構の角速度比 ω_b/ω_a を，$\omega_a t=45°$，$90°$，$135°$ となる三つの場合について，図式解法により求めよ。ただし $\overline{\mathrm{O_aO_b}}=40$ mm，$\overline{\mathrm{O_aC_a}}=15$ mm，$\overline{\mathrm{O_bC_b}}=40$ mm とし，また節A，Bの円形の部分の半径を $R_a=10$ mm，$R_b=20$ mm とする。

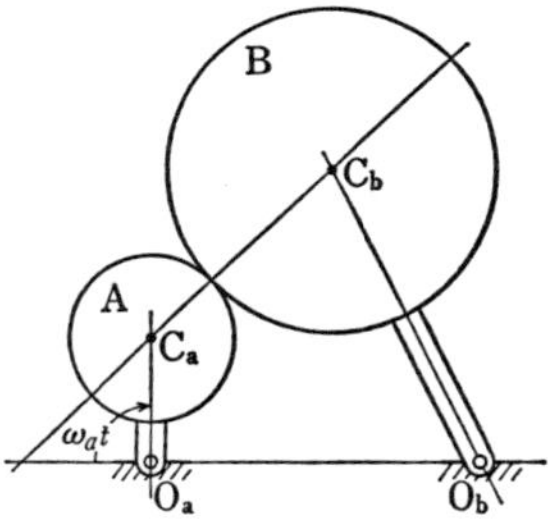

図 *9.19* 滑り接触する二つの節の角速度比

〔*3*〕 3瞬間中心の定理を用いて，歯形の機構学的必要条件が求められることを示せ。

〔*4*〕 一方の歯形を円弧とし，これとかみ合う歯形を図式解法によって求めよ。ただし円弧の中心は，ピッチ円外の歯形に対してはピッチ円内に，ピッチ円内の歯形に対してはピッチ円外に，それぞれあるものとする。

〔*5*〕 サイクロイド歯形とインボリュート歯形の特長を調べよ。

10

歯　車　装　置

2 軸の間で回転運動を伝えるための機構として，多数の歯車を順次かみ合わせて作った歯車装置がある。この章で，多数の歯車をどのようにかみ合わせると歯車装置となるか，歯車装置の原動節と従動節の角速度比はいくらになるかなどの問題を考える。

10.1 歯　　車　　列

2 軸の間で回転運動を伝えるのに，理論的には 1 対の歯車を用いてできる場合でも，実用的にはそれでは不便なことがしばしばある。例えば 2 軸間の距離が大きいと，大きな歯車を用いなければならない。また両軸間の角速度比が大きいと，大きさが著しく異なった歯車をかみ合わせなければならない。このようなとき，多数の歯車を順次かみ合わせて作った**歯車装置**（gear unit，gear system）を用いると，上述の不便を解消することができる。この歯車装置を得るため，このもとになる歯車列から議論を始めよう。

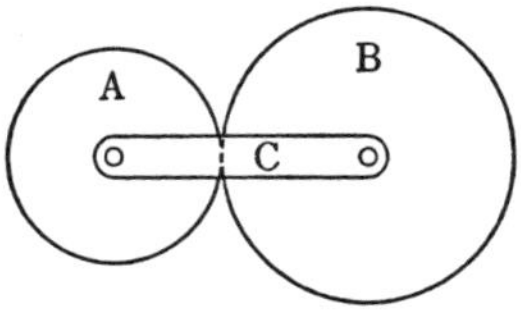

図 *10.1*　歯　車　列

歯車列（gear train）とは，順次かみ合った多数の歯車およびこれらの歯車の軸を支える**腕**（carrier）からなる連鎖である。図 ***10.1*** に歯車列の簡単な例を示す。この歯車列は三つの節 A，B，C からなり，A，B はかみ合った歯車，C はこれらの歯車の軸を支える腕である。

与えられた歯車列が機構となり得るかどうかを知るには，その歯車列の自由度を調べる必要がある。歯車列を構成する各節が平面運動する場合，この歯車列の自由度は，*1* 章で導いたと同じ式

$$f=3(n-1)-2p_1-p_2 \qquad (10.1)$$

で与えられる。ここで n は節の数であり，p_1，p_2 はここではそれぞれ軸受の数，歯車のかみ合いの数を意味する。図 *10.1* の歯車列では $n=3$，$p_1=2$，$p_2=1$ であり，これらの値を式（*10.1*）に代入すると $f=1$ を得る。

与えられた歯車列の自由度 f が 1 のとき，この歯車列の一つの節を固定し，他の一つの節を原動節としてそれに運動を与えると，その運動に応じて，残りの節は一定の運動を行う。また $f=2$ となるときは，一つの節を固定し，他の二つの節を原動節としてそれらに運動を与えると，その運動に応じて，残りの節は一定の運動を行う。このようにして得られる装置が歯車装置である。以下，特に断らない限り，$f=1$ となる歯車列から得られる歯車装置を考えることにする。

歯車装置の基本の問題は，原動節 A に角速度 ω_a の回転運動を与えたとき，従動節 F の回転運動の角速度 ω_f と回転の向きを求めることである。この章では，回転運動の正の向きを時計方向と定める。このときいまの問題は，与えられた ω_a に対し

$$e=\frac{\omega_f}{\omega_a} \qquad (10.2)$$

がいくらとなるかを，その正負を含めて定めることである。原動節と従動節の回転は，もし $e>0$ ならば同じ向き，$e<0$ ならば反対向きとなる。e を**歯車列の値**（train value）という。

10.2 中心固定の歯車装置

この節では，歯車列の腕を固定して得られる機構を扱う。腕を固定すること

は各歯車の軸受を固定することになるので，この機構を，**中心固定の歯車装置**（ordinary gear unit）と呼ぶことにする。

中心固定の歯車装置の最も簡単な例は，図 *10.1* の歯車列の腕Cを固定して得られる，**図 *10.2***（*a*）のような装置である。この装置では，歯車は外かみ合いしている。これと類似の装置で，図（*b*）のように内かみ合いするものがある。ここでこれらの装置の歯車列の値を求めよう。

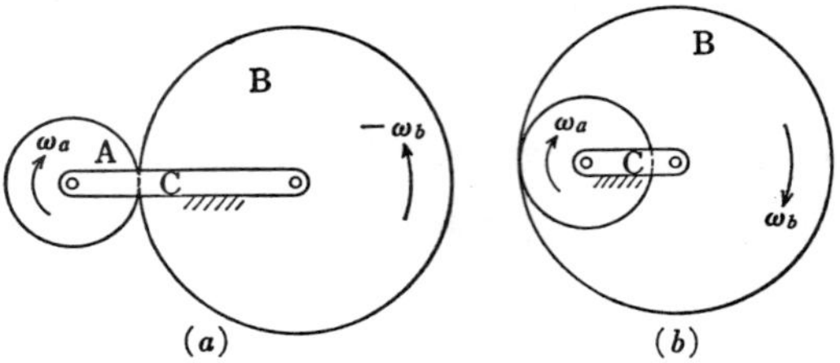

図 *10.2*　中心固定の歯車装置

歯車Aに時計方向に角速度 ω_a の回転を与える。このとき約束に従って $\omega_a>0$ である。歯車Bの回転は，図(*a*)の場合は反時計方向，図(*b*)の場合は時計方向であるから，歯車Bの角速度 ω_b は，図（*a*）の場合は $\omega_b<0$，図（*b*）の場合は $\omega_b>0$ である。歯車A，Bの歯数をそれぞれ z_a，z_b とすると，角速度比の絶対値 $|\omega_b/\omega_a|$ は歯数の比 z_a/z_b に比例する。したがって ω_a，ω_b の正負を考慮して，歯車列の値 e は，図（*a*）の場合は

$$e=\frac{\omega_b}{\omega_a}=-\frac{z_a}{z_b} \tag{10.3}$$

図（*b*）の場合は

$$e=\frac{\omega_b}{\omega_a}=\frac{z_a}{z_b} \tag{10.4}$$

である。

いくつかの歯車をつぎつぎかみ合わせて得られる中心固定の歯車装置の歯車列の値を求める問題を考える。

例として，**図 *10.3*** の装置を取り上げる。この装置の歯車BとDは一体になっているものとする。この装置の歯車A，B，D，Eの歯数をそれぞれ z_a，

z_b，z_d，z_e とする。歯車 A から B へ回転を伝えるときの角速度比は

$$\frac{\omega_b}{\omega_a}=-\frac{z_a}{z_b} \qquad (10.5)$$

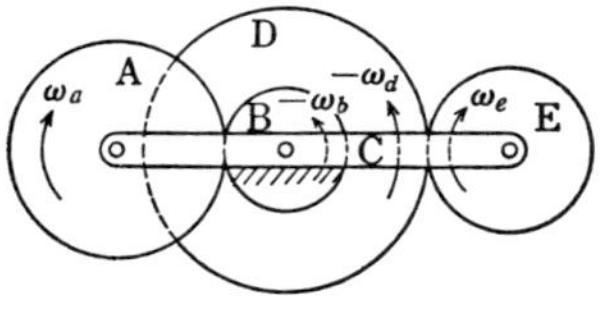

図 **10.3**　中心固定の歯車装置

である。歯車 D から E へ回転を伝えるときの角速度比は

$$\frac{\omega_e}{\omega_d}=-\frac{z_d}{z_e} \qquad (10.6)$$

である。原動節の歯車 A と従動節の歯車 E の角速度比は，これらを掛け合わせて得られるので，歯車列の値 e は

$$e=\frac{\omega_e}{\omega_a}=\frac{\omega_b}{\omega_a}\frac{\omega_d}{\omega_b}\frac{\omega_e}{\omega_d}=\left(-\frac{z_a}{z_b}\right)\cdot 1\cdot\left(-\frac{z_d}{z_e}\right)=\frac{z_a z_d}{z_b z_e} \qquad (10.7)$$

となる。歯車列の値が正となっていることから，歯車 A と歯車 E は同じ向きに回転することがわかる。この式で，歯車列の値を与える式の分子は駆動する側の歯車の歯数の積，分母は駆動される側の歯車の歯数の積となっている。また符号は，外かみ合いの数だけ（−1）を掛け合わせたものとなっている。

以上の結果を一般化すると，歯車列の値 e を与える一般式は，外かみ合いの総数を n_e として

$$e=(-1)^{n_e}\frac{\text{駆動する歯車の歯数の積}}{\text{駆動される歯車の歯数の積}} \qquad (10.8)$$

となる。

上式を用いて，**図 10.4**（a）に示す装置の歯車列の値を求めてみる。容易にわかるように，歯車 B の歯数は，歯車列の値を与える式の分子と分母に同時に現れるので歯車列を与える式から消去される。したがって歯車列の値の絶対

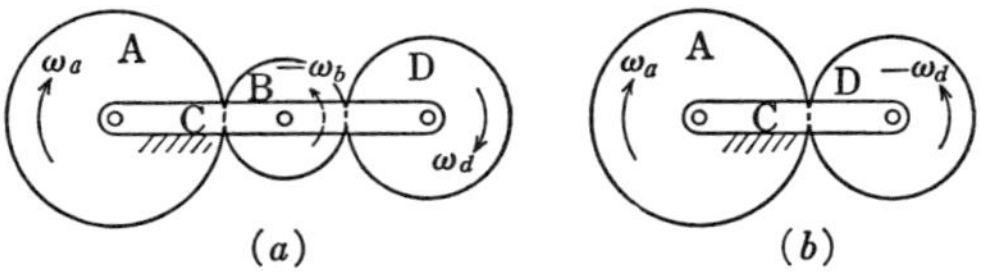

図 **10.4**　遊 び 歯 車

値は歯車Bの歯数に依存しなくなり，図（b）のように，歯車AとDが直接かみ合った場合と同じになる。ただし図（a）と図（b）の装置では，外かみ合いの数が1だけ異なるので，歯車列の符号が異なり，回転の向きは図（a）と図（b）で逆になる。図（a）の歯車Bのように，最終歯車の回転の向きを変えるために付け加えられる歯車を**遊び歯車**（idle gear）という。

【例題 *10.1*】 図 *10.3* の装置の歯車AとBの歯数 z_a，z_b を $z_a=90$，$z_b=30$ とする。歯車列の値が15となるため，歯車DとEの歯数 z_d，z_e はどのようなものでなければならないか。

［**解答**］ 題意によって

$$e=(-1)^2\frac{z_a z_d}{z_b z_e}=\frac{90}{30}\frac{z_d}{z_e}=15$$

である。したがって

$$\frac{z_d}{z_e}=5$$

となり，例えば $z_d=100$，$z_e=20$ のように，z_d，z_e は5：1でなければならない。

10.3 遊星歯車装置

自由度1の歯車列において，その歯車の一つを固定すると，残りの歯車と腕が回転する機構が得られる。これから作られる歯車装置を**遊星歯車装置**（planetary gears）といい，固定された歯車を**太陽歯車**（sun gear），回転する腕の上で回りながら太陽歯車とかみ合う歯車を**遊星歯車**（planet gear）という。**図 *10.5*** に遊星歯車装置の簡単な例を示す。この図の（a），（b）にお

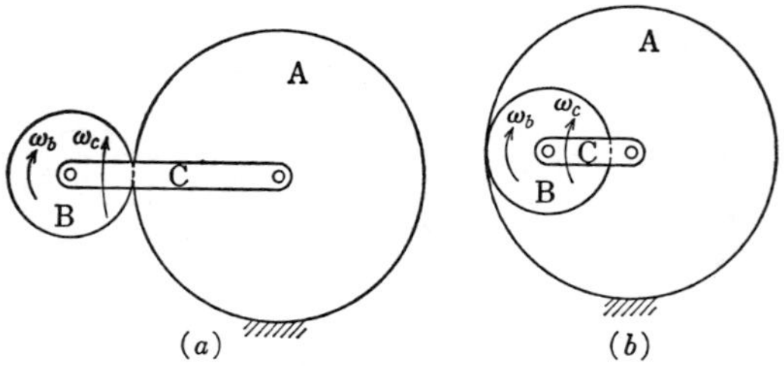

図 *10.5* 遊星歯車装置

いて，A は太陽歯車，B は遊星歯車である。

遊星歯車装置において，腕・歯車間の角速度比を求めるのに，以下に述べる公式法や作表法を用いることができる。

10.3.1 公式法

公式法（formula method）を説明するため，例として，図 *10.5* の装置を取り上げ，この装置の腕 C と歯車 B の角速度比を求めよう。

腕 C，歯車 B の角速度を ω_c，ω_b とおく。*10.1* 節の約束に従って，ω_c，ω_b とも時計方向の回転を正とする。まず腕 C を基準とする歯車 A，B の相対角速度を考える。固定歯車 A に対して腕 C は角速度 ω_c で回転するから，腕 C を基準とする歯車 A の相対角速度は $-\omega_c$ となる。また歯車 B，C は空間に対しそれぞれ角速度 ω_b，ω_c で回転するから，腕 C を基準とする歯車 B の相対角速度は $\omega_b-\omega_c$ となる。このように腕 C を基準に考えると，歯車 A，B の角速度比 e として

$$e=\frac{\omega_b-\omega_c}{-\omega_c} \tag{10.9}$$

を得る。一方，歯車 A，B の角速度比は歯車 A，B の歯数 z_a，z_b によって定められ，それは図（*a*），（*b*）の場合にそれぞれ

$$e=\mp\frac{z_a}{z_b} \tag{10.10}$$

である。ここで複合は，図(*a*),(*b*)をまとめて書くために導入した。この値を式(*10.9*)に等しいとおくと，求める角速度 ω_b/ω_c は，図(*a*),(*b*)の場合にそれぞれ

$$\frac{\omega_b}{\omega_c}=1\pm\frac{z_a}{z_b} \tag{10.11}$$

となる。

多数の歯車 A，B,…,F が順次かみ合い，これらが腕 C で支持されている遊星歯車装置において,歯車 A を固定歯車とし,最終歯車 F と腕 C の角速度比 ω_f/ω_c を求める問題を公式法で扱うとつぎのようになる。歯車 F と腕 C の角速度を ω_f，ω_c とおくと，上と同じようにして，歯車 A と F の角速度比 e は

$$e=\frac{\omega_f-\omega_c}{-\omega_c} \tag{10.12}$$

となる。一方，歯車AとFの角速度比は，歯車A，B，…，Fの歯数 z_a，z_b，…，z_f を用いて式（10.8）によって与えられる。これと式（10.12）を等しいとおけば ω_f/ω_c が求められる。

【例題 10.2】 **図 10.6** の遊星歯車装置において，腕Cの角速度 ω_c に対する歯車Dの角速度 ω_d の比を求めよ。ただし歯車A，B，Dの歯数を z_a，z_b，z_d とする。特に $z_a=z_d$ のとき，歯車Dの回転はどのようになるか。

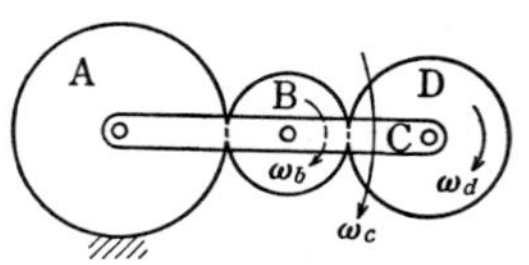

図 10.6　遊星歯車装置

［**解答**］ 歯車Aに対する歯車Dの角速度比 e を2通りに表し，等しいとおくと

$$e=\frac{\omega_d-\omega_c}{-\omega_c}=(-1)^2\frac{z_a z_b}{z_b z_d}=\frac{z_a}{z_d}$$

となる。この式から

$$\frac{\omega_d}{\omega_c}=1-\frac{z_a}{z_d}$$

を得る。特に $z_a=z_d$ のとき $\omega_d/\omega_c=0$ となって，腕を回転させても歯車Dは回転しない，すなわち歯車Dは公転するが自転しないことがわかる。

10.3.2　作　表　法

遊星歯車装置において，腕と歯車の間の角速度比を求めるもう一つの方法として，**作表法**（tabulation method）を説明する。このため，ふたたび図10.5の装置を取り上げ，作表法でこの装置の角速度比を求める。

与えられた装置につぎのように二つの操作を加える。まず，すべての歯車が腕Cにのり付けされて一体となったとし，腕に角度 ω_c の回転を加える。このときの回転角度を，時計方向を正として求める。その結果，歯車A，Bとも腕Cと同じ角度 ω_c だけ回転する。ところがこの装置では，歯車Aは回転してはならない。そこでつぎにのり付けを解いて，腕Cはそのまま固定し，歯車Aが元に戻るように角度 $-\omega_c$ だけ回転させる。このとき歯車Bは，図10.5（a）の場合は角度 $\omega_c(z_a/z_b)$，図（b）の場合は角度 $-\omega_c(z_a/z_b)$ だけ回転する。これら二つの操作を続けて行うと，歯車Aは回転せず，腕Cは角

度 ω_c だけ回転することになる。この間に歯車Bは，角度 $\omega_c \pm \omega_c(z_a/z_b)$ だけ回転する。

以上の操作が単位時間内に行われたとすると，歯車，腕の回転の角度はそのまま角速度に読み換えることができるので，腕Cの角速度 ω_c に対し，歯車Bの角速度は $\omega_c \pm \omega_c(z_a/z_b)$ となり，両者の角速度比は

$$\frac{\omega_b}{\omega_c} = 1 \pm \frac{z_a}{z_b} \qquad (10.13)$$

で与えられる。この結果は，公式法で求めた式(10.11)の結果と一致する。

上のやり方を，つぎのように表にまとめるとわかりやすい。二つの操作を，**表 10.1** のように全体のり付け，腕固定の欄にわけて書き，A，B，Cの下にそれぞれの操作による回転角を記入する。つぎにこれらの回転角を，表の縦の方向に加え合わせて，二つの操作を合成する。これが求める結果である。

表 10.1 作表法

	A	B	C
全体のり付け	ω_c	ω_c	ω_c
腕固定	$-\omega_c$	$\pm\omega_c \frac{z_a}{z_b}$	0
合成結果	0	$\omega_c\left(1 \pm \frac{z_a}{z_b}\right)$	ω_c

一般に，遊星歯車装置の回転運動をいくつかの単純な回転運動に分解し，表を用いて，それを合成して所要の角速度比を求めるやり方を作表法という。

【例題 10.3】 例題 10.2 を作表法で解け。

［**解答**］ まず全体をのり付けし，腕Cを角度 ω_c だけ回転させると，歯車A，B，Dとも同じ角度 ω_c だけ回転する。これらを**表 10.2** の全体のり付けの欄に記入する。つぎにのり付けを解いて，腕Cはそのまま固定し，歯車Aを角度（$-\omega_c$）だけ回転させると，この回転によって，歯車Bは角度 $\omega_c(z_a/z_b)$ だけ，歯車Dは角度 $-\omega_c(z_a/z_b)(z_b/z_d)$ すなわち $-\omega_c(z_a/z_b)$ だけそれぞれ回転する。これらを表 10.2 の腕固定の欄に記入する。

以上の二つの操作による回転角を合成すると，表に記したような結果を得る。この結果から，腕Cと歯車Dの角速度比は

表 10.2 作表法

	A	B	D	C
全体のり付け	ω_c	ω_c	ω_c	ω_c
腕　固　定	$-\omega_c$	$\omega_c \dfrac{z_a}{z_b}$	$-\omega_c \dfrac{z_a}{z_d}$	0
合成結果	0	$\omega_c\left(1+\dfrac{z_a}{z_b}\right)$	$\omega_c\left(1-\dfrac{z_a}{z_d}\right)$	ω_c

$$\frac{\omega_d}{\omega_c}=1-\frac{z_a}{z_d}$$

となる。

10.4 差動歯車装置

10.3 節で扱った遊星歯車装置は，歯車列の中の一つの歯車を固定して得られたものであった。一つの歯車を固定する代わりに，その歯車の軸受だけを固定し，歯車に回転の自由度を与えると，得られる装置はもとの装置より自由度が1だけ増える。したがってこの装置では，二つの節を原動節として，それぞれに回転運動を与え，他の一つの節を従動節とすると，二つの原動節のそれぞれの回転運動によって定まる一定の回転運動を従動節に取り出すことができる。このような装置を**差動歯車装置**（differential gears）という。

例を示そう。図 10.5（a）の遊星歯車装置で，歯車Aを固定する代わりに，Aの軸受を固定すると，**図 10.7** のような装置を得る。この装置で，例えば節AとCを原動節としそれぞれ角速度 ω_a と ω_c の回転運動を与えると，節Bは，以下に示すように，ある決まった角速度 ω_b で回転する。これが差動歯車装置である。

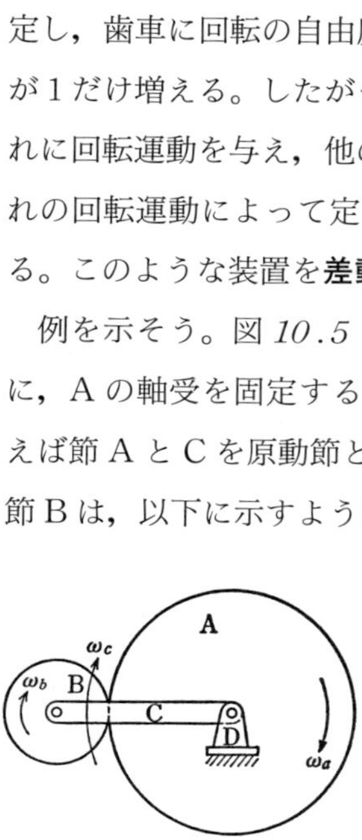

図 10.7　差動歯車装置

差動歯車装置において，二つの原動節の角速度が与えられたとき，従動節の角速度がいくらになるかは，10.3 節と同様に，公式法あるいは作表法によって定めることができる。

図 10.7 の装置を例にして，まず公式法によ

って，ω_b を ω_a と ω_c の関数として求めてみる。腕Cを基準にした歯車AとBの相対角速度は $\omega_a-\omega_c$，$\omega_b-\omega_c$ である。このように腕Cを基準に考えると，歯車Aに対する歯車Bの角速度比 e は

$$e=\frac{\omega_b-\omega_c}{\omega_a-\omega_c} \tag{10.14}$$

となる。一方，歯車Aに対する歯車Bの角速度比は，歯車A，Bの歯数 z_a，z_b によって定められ

$$e=-\frac{z_a}{z_b} \tag{10.15}$$

である。これらを等しいとおき，得られた式を ω_b について解けば

$$\omega_b=\omega_c-(\omega_a-\omega_c)\frac{z_a}{z_b} \tag{10.16}$$

が得られる。これが求める結果である。

同じ問題を作表法で解けば，つぎのようになる。歯車A，Bを腕Cにのり付けして節Dのまわりに角度 ω_c だけ回転させれば，A，B，Cは，**表 *10.3*** に記したように，すべて角度 ω_c だけ回転する。つぎに腕をそのまま固定して，歯車Aを角度 $\omega_a-\omega_c$ だけ回転させると，表 *10.3* に示されるように，歯車Bは $-(\omega_a-\omega_c)(z_a/z_b)$ だけ回転し，腕Cは回転しない。以上の二つの操作の回転角を合成すると，表から，A，Cが角度 ω_a，ω_c だけ回転するとき，Bは角度 $\omega_c-(\omega_a-\omega_c)(z_a/z_b)$ だけ回転することがわかる。角度をすべて角速度に読み換えると，歯車A，腕Cがそれぞれ角速度 ω_a，ω_c で回転するとき，歯車Bの角速度 ω_b は式(*10.16*)で与えられることになる。

差動歯車装置の重要なものに，自動車用の**差動傘歯車装置**（bevel gear

表 *10.3* 作表法

	A	B	C
全体のり付け	ω_c	ω_c	ω_c
腕固定	$\omega_a-\omega_c$	$-(\omega_a-\omega_c)\frac{z_a}{z_b}$	0
合成結果	ω_a	$\omega_c-(\omega_a-\omega_c)\frac{z_a}{z_b}$	ω_c

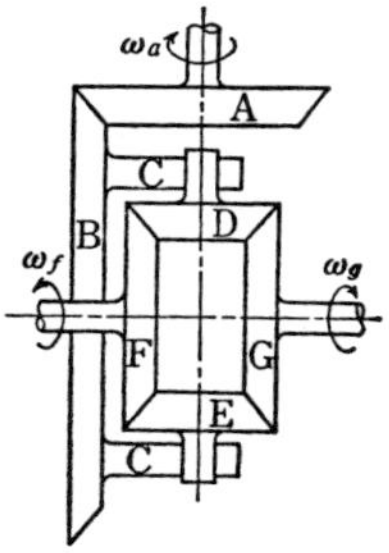

図 **10.8**　差動傘歯車装置

differential）がある。この装置の構造の例を**図 10.8** に示す。図の A と B はかみ合った傘歯車，C は B と一体になった**保持器**（cage）である。また D，E，F，G は，それぞれの歯数 z_d，z_e，z_f，z_g が $z_d=z_e$，$z_f=z_g$ を満す傘歯車で，D，E は F，G とかみ合っている。D，E のうちの一方は機構学上なくてもよいが，釣合いのため付け加えられている。そして D，E の軸は保持機 C で支持され，また F，G の軸は自動車の左車軸，右車軸となっている。

以上の装置において，機関の回転を歯車 A に伝えると，保持器 C は歯車 B を介して回転させられる。C の回転の角速度を ω_c とおくと，この C の回転は，車が直進しているとき D，E，F，G は一体となるので，右車軸，左車軸とも同じ角速度 ω_c で回転する。車がカーブにさしかかって，例えば右車軸に任意の角速度 ω_g の回転を与えたとする。このとき左車軸の角速度 ω_f は，ω_c と ω_g で定まるある値となる。

以下 ω_f がいくらとなるかの問題を考える。この問題を，ここでは作表法を用いて扱うことにする。

回転の正の方向を，D，E に関しては機関の方（図の上方）から見て，また，F，G に関しては右車輪から見て，それぞれ時計方向の回転を正とする。はじめに歯車 D，E，F，G とも，保持器 C にのり付けされているとして，保持器に角度 ω_c の回転を与えると，歯車 D，E，F，G の回転角は，**表 10.4** の，全体のり付けの欄の値のようになる。つぎに保持器をその位置で固定し，

表 10.4　作　表　法

	C	D	E	F	G
全体のり付け	ω_c	0	0	ω_c	ω_c
保持器固定	0	$-(\omega_g-\omega_c)\dfrac{z_f}{z_d}$	$(\omega_g-\omega_c)\dfrac{z_f}{z_d}$	$-(\omega_g-\omega_c)$	$\omega_g-\omega_c$
合成結果	ω_c	$-(\omega_g-\omega_c)\dfrac{z_f}{z_d}$	$(\omega_g-\omega_c)\dfrac{z_f}{z_d}$	$2\omega_c-\omega_g$	ω_g

右車軸Gに角度 $\omega_g-\omega_c$ の回転を与えると，歯車D，E，Fの回転角は歯車 z_f，z_d で定められ，表の保持器固定の欄の値となる。上の二つの操作の回転角を加え合わせると，表の合成結果の欄の値を得る。これらの値をすべて角速度に読み換えると，保持器Cに角速度 ω_c の回転，右車軸Gに角速度 ω_g の回転を与えるとき，左車軸Fの角速度 ω_f は

$$\omega_f=2\omega_c-\omega_g \tag{10.17}$$

で与えられることがわかる。右車軸が，例えばぬかるみに入って $\omega_g=0$ となると，上式から $\omega_f=2\omega_c$ を得る。車がカーブにさしかかったときは，ω_f と ω_g はある角速度となるが，両者の平均値 $(\omega_f+\omega_g)/2$ は，上式によって

$$\frac{\omega_f+\omega_g}{2}=\omega_c \tag{10.18}$$

となり，つねに保持器の角速度 ω_c に等しいことがわかる。

【例題 10.4】 **図 10.9** の差動歯車装置の歯車BとDは一体である。歯車Aと腕Cの角速度 ω_a と ω_c を与えて，歯車Eの角速度 ω_e を求めよ。ただし歯車A，B，D，Eの歯数をそれぞれ z_a，z_b，z_d，z_e とする。

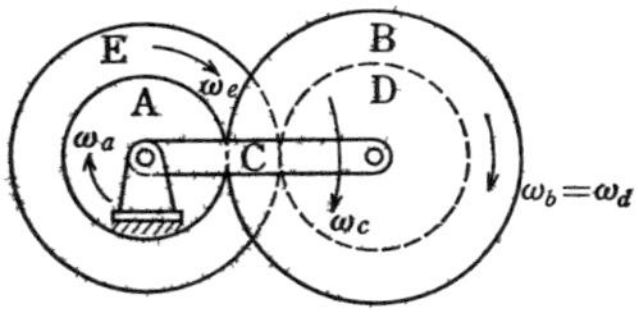

図 10.9 差動歯車装置

［**解答**］ この問題を作表法で解くことにする。まず歯車A，B，D，Eを腕Cにのり付けし，腕Cを時計方向に角度 ω_c だけ回転させると，歯車A，B，D，Eは，**表 10.5** の全体のり付けの欄に記した角度だけ回転する。

つぎにのり付けを解いて，腕Cはそのままの位置で固定し，歯車Aを時計方向に角度 $\omega_a-\omega_c$ だけ回転させると，この回転に伴って生じる歯B，D，Eの回転は，表の腕固定の欄に記入したようになる。腕Cの回転角は0である。以上の二つの操作

表 10.5 作 表 法

	A	B，D	E	C
全体のり付け	ω_c	ω_c	ω_c	ω_c
腕 固 定	$\omega_a-\omega_c$	$-(\omega_a-\omega_c)\frac{z_a}{z_b}$	$(\omega_a-\omega_c)\frac{z_a z_d}{z_b z_e}$	0
合 成 結 果	ω_a	$\omega_c-(\omega_a-\omega_c)\frac{z_d}{z_b}$	$\omega_c+(\omega_a-\omega_c)\frac{z_a z_d}{z_b z_e}$	ω_c

による回転角を合成すると，表の合成回転角の欄に記したようになる。得られた結果をすべて角速度に読み換えると，歯車 A と腕 C がそれぞれ角速度 ω_a，ω_c で回転するとき，歯車 E の角速度 ω_e は

$$\omega_e = \omega_c + (\omega_a - \omega_c)\frac{z_a z_d}{z_b z_e}$$

となる。

演 習 問 題

〔**1**〕 図 **10.10** に示すように，歯車 A，B，C，D からなる中心固定の歯車装置の歯車 A が時計方向に回転速度 200 rpm で回転するとき，歯車 D の回転の向きと回転速度を求めよ。ただし歯車 A，B，C，D の歯数 z_a，z_b，z_c，z_d は

$$z_a = 50, \quad z_b = 25, \quad z_c = 30, \quad z_d = 20$$

である。

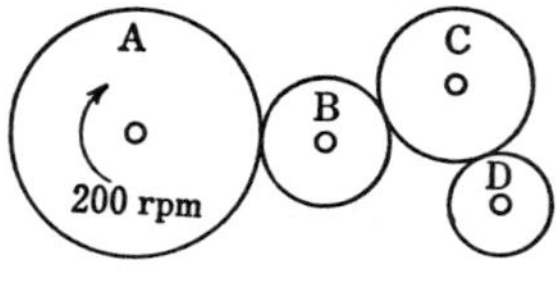

図 **10.10**　中心固定の歯車装置

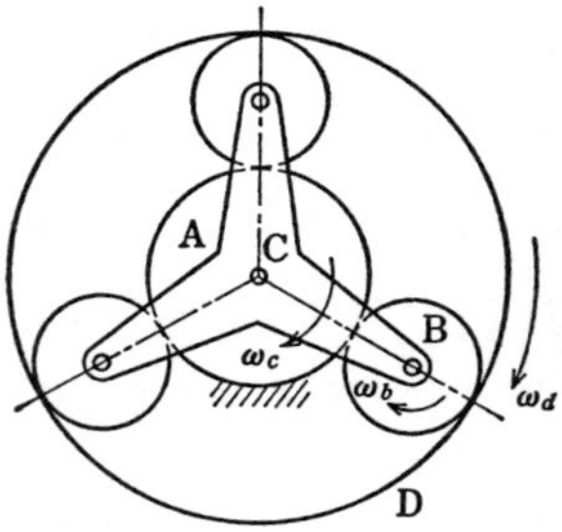

図 **10.11**　オーバドライブ装置

〔**2**〕 図 **10.11** は自動車のオーバドライブ装置に用いられる機構である。この機構の歯車 A，B，D の歯数を z_a，z_b，z_d とする。歯車 D と腕 C の角速度比 ω_d/ω_c を求めよ。

〔**3**〕 図 **10.12** の差動歯車装置の歯車 A，B，D の歯数を

$$z_a = 60, \quad z_b = 30, \quad z_d = 20$$

とする。歯車 A を時計方向に 2 回転させる間に歯車 D を反時計方向に 4 回転させるためには，腕 C をどちらの向きに何回転させたらよいか。

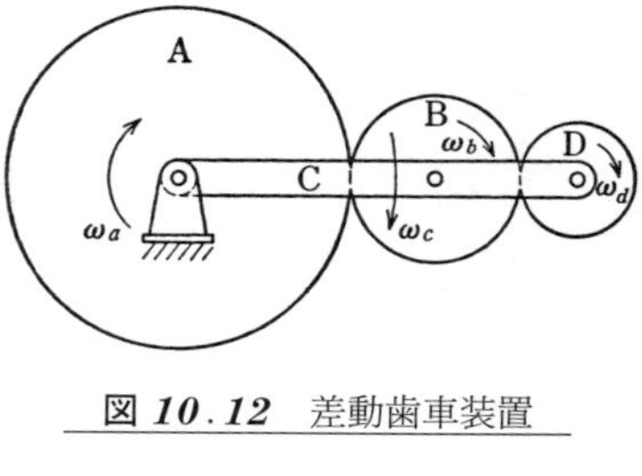

図 **10.12**　差動歯車装置

11

巻掛け伝動装置

この章では，ベルトやロープのような巻掛け伝動装置を取り上げ，その構造，この装置を使用したときの原動節と従動節の角速度比，この装置によって伝えられる動力などを考える。

11.1 巻掛け伝動装置

原動節の回転を従動節の回転として伝えるのに，原動節と従動節の軸の間の距離が短ければ，転がり接触車や歯車などを用いることができる。軸の間の距離が長ければ，原動節と従動節の間に中間節をおく方法が便利である。この章では，中間節として，ベルトやロープのような**撓性中間節**（flexible connector）を用いる場合を考える。

撓性中間節が中間節として機能するためには，張力を加え続ける必要がある。また連続的に回転を伝えるため，中間節は閉じた形とする必要がある。このため撓性中間節は，原動節と従動節の車に巻き掛け，張った状態で用いられる。この場合の中間節を**巻掛け中間節**（wrapping connector）といい，これを主要部とする伝動装置を**巻掛け伝動装置**（transmission device by wrapping connector）という。

巻掛け伝動装置は，ふつう平行な軸の間の運動を伝えるのに用いられるが，適当な用い方によって，平行でない軸の間でも用いることができる。

巻掛け伝動装置において，原動節と従動節を構成する車の断面は一般に円形であり，この場合，後述するように，原動節と従動節の角速度比は一定となる。角速度比を変化させたい場合には，円形でない断面の車を用いればよいが，このために，中間節の長さを一定に保つように車の形を特別なものとするか，原動節と従動節の軸の間の距離が回転に応じて変化するような構造にしなければならない。このような不便のため，角速度比を変化させるようにした巻掛け伝動装置は，実際上はほとんど用いられない。

11.2 ベ　ル　ト

巻掛け伝動装置の中で最も多く用いられるのは，皮・織物・鋼などで作られた閉じた形の平らな長い帯を，鋳鉄・鋼などで作られた円形断面の車に掛け渡したものである。このときの長い帯を**ベルト**(belt)，ベルトを掛け渡す車を**ベルト車**あるいは**プーリ**(belt pulley）という。

ベルトによる伝動は摩擦によって行われるので，運動は静かで衝撃を吸収する効果があるが，滑りが避けられず，また高速度な伝動や強力な伝動はできない。

平行な2軸のベルト車に対するベルトの掛け方は，**図 *11.1*** に示すように，2種類に分けられる。図（a）のような掛け方を**平行掛け**（open belting）といい，この場合，原動節と従動節は同じ向きに回転する。図（b）のような掛け方を**十字掛け**（cross belting）といい，この場合，原動節と従動節は反対向

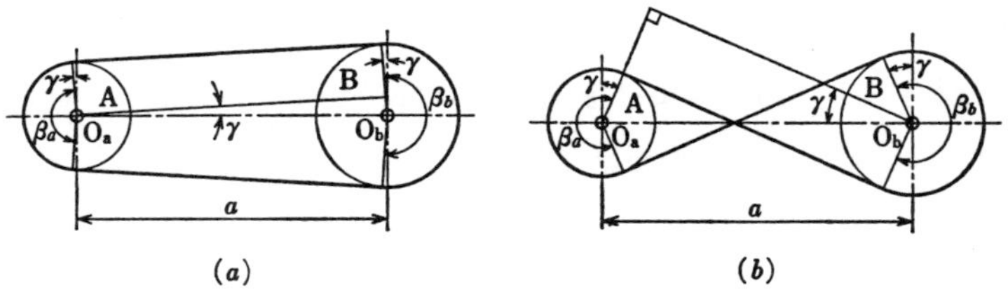

図 *11.1*　ベルトの掛け方

きに回転する。

ベルトがベルト車に巻きついている角度を**巻掛け角**（wrapping angle）という。図 *11.1* で，ベルト車 A，B の巻掛け角をそれぞれ記号 β_a，β_b で示した。図からわかるように，一般に十字掛けの方が，平行掛けより巻掛け角は大きい。一般に巻掛け角が大きいほど，ベルトとベルト車の間の滑りは少ない。

ベルトによって平行な 2 軸間に回転運動を伝えるとき，2 軸が完全に平行でないと，ベルトに片寄りを生じ，ついにはずれてしまう。これを防ぐための一つの方法は，**図 *11.2***（*a*）に示すように，ベルト車の周辺に**つば**（フランジ，flange）を設けることである。しかしこの方法では，つばとベルトがこすれ合って，摩耗が激しい。このため別の方法として，図 *11.2*（*b*）に示すように，ベルト車の中央部を高くする，いわゆる**中高**（なかだか）（クラウン，crown）にする方法がある。これを**クラウニング**（crowning）という。

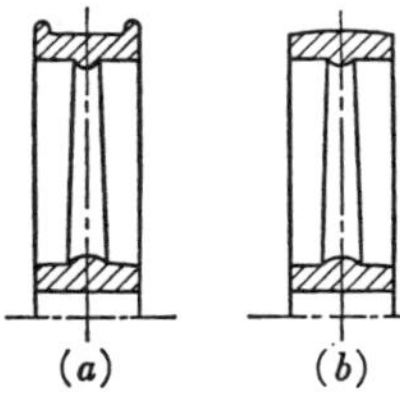

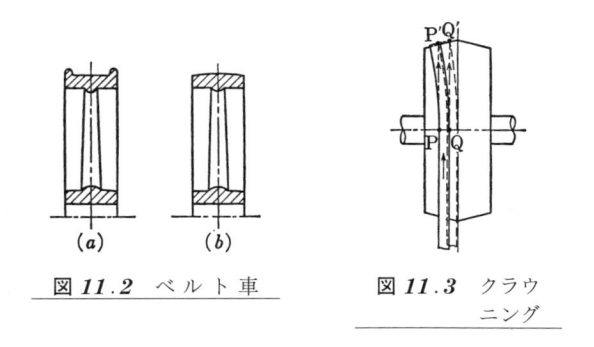

図 *11.2*　ベルト車

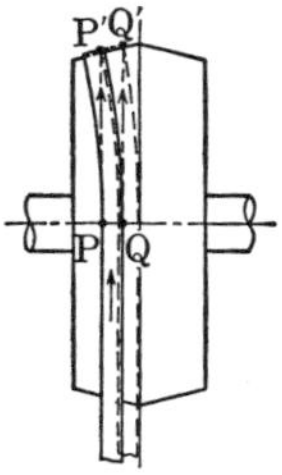

図 *11.3*　クラウニング

クラウニングによってベルトがはずれにくくなる理由を，**図 *11.3*** に示すような，円すい面を合わせた形のベルト車について考えてみる。図は上下に置かれているベルト車のうち，上のものを示している。いま，このベルト車のベルトが左側にずれたとする。ベルトは柔軟で円すい面に付着しているから，このときのベルトは，図の実線のような形で掛かる。この状態でベルト車を図の矢印の向きに 90° 回転させたとする。ベルトとベルト車の間に摩擦があるので，ベルト上の点 P，Q はそのままベルト車に付着して点 P′，Q′ に達し，ベルトは破線のような形で掛かって中央に寄る。ベルト車の回転によってこれが繰り返されるので，ベルトはつねにベルト車の一番高いところに保たれる。中央が角張っているとベルトが傷みやすいので，ここを丸めたものとすれば，図 *11.2*（*b*）のベルト車が得られる。

一本の原動節に多数のベルト車を取り付け，それぞれが，別の従動節に動力を伝えるようにしたい場合がある。このとき，すべての従動節を同時に運転する必要がなければ，伝動の必要のない軸への伝動を止める装置が必要になる。このための装置の例を**図 *11.4*** に示す。

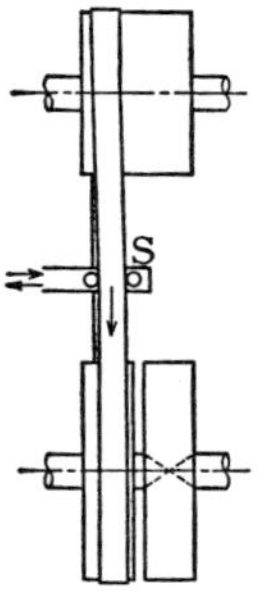

図 *11.4*　固定ベルト車と空転ベルト車

この図に示す装置において，上，下のベルト車は原動節，従動節である。従動節は同じ直径の二つのベルト車からなり，一方のベルト車は従動軸に固定され，他方は従動軸に対して空転できるようになっている。前者を**固定ベルト車**（固定プーリ，fast pulley），後者を**空転ベルト車**（空回りプーリ，loose pulley）という。この従動節を用いれば，従動軸を回転させる必要があるとき固定ベルト車に，そうでないとき空転ベルト車に掛かるように，それぞれベルトを軸方向に移動させればよい。このとき，原動節に取り付けるベルト車の幅は，従動軸に取り付けた二つのベルト車の幅に合わせて大きくとらなければならない。このような使い方をするとき，ベルト車は，中高にしないで平らにすることが多い。

以上の伝動装置で，運転中のベルトを軸方向に移動させるには，図に記号Sで示すような**ベルト寄せ**（belt shifter）を用いて，ベルト車に近づきつつあるいわゆる**進み側**（forward rotation）のベルトに，軸方向に力を加えればよい。ベルト車から遠ざかりつつあるいわゆる**退き側**（reverse rotation）のベルトに力を加えても，ベルトは軸方向に移動しない。

ベルトは原動節と従動節の 2 軸が平行な場合の伝動に用いるのがふつうである。しかし 2 軸が平行でない場合にも用いることができる。この場合には，**図 *11.5*** に示すように，進み側のベルトの中心線がベルト車の中央断面内にあるように，ベルト車とベルトを配置すればよい。このとき，ベルト車に近づきあるベルトは，2軸が平行な場合と同じ配置になり，はずれないので，回転運動が伝達される。

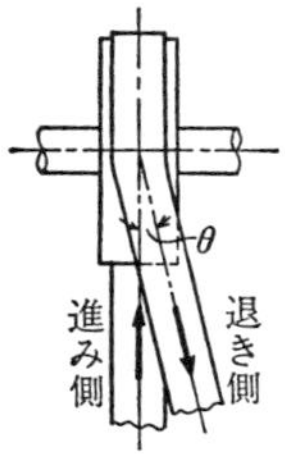

図 *11.5* 平行でない2軸間のベルト掛け

ベルトとベルト車を図 *11.5* のような配置とするための具体的な方法を述べる。**図 *11.6*** に示すように，まず，平行な2軸 O_a，O_b 間に回転運動を伝えるためのベルト車とベルトが，図の破線のように配置されていた場合を想定する。この状態でベルトが図の矢印の方向に動くとき，ベルトは，点 P_a，P_b でベルト車A，Bから離れ，点 Q_a，Q_b でベルト車A，Bに巻き込まれる。離れる方の2点 P_a，P_b を結ぶ直線を考える。ベルト車A，Bの中央断面を含む平面 S_a，S_b が直線 P_aP_b で交わるように，2軸 O_a，O_b を傾ける。このようにすれば，図の矢印の向きのベルトの運動に対し，各ベルト車とそれに対するベルトの配置は図 *11.5* のようになる。以上が，平行でない2軸間のベルトの掛け方である。なお図 *11.5* に記号 θ で示す角度は，あまり大きいとベルトに無理がかかるから，実用上は，最大25°くらいまでに抑える必要がある。

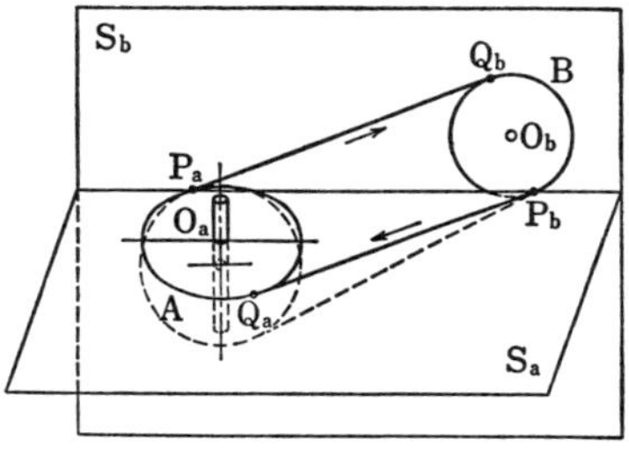

図 *11.6* 平行でない2軸間のベルト掛け

11.3 ベルト車の角速度比

平行な2軸の間でベルトによって回転を伝えるとき，2軸の角速度比と2軸の間の距離を与えて，ベルト車の直径，ベルトの長さなどを定める問題を考えよう。

はじめにベルト車の直径と角速度比の関係を調べる。**図 *11.7*** のように，2

軸の角速度を ω_a, ω_b とし，ベルト車 A，B の直径を d_a, d_b とする。ベルトは伸び縮みしないものと仮定すれば，ベルトの速さ v は，ベルト車 A，B の直径 d_a, d_b を用いて

$$v=\frac{d_a}{2}\omega_a=\frac{d_b}{2}\omega_b \tag{11.1}$$

の 2 通りに表すことができる。この式から，ベルト車の直径と角速度比の関係

$$\frac{\omega_b}{\omega_a}=\frac{d_a}{d_b} \tag{11.2}$$

を得る。

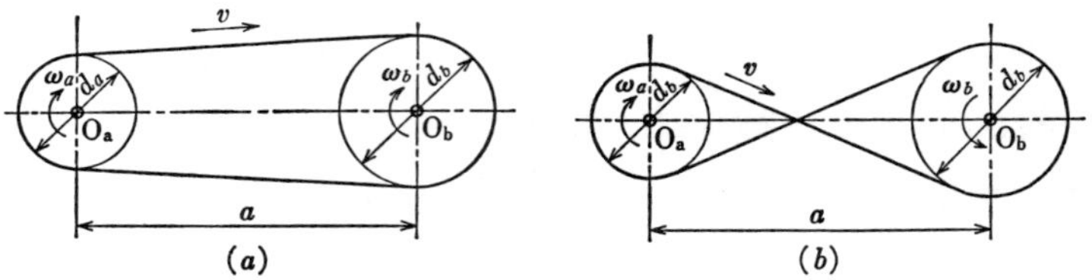

図 11.7 ベルト車の角速度比

式 (11.2) はベルトに厚さがないとして得られたものである。ベルトの厚さ t を問題にするときは，ベルトの厚さの中央のところで厚さのないベルトがベルト車に掛かっていると見なすと，ベルトの速さ v は

$$v=\left(\frac{d_a}{2}+\frac{t}{2}\right)\omega_a=\left(\frac{d_b}{2}+\frac{t}{2}\right)\omega_b \tag{11.3}$$

で与えられる。したがって

$$\frac{\omega_b}{\omega_a}=\frac{d_a+t}{d_b+t} \tag{11.4}$$

を得る。ふつうベルトの厚さは，ベルト車の直径に比べて十分小さいので，角速度比とベルト車の直径の比を関係づける式は，特別な場合を除いて，式 (11.2) で実用的には十分である。

上に求めた式 (11.2) あるいは式 (11.4) を用いれば，与えられた 2 軸の角速度比 ω_b/ω_a に対して，ベルト車の直径 d_a, d_b の比を定めることができる。直径 d_a, d_b のそれぞれの値をいくらにするかは，ベルト車の置かれる場

所などを考慮して適当に定める。

つぎにベルト車の直径 d_a，d_b と2軸間の距離 a が与えられたとして，ベルトの長さ l を定める式を導こう。簡単のため，ベルトの厚さ，さらにベルトの自重によるたわみを無視する。

まず平行掛けの場合を取り上げる。ベルト車A，Bに対するベルトの巻掛け角 β_a，β_b は，図 11.1（a）から，図の角度 γ を用いて

$$\beta_a=\pi-2\gamma,\quad \beta_b=\pi+2\gamma \tag{11.5}$$

となることがわかる。したがってベルトの長さ l は

$$\begin{aligned} l&=2a\cos\gamma+\frac{d_a}{2}\beta_a+\frac{d_b}{2}\beta_b \\ &=\frac{\pi}{2}(d_a+d_b)+\gamma(d_b-d_a)+2a\cos\gamma \end{aligned} \tag{11.6}$$

となる。ただし γ は

$$\sin\gamma=\frac{d_b-d_a}{2a},\quad \cos\gamma=\sqrt{1-\left(\frac{d_b-d_a}{2a}\right)^2} \tag{11.7}$$

で与えられる。

つぎに図 11.1（b）の十字掛けの場合は，巻掛け角 β_a，β_b が

$$\beta_a=\beta_b=\pi+2\gamma \tag{11.8}$$

となることから，ベルトの長さ l は

$$l=2a\cos\gamma+\frac{d_a}{2}\beta_a+\frac{d_b}{2}\beta_b=(d_a+d_b)\left(\frac{\pi}{2}+\gamma\right)+2a\cos\gamma \tag{11.9}$$

となる。ただし γ は

$$\sin\gamma=\frac{d_a+d_b}{2a},\quad \cos\gamma=\sqrt{1-\left(\frac{d_a+d_b}{2a}\right)^2} \tag{11.10}$$

で与えられる。

以上によって，平行掛け，十字掛けの場合のベルトの長さ l を定める式が得られた。特に十字掛けの場合，長さ l は，d_a+d_b によって定まり，d_a，d_b の個々の値には依存しないことに注意しておこう。

平行2軸間で，種々の角速度比 ω_b/ω_a で回転運動を伝えたい場合がしばし

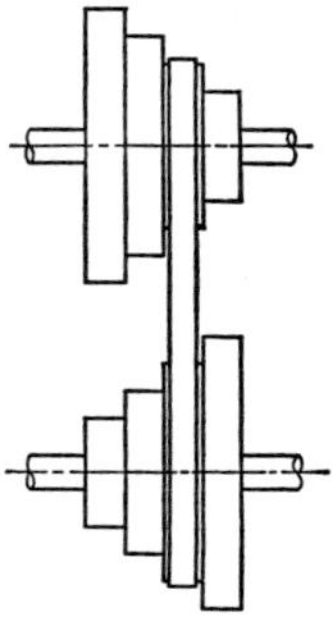

図 **11.8**　段　車

ばある。このためには，**図 11.8** に示すように，直径の異なったいくつかのベルト車を一つの軸に並べたものが使われる。これを**段車**（stepped pulley）という。段車において各ベルト車の直径を任意に定めると，ベルトを移動するたびに異なった長さのベルトが必要となる。もしベルトの長さを一定に保ったまま，必要な角速度比を与えるように段車の各車の直径を定めることができれば便利である。これが可能であることをつぎに示そう。

十字掛けのベルトに対しては，ベルトの長さ l は，ベルト車 A，B の直径 d_a，d_b の和 d_a+d_b によって定められ，d_a，d_b の個々の値には依存しないことを上で述べた。したがって，ある一つの角速度比 ω_{b0}/ω_{a0} に対する直径 d_{a0}，d_{b0} に対して，別の角速度比 ω_b/ω_a に対する直径 d_a，d_b を

$$d_a+d_b=d_{a0}+d_{b0} \tag{11.11}$$

を満たすように定められれば，後者の角速度比となるベルトの長さは前者と同じ l となる。直径 d_a，d_b の値は，式（11.2）と式（11.11）を満たすように定めればよいので

$$d_a=\frac{d_{a0}+d_{b0}}{1+\omega_a/\omega_b},\quad d_b=\frac{d_{a0}+d_{b0}}{1+\omega_b/\omega_a} \tag{11.12}$$

となる。

平行掛けのベルトに対しては，ベルトの長さ l はベルト車の直径 d_a，d_b の個々の値に依存するので，計算はめんどうになる。まずある一つの角速度比 ω_{b0}/ω_{a0} に対し，1 組のベルト車の直径 d_{a0}，d_{b0} をこの節のはじめに述べたように定め，このときのベルトの長さ l_0 を式（11.6）によって定める。つぎに別の角速度比 ω_b/ω_a を与えるようなベルト車の直径 d_a，d_b を定めるため，式（11.6）で $l=l_0$ とおいた式と式（11.2）を連立させ，これらの式を d_a，d_b に関して解く。この連立方程式は非線形方程式となるが，数値的な方法によれば解くことができる。特にベルト車の直径の差 d_b-d_a が 2 軸間の距離 a に比

して小さいと見なせるとき，式（*11.7*）で $(d_b-d_a)/2a$ を無視すると，$\sin\gamma\fallingdotseq 0$，$\cos\gamma\fallingdotseq 1$ が得られ，式（*11.6*）は

$$l\fallingdotseq\frac{\pi}{2}(d_a+d_b)+2a \tag{11.13}$$

となる。このときには，ベルトの長さ l は近似的に d_a+d_b だけで定められるので，十字掛けの場合と同様な取扱いができ，d_a，d_b は式（*11.2*）によって定められる。

【例題 *11.1*】 軸間距離 $a=2$ m の 2 軸間の間に，角速度比 $\omega_b/\omega_a=0.2$, 0.25，0.3 となる回転運動を段車によって伝えたい。各段のベルト車の直径 d_a，d_b を定めよ。ただし角速度 $\omega_{b_0}/\omega_{a_0}=0.2$ に対する原動軸のベルト車の直径を $d_{a_0}=100$ mm とし，ベルトの掛け方は十字掛けとする。つぎに同じ段車を用いて，ベルトの掛け方を平行掛けとすると，ベルトの長さは，最小の角速度比と最大の角速度比のときでどの程度変化するか。

［**解答**］ 角速度比 $\omega_{b_0}/\omega_{a_0}=0.2$ に対する従動節のベルト車の直径 d_{b_0} は，式（*11.2*）から

$$d_{b_0}=d_{a_0}\times\frac{\omega_{a_0}}{\omega_{b_0}}=100\times\frac{1}{0.2}=500\text{ mm}$$

となる。$\omega_b/\omega_a=0.25$ に対する直径 d_a，d_b は，式（*11.12*）から

$$d_a=\frac{100+500}{1+1/0.25}=120\text{ mm},\quad d_b=\frac{100+500}{1+0.25}=480\text{ mm}$$

となる。$\omega_b/\omega_a=0.3$ に対する直径 d_a，d_b は，同じようにして

$$d_a=\frac{100+500}{1+1/0.3}=138\text{ mm},\quad d_b=\frac{100+500}{1+0.3}=462\text{ mm}$$

となる。

つぎにベルトを平行掛けとして，$\omega_{b_0}/\omega_{a_0}=0.2$ に対するベルトの長さ l を求める。式（*11.7*）から

$$\sin\gamma=\frac{500-100}{2\times 2\,000}=0.100,\quad \cos\gamma=0.995,\quad \gamma=0.100$$

を得る。これを式（*11.6*）に代入すると

$$l=\frac{\pi}{2}\times(500+100)+0.100\times(500-100)+2\times 2\,000\times 0.995$$
$$=4\,962\text{ mm}$$

を得る。同じように $\omega_b/\omega_a=0.3$ に対するベルトの長さ l を求めると

$$l=\frac{\pi}{2}\times(462+138)+0.081\times(462-138)+2\times 2\,000\times 0.997$$

$=4\,957\ \text{mm}$

となる。両者を比較すると，ベルトの長さはわずか0.1%しか違わないので，求めた段車を平行掛けで用いることもできる。

11.4 ベルトの伝達動力

ベルトによって平行な2軸間に回転を伝えるとき，ベルトによってどれだけの動力が伝達されるかなどの問題を考える。原動軸，従動軸に固定したベルト車をそれぞれA，Bとする。ベルトの張力は，**図 11.9** に示すように，ベルト車Aに近づきつつある**張り側**（tight side）と，Aから遠ざかりつつある**緩**（ゆる）**み側**（slack side）で異なった値となる。この差によって動力が伝えられる。いま張り側の張力を T_1，緩み側の張力を T_2，ベルトの速さを v とすると，ベルトを回転させるために必要な力は T_1-T_2 で，単位時間当りの移動距離は v であるから，ベルトで伝達される動力 H は

$$H=v(T_1-T_2) \tag{11.14}$$

である。ここでベルトの張力 T_1，T_2 を〔N〕，ベルトの速さ v を〔m/s〕で与えると，動力 H は〔W〕で与えられる。

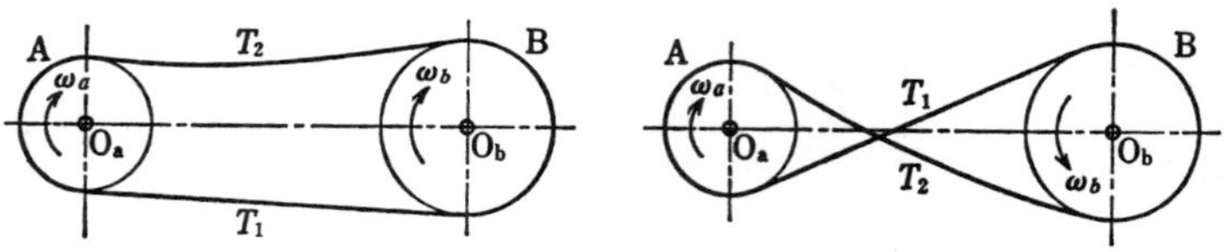

図 11.9　ベルトの伝達動力

ここで張力 T_1 と T_2 の関係を求める。このため，**図 11.10** に示す，半径 r のベルト車Aに巻き付いているベルトを考える。このベルトにおいて，ベルトがベルト車から離れつつある点から角度 α の位置にあり，微小角 $d\alpha$ を挟む長さ $ds=rd\alpha$ のベルトの微小部分に注目する。この微小部分には，両端において張力 T，$T+dT$ が，またベルト車と接触する部分でベルト車からの押し付け力 Nds がそれぞれ作用する。ベルトの単位長さ当りの質量を ρ，ベルト

とベルト車の間の摩擦係数を μ とおくと，ベルトの微小部分には，さらに，半径方向に遠心力 $\rho ds(v^2/r)$，ベルトの方向に摩擦力 μNds が働く。

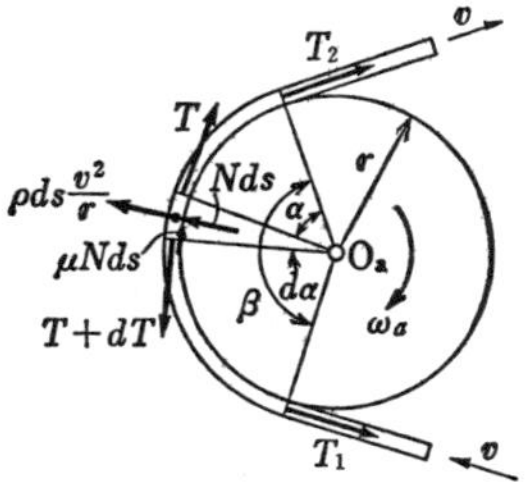

図 11.10 ベルトの張力

以上から，半径方向の力の釣合いの条件とベルトの方向の釣合いの条件は，それぞれ

$$\rho ds\frac{v^2}{r}+Nds-T\sin\frac{d\alpha}{2}$$
$$-(T+dT)\sin\frac{d\alpha}{2}=0$$

$$\mu Nds+T\cos\frac{d\alpha}{2}-(T+dT)\cos\frac{d\alpha}{2}=0$$

となる。これらの式において，$\sin(d\alpha/2)\fallingdotseq d\alpha/2$，$\cos(d\alpha/2)\fallingdotseq 1$ とおき，2 次以上の微少量を無視し，さらに $ds=rd\alpha$ を用いると

$$\left.\begin{aligned}&Nr=T-\rho v^2\\&\mu Nrd\alpha=dT\end{aligned}\right\}\qquad(11.15)$$

を得る。上式から Nr を消去すれば

$$\frac{dT}{T-\rho v^2}=\mu d\alpha\qquad(11.16)$$

を得る。巻掛け角を β とすると，α は 0 から β まで変化する。これに対応して T は T_2 から T_1 まで変化するから，上式を積分して

$$\int_{T_2}^{T_1}\frac{dT}{T-\rho v^2}=\Big[\ln\Big(T-\rho v^2\Big)\Big]_{T_2}^{T_1}=\int_0^{\beta}\mu d\alpha=\mu\beta\qquad(11.17)$$

を得る。この式から

$$\frac{T_1-\rho v^2}{T_2-\rho v^2}=e^{\mu\beta}\qquad(11.18)$$

を得る。これが T_1 と T_2 の関係を与える式である。

ベルトの伝達動力の問題の一つとして，伝達したい動力 H とベルトの速度 v を知って，この動力を伝達するのに必要な，張力 T_1 と T_2 を定めることを考える。この問題では，式（11.14）と式（11.18）を T_1 と T_2 について解けばよく，求める T_1 と T_2 は

$$\left.\begin{aligned} T_1 &= \rho v^2 + \frac{1}{1-e^{-\mu\beta}}\frac{H}{v} \\ T_2 &= \rho v^2 - \frac{1}{1-e^{\mu\beta}}\frac{H}{v} \end{aligned}\right\} \tag{11.19}$$

となる。

ベルトの伝達動力のもう一つの問題として，ベルトに加えられた初期張力 T_0 を知って，いくらの動力 H が伝達されるか考えてみる。このため T_1，T_2 と T_0 は近似的に

$$\frac{T_1+T_2}{2}=T_0 \tag{11.20}$$

の関係を満たすものと考え，式（11.18）と式（11.20）から T_1，T_2 を求めると

$$\left.\begin{aligned} T_1 &= \frac{2T_0}{1+e^{-\mu\beta}} - \rho v^2\frac{1-e^{-\mu\beta}}{1+e^{-\mu\beta}} \\ T_2 &= \frac{2T_0}{1+e^{\mu\beta}} - \rho v^2\frac{1-e^{\mu\beta}}{1+e^{\mu\beta}} \end{aligned}\right\} \tag{11.21}$$

を得る。これを式（11.14）に代入すれば，求める伝達動力 H は

$$H=\frac{2(e^{\mu\beta}-e^{-\mu\beta})}{2+e^{\mu\beta}+e^{-\mu\beta})}v(T_0-\rho v^2) \tag{11.22}$$

となる。

式（11.22）から，伝達動力 H はベルトの速さ v の3次式となることがわかる。したがって v の値を，条件 $dH/dv=0$ から得られる

$$v_0=\sqrt{\frac{T_0}{3\rho}} \tag{11.23}$$

にとると，伝達動力 H は最大値となる。最大値 $H_{\max}$ は，式（11.23）を式（11.22）に代入して求められ

$$H_{\max}=\frac{4(e^{\mu\beta}-e^{-\mu\beta})T_0}{3(2+e^{\mu\beta}+e^{-\mu\beta})}\sqrt{\frac{T_0}{3\rho}} \tag{11.24}$$

である。ベルトの速さ v を v_0 より大きくしても，遠心力の影響で H はかえって小さな値となる。v をさらに大きくして $v=\sqrt{T_0/\rho}$ とすると，式（11.22）

から $H=0$ となる。これは，遠心力のためベルトを押し付ける力が 0 となり，動力を伝達するための摩擦力が生じなくなることを意味する。

【例題 11.2】 ベルトによって $a=2$ m 離れた 2 軸間に回転運動を伝えるため，原動軸，従動軸にそれぞれ直径 $d_a=100$ mm，$d_b=500$ mm のベルト車を取り付ける。原動軸を $n=1\,500$ rpm の角速度で回転させて $H=1.5$ kW の動力を伝えるには，ベルトの張り側，緩み側の張力 T_1，T_2 をいくらにしたらよいか。ただしベルトは平行掛けとし，ベルトの単位長さ当りの質量を $\rho=0.3$ kg/m，摩擦係数を $\mu=0.3$ とする。

［**解答**］ ベルトの速さ v は

$$v=\frac{\pi\times d_a\times n}{60}=\frac{\pi\times 0.1\times 1\,500}{60}=7.85\ \mathrm{m/s}$$

である。原動軸に取り付けたベルト車の巻掛け角 β は，式（11.5），（11.7）から

$$\beta=\pi-2\times\sin^{-1}\frac{500-100}{2\times 2\,000}=2.94\ \mathrm{rad}$$

である。これらを式（11.19）に代入すると

$$T_1=0.3\times 7.85^2+\frac{1}{1-e^{-0.3\times 2.94}}\times\frac{1.5\times 1\,000}{7.85}=345\ \mathrm{N}$$

$$T_2=0.3\times 7.85^2-\frac{1}{1-e^{0.3\times 2.94}}\times\frac{1.5\times 1\,000}{7.85}=153\ \mathrm{N}$$

を得る。

11.5 Vベルトとロープ

2 軸の間で回転運動を伝えるのに，**図 11.11** のように，台形の断面を持つベルトを，V 形の溝を持つ車に巻きつけて用いることがある。このときのベルトを **V ベルト**（V belt），車を **V ベルト車**（V プーリ，V-belt pulley）という。この装置では，回転運動は，V ベルトの両側面と V ベルト車の溝の両側の斜面の間の摩擦によって伝えられる。

V ベルトによって伝動される 2 軸の回転運動の角速度比は，図 11.11 に示す V ベルトの中央間の距離を V ベルト車の直径 d_a，d_b として，式（11.2）によって与えられる。

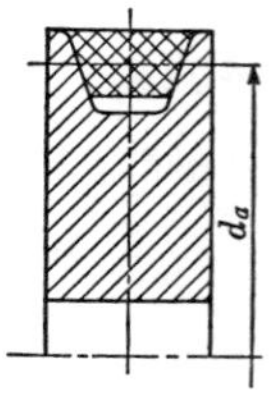

図 11.11　Vベルトと Vベルト車

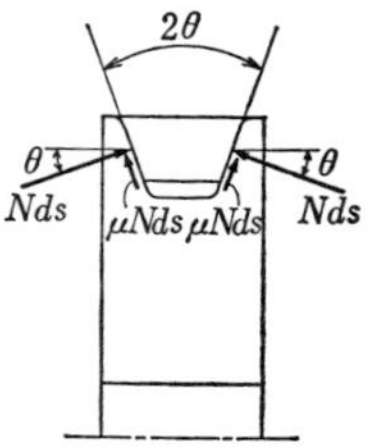

図 11.12　Vベルトの伝達動力

Vベルトによる伝達動力は，ベルトに対して得た，*11.4* 節の結果を利用して求めることができる。このやり方で伝達動力を求めるため，*11.4* 節でベルトから長さ ds の部分を取り出したように，Vベルトから長さ ds の部分を取り出し，Vベルトに作用する力を，ベルトに作用する力と比較する。

まずVベルト車がVベルトに及ぼす食い込み方向の力を考える。ベルトの場合，これに相当する力は，ベルト車がベルトを押し付ける力で，その大きさは，図 *11.10* に示すように，Nds であった。Vベルトでは，食い込みの状態は**図 *11.12*** に示すようになるので，食い込み方向の力は，Vベルトの両側面に作用する法線方向の力と，両側面に沿って働く摩擦力から定められる。一つの側面に働く法線方向の力の大きさを Nds，Vベルト車とVベルトの間の摩擦係数を μ とすると，一つの側面に働く摩擦力の大きさは μNds となるので，食い込み方向の力の大きさ Fds は

$$Fds = 2Nds\sin\theta + 2\mu N\cos\theta ds \qquad (11.25)$$

となる。ここで 2θ はVベルト車の溝のくさび角である。

つぎにVベルトに作用する引張り方向の摩擦力を考える。ベルトの場合，引張り方向の摩擦力の大きさは，図 *11.10* に示すように，μNds であった。Vベルトでは，両側面に μNds の摩擦力が作用するので，合わせた摩擦力の大きさは $2\mu Nds$ となる。

以上の結果から，Vベルトによる伝達動力を定める式は，式（*11.15*）の第1式の N を式（*11.25*）の F で，第2式の μN を $2\mu N$ で置き換えた

$$
\left.\begin{aligned} 2Nr(\sin\theta+\mu\cos\theta) &= T-\rho v^2 \\ 2\mu Nr d\alpha &= dT \end{aligned}\right\} \tag{11.26}
$$

であることがわかる。この式から $2Nr$ を消去すると，式（*11.16*）の μ を

$$
\mu' = \frac{\mu}{\sin\theta+\mu\cos\theta} \tag{11.27}
$$

で置き換えた式を得る。したがってVベルトとVベルト車による伝達動力の問題は，摩擦係数 μ を見かけの摩擦係数 μ' で置き換えれば，これ以降は *11.4* 節と同様に扱うことができる。

2軸間に回転運動を伝えようとするとき，2軸間の距離が非常に大きい場合，あるいは伝えたい動力が非常に大きい場合，ベルトによる伝動では不適当となることがある。このようなとき，ベルトに代わって**ロープ**(rope) が用いられる。ロープは，**図 *11.13*** に示すように，溝を設けた**ロープ車**（rope pulley）に巻き掛けて用いられる。

ロープによる伝動は機構学的にVベルトによる伝動と類似している。まず2軸の回転運動の角速度比 ω_b/ω_a は，図 *11.13* のように，ロープ車の直径 d_a，d_b としてロープを巻き掛けたときのロープの中心間距離を取れば，式（*11.2*）で与えられる。またロープによって伝達される動力の問題も，見かけの摩擦係数 μ' を導入することによって *11.4* 節と同様に扱うことができる。ここでは見かけの摩擦係数 μ' は，ロープとロープ車の真の摩擦係数を μ，ロープ車の溝角を 2θ とするとき，式（*11.27*）によって与えられる。

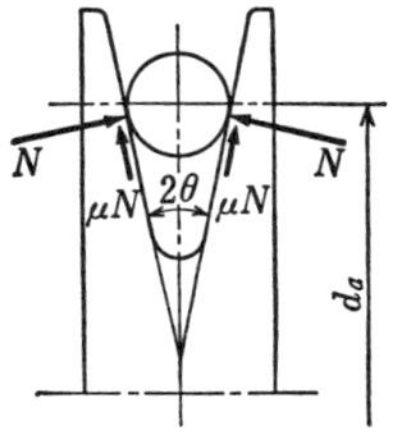

図 *11.13* ロープとロープ車

【例題 *11.3*】 Vベルトの材料とVベルト車の材料の間の摩擦係数 μ が0.28であった。Vベルト車の溝のくさび角 $2\theta=36°$ のとき見かけの摩擦係数 μ' はいくらか。

［**解答**］ 式（*11.27*）に $\mu=0.28$，$\theta=18°$ を代入すると

$$
\mu' = \frac{0.28}{\sin 18° + 0.28\times\cos 18°} = 0.49
$$

を得る。

演 習 問 題

〔*1*〕 原動節，従動節のベルト車の直径をそれぞれ 250 mm，400 mm とし，ベルトの厚さを 6 mm とする。原動節が回転速度 280 rpm で回転するとき，従動節の回転速度を，ベルトの厚さを無視した場合と考慮した場合について求めよ。

〔*2*〕 軸間距離 3 m の 2 軸の間に，ベルトによって回転運動を伝えたい。ベルト車の直径を 250 mm と 400 mm とするとき，必要なベルトの長さおよび巻き掛け角を，平行掛けとした場合と十字掛けとした場合について求めよ。

〔*3*〕 V ベルトの材料と V ベルト車の材料の間の摩擦係数 μ が 0.25 であった。V ベルト車の溝の角度 2θ が JIS に定められる 34°，36°，38° のとき，見かけの摩擦係数 μ' はいくらか。

12

ロボット機構の運動学

これまで扱ってきた機構は閉じた連鎖から作られ，一つの入力によって望みの運動を実現していた。これに対して，ロボット機構は開連鎖から作られ，多数の入力によって望みの運動を実現する。この章で，ロボットマニピュレータを取り上げ，ロボット機構の運動の特徴，解析法などを考える。

12.1 ロボット機構の運動学

ロボットは，使用場所，使用目的によって種々の形態を持つ。ロボットの代表的なものは，工場内で固定して用いられ，人間の腕や手先と同じ機能を持つ**ロボットマニピュレータ**（robot manipulator）である。この章で，ロボットマニピュレータ（以下単にマニピュレータという）を取り上げ，ロボット機構の運動の特徴，解析法などを考える。

マニピュレータは，回り対偶や滑り対偶によって，台枠から始まる多数の節を直列的に結合して作られ，先端に取り付けられた手先で作業を行う。*11* 章まで扱った機構は閉じた形の連鎖から作られていたのに対し，マニピュレータは**開連鎖**（open chain）から作られている。開連鎖で望みの運動を実現するため，マニピュレータでは，ロボットの関節のそれぞれに，回転や直動の変位を与える。

ロボット工学の分野では，用語として，節の代わりに**リンク**（link），対偶の代わりに**関節**（joint）を用いるので，ここでもこれらを用いる。作業を行う部分は，**手先**，**作業器**，**エンドエフェクタ**（end effector）などと呼ばれる。ここではこれを手先という。

ロボット機構の運動の問題として，各関節に回転や直動の変位を与えて手先の位置や傾きを求める問題と，これと逆に，手先の位置や傾きを望みのものとするために各関節に与える回転や直動の変位を求める問題がある。前者を**順運動学**（direct kinematics, forward kinematics），後者を**逆運動学**（inverse kinematics）の問題という。実用的には，手先の位置と傾きを問題の対象とすることが多いが，ここでは，位置のみを問題の対象とする。傾きも含めた運動学の問題については，巻末に挙げた参考文献を参照されたい。

12.2 座標変換マトリックス

順運動学の問題の解析のため，座標変換マトリックスが用いられる。3 章では，機構一般への応用を目的とした座標変換マトリックスを考えたが，ここでは，マニピュレータの運動解析に特化した形で，あらためて座標変換マトリックスを考える。

12.2.1 回転を表す座標変換マトリックス

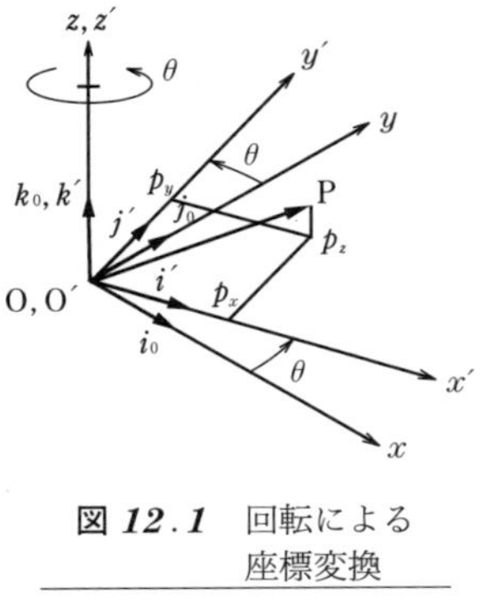

図 12.1 回転による座標変換

座標変換マトリックスを導入するため，座標系 O-xyz と，その座標系で表して座標 (p_x, p_y, p_z) の点 P があるとする。点 P を z 軸まわりに角度 θ だけ回転させるとき，回転後の点 P の座標 (x, y, z) を求める問題を考える。このため便宜的に，**図 12.1** に示すように，座標系 O-xyz を z 軸まわりに角度 θ だけ回転して得られる座標系 O′-$x'y'z'$ を導入する。この座標系上で見れば，点 P は位置を変えないので，座標はも

との (p_x, p_y, p_z) のままである。これを利用して，回転後の点Pの座標 (x, y, z) をつぎのように求める。

座標系 O-xyz の軸方向に単位ベクトル $\boldsymbol{i}_0$, $\boldsymbol{j}_0$, $\boldsymbol{k}_0$，座標系 O′-$x'y'z'$ の軸方向に単位ベクトル $\boldsymbol{i}'$, $\boldsymbol{j}'$, $\boldsymbol{k}'$ を導入する。点Pの位置ベクトル $\overrightarrow{\mathrm{OP}}$ を両方の単位ベクトルで表す。まず単位ベクトル $\boldsymbol{i}'$, $\boldsymbol{j}'$, $\boldsymbol{k}'$ を用いて表した場合，座標は (p_x, p_y, p_z) であるから，位置ベクトル $\overrightarrow{\mathrm{OP}}$ は

$$\overrightarrow{\mathrm{OP}}=p_x\boldsymbol{i}'+p_y\boldsymbol{j}'+p_z\boldsymbol{k}' \tag{12.1}$$

である。つぎに単位ベクトル $\boldsymbol{i}_0$, $\boldsymbol{j}_0$, $\boldsymbol{k}_0$ で表した場合，座標を (x, y, z) としてあるから，位置ベクトル $\overrightarrow{\mathrm{OP}}$ は

$$\overrightarrow{\mathrm{OP}}=x\boldsymbol{i}_0+y\boldsymbol{j}_0+z\boldsymbol{k}_0 \tag{12.2}$$

である。ここで単位ベクトル $\boldsymbol{i}_0$, $\boldsymbol{j}_0$, $\boldsymbol{k}_0$ と $\boldsymbol{i}'$, $\boldsymbol{j}'$, $\boldsymbol{k}'$ の間に

$$\left.\begin{aligned}\boldsymbol{i}'&=\cos\theta\ \boldsymbol{i}_0+\sin\theta\ \boldsymbol{j}_0\\ \boldsymbol{j}'&=-\sin\theta\ \boldsymbol{i}_0+\cos\theta\ \boldsymbol{j}_0\\ \boldsymbol{k}'&=\boldsymbol{k}_0\end{aligned}\right\} \tag{12.3}$$

の関係があることに注意する。これを式 (*12.1*) に代入すると

$$\overrightarrow{\mathrm{OP}}=(p_x\cos\theta-p_y\sin\theta)\,\boldsymbol{i}_0+(p_x\sin\theta+p_y\cos\theta)\,\boldsymbol{j}_0+p_z\boldsymbol{k}_0 \tag{12.4}$$

を得る。これを式(*12.2*)と比較すると

$$\left.\begin{aligned}x&=p_x\cos\theta-p_y\sin\theta\\ y&=p_x\sin\theta+p_y\cos\theta\\ z&=p_z\end{aligned}\right\} \tag{12.5}$$

を得る。これが回転後の点Pの座標である。

この結果を，ロボットの運動解析に便利な形に書き直す。まず点Pの座標 (p_x, p_y, p_z) を成分とするベクトル

$$\hat{\boldsymbol{p}}=\begin{Bmatrix}p_x\\ p_y\\ p_z\end{Bmatrix} \tag{12.6}$$

を導入する。このベクトルは，紙面の節約のため，マトリックス演算の一つで

ある転置を用いて，$\hat{\boldsymbol{p}}=\{p_x \quad p_y \quad p_z\}^T$ と書くことができる。ここで記号 T は転置を意味する。以下も同じ記号を用いる。つぎに回転後の点Pの座標 $(x,\ y,\ z)$ を成分とするベクトル

$$\boldsymbol{p}=\begin{Bmatrix} x \\ y \\ z \end{Bmatrix} \tag{12.7}$$

を導入する。これも上と同じように $\boldsymbol{p}=\{x \quad y \quad z\}^T$ と書くことができる。

さて式（12.5）はベクトルとマトリックスを用いて

$$\begin{Bmatrix} x \\ y \\ z \end{Bmatrix}=\begin{bmatrix} \cos\theta & -\sin\theta & 0 \\ \sin\theta & \cos\theta & 0 \\ 0 & 0 & 1 \end{bmatrix}\begin{Bmatrix} p_x \\ p_y \\ p_z \end{Bmatrix} \tag{12.8}$$

と書くことができる。そこで上式に含まれるマトリックスを

$$E_z(\theta)=\begin{bmatrix} \cos\theta & -\sin\theta & 0 \\ \sin\theta & \cos\theta & 0 \\ 0 & 0 & 1 \end{bmatrix} \tag{12.9}$$

とおき，また上述のベクトル $\boldsymbol{p}$，$\hat{\boldsymbol{p}}$ を用いると，式（12.8）は

$$\boldsymbol{p}=E_z(\theta)\hat{\boldsymbol{p}} \tag{12.10}$$

と書くことができる。

式（12.10）をつぎのように理解する。座標系 O-xyz で表して位置ベクトル $\hat{\boldsymbol{p}}$ で与えられる点Pを，z 軸まわりに角度 θ だけ回転させるとき，座標系 O-xyz で表した回転後の位置ベクトル $\boldsymbol{p}$ は，位置ベクトル $\hat{\boldsymbol{p}}$ に，左からマトリックス $E_z(\theta)$ を掛けて求めることができる。この場合のマトリックス $E_z(\theta)$ は，z 軸まわりの回転を表す**座標変換マトリックス**である。ここで座標系 O′-$x'y'z'$ は，式（12.10）の説明のために導入したが，この結果を利用するときには必要がないことに注意しておこう。

x 軸，y 軸まわりの回転も同じように得られる。以下に結果を示しておく。座標系 O-xyz で表して位置ベクトル $\hat{\boldsymbol{p}}$ で与えられる点Pを，x 軸まわりに角

度 θ だけ回転させるとき，座標系 O-xyz で表した回転後の位置ベクトル $\boldsymbol{p}$ は

$$\boldsymbol{p}=E_x(\theta)\hat{\boldsymbol{p}} \tag{12.11}$$

である。ここで座標変換マトリックス $E_x(\theta)$ は

$$E_x(\theta)=\begin{bmatrix} 1 & 0 & 0 \\ 0 & \cos\theta & -\sin\theta \\ 0 & \sin\theta & \cos\theta \end{bmatrix} \tag{12.12}$$

である。また座標系 O-xyz で表して位置ベクトル $\hat{\boldsymbol{p}}$ で与えられる点 P を，y 軸まわりに角度 θ だけ回転させるとき，座標系 O-xyz で表した回転後の位置ベクトル $\boldsymbol{p}$ は

$$\boldsymbol{p}=E_y(\theta)\hat{\boldsymbol{p}} \tag{12.13}$$

である。ここで座標変換マトリックス $E_y(\theta)$ は

$$E_y(\theta)=\begin{bmatrix} \cos\theta & 0 & \sin\theta \\ 0 & 1 & 0 \\ -\sin\theta & 0 & \cos\theta \end{bmatrix} \tag{12.14}$$

である。

【例題 *12.1*】 **図 *12.2*** に示すように，座標系 O-xyz の x 軸に沿って長さ l のリンクがある。このリンクを，図（a）のように，z 軸まわりに角度 θ だけ回転させたときのリンク先端の位置を求めよ。また図（b）のように，x 軸まわりに角度 θ だけ回転させたときのリンク先端の位置を求めよ。

［**解答**］ 回転前のリンクの先端の位置ベクトルは $\hat{\boldsymbol{l}}=\{l \quad 0 \quad 0\}^T$ である。このリンクを，図（a）のように，z 軸まわりに角度 θ だけ回転させたときのリンク先端

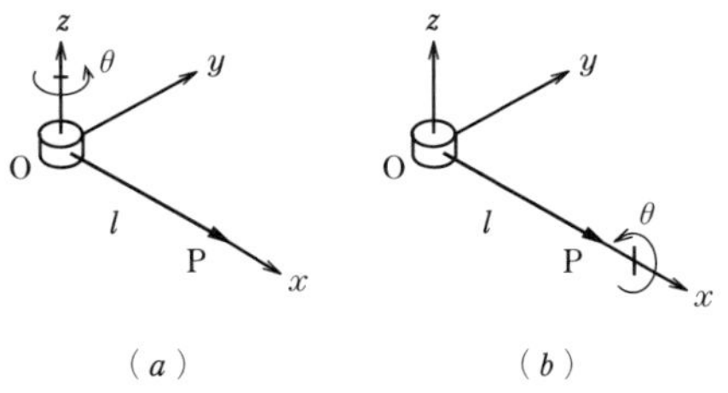

図 *12.2* リンクの回転

の位置ベクトル $\boldsymbol{p}$ は，式（12.9）の座標変換マトリックスを用いて

$$\boldsymbol{p}=E_z(\theta)\,\hat{\boldsymbol{l}}=\begin{bmatrix}\cos\theta & -\sin\theta & 0\\ \sin\theta & \cos\theta & 0\\ 0 & 0 & 1\end{bmatrix}\begin{Bmatrix}l\\0\\0\end{Bmatrix}=\begin{Bmatrix}l\cos\theta\\ l\sin\theta\\ 0\end{Bmatrix}$$

となる。この結果から，回転後のリンク先端の座標は（$l\cos\theta$，$l\sin\theta$，0）となることがわかる。

つぎに図（b）のように，x 軸まわりに角度 θ だけ回転させたとき，リンク先端の位置ベクトル $\boldsymbol{p}$ は，上述の $\hat{\boldsymbol{l}}$ と式（12.12）の座標変換マトリックスを用いて

$$\boldsymbol{p}=E_x(\theta)\,\hat{\boldsymbol{l}}=\begin{bmatrix}1 & 0 & 0\\ 0 & \cos\theta & -\sin\theta\\ 0 & \sin\theta & \cos\theta\end{bmatrix}\begin{Bmatrix}l\\0\\0\end{Bmatrix}=\begin{Bmatrix}l\\0\\0\end{Bmatrix}$$

となる。この結果から，x 軸まわりの回転では，先端の位置の座標は変化しないことがわかる。

12.2.2 回転と直動のある場合の座標変換マトリックス

ここでは回転と同時に直動を伴うつぎの問題を考える。座標系 O-xyz で表して座標（p_x，p_y，p_z）の点 P がある。この点 P を，座標系 O-xyz で定められる空間内の点 O_1 まで直動させ，つぎに点 O_1 を通り z 軸に平行な軸まわりに角度 θ だけ回転させる。このとき点 P の座標はいくらになるか。

この解を得るため，**図 12.3** に示すように，座標系 O-xyz に平行で点 O_1 を原点とする座標系 O_1-$x_1y_1z_1$ を導入する。直動の変位 $\overrightarrow{OO_1}$ だけを与え，回転させる前の点 P を考えると，この点の位置は，座標系 O_1-$x_1y_1z_1$ で表して座標（p_x，p_y，p_z）である。この位置をベクトル $\hat{\boldsymbol{p}}=\{p_x\ \ p_y\ \ p_z\}^T$ と表す。つぎに点 P を z_1 軸まわりに角度 θ だけ回転させると，回転後の位置ベクトルは，座標系 O_1-$x_1y_1z_1$ で表して $\hat{\boldsymbol{p}}_1=E_z(\theta)\hat{\boldsymbol{p}}$ である。直動の変位 $\overrightarrow{OO_1}$ を，座標系 O-xyz で表してベクトル $\hat{\boldsymbol{l}}$ とすると，座標系 O-xyz で表した点 P の位置ベクトル $\boldsymbol{p}$ は

$$\boldsymbol{p}=\hat{\boldsymbol{l}}+\hat{\boldsymbol{p}}_1=\hat{\boldsymbol{l}}+E_z(\theta)\hat{\boldsymbol{p}} \qquad (12.15)$$

で与えられる。

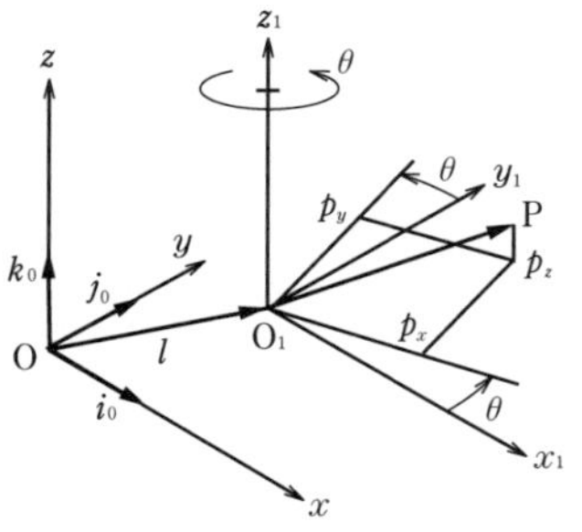

図 12.3　回転と直動による座標変換

式（12.15）の表示では，移動後のベクトル $\boldsymbol{p}$ は，移動前のベクトル $\hat{\boldsymbol{p}}$ にマトリックスを掛けて得られるという形になっていない。回転と直動の変位後の位置を，マトリックス演算だけで表すことも可能である。これを示すため，ベクトル $\boldsymbol{p}$，$\hat{\boldsymbol{p}}$ に対して，成分 1 を付け加えた拡張ベクトル

$$\boldsymbol{p}^* = \begin{Bmatrix} \boldsymbol{p} \\ 1 \end{Bmatrix}, \quad \hat{\boldsymbol{p}}^* = \begin{Bmatrix} \hat{\boldsymbol{p}} \\ 1 \end{Bmatrix} \tag{12.16}$$

を考える。さらにマトリックス $E_z(\theta)$ にベクトル $\hat{\boldsymbol{l}}$ の成分を成分とする 1 列を付け加え，さらに 0，0，0，1 を成分とする 1 行を付け加えて得られる拡張マトリックス

$$E_z{}^*(\theta) = \begin{bmatrix} E_z(\theta) & & & \hat{\boldsymbol{l}} \\ 0 & 0 & 0 & 1 \end{bmatrix} \tag{12.17}$$

を導入する。これらを用いた式

$$\boldsymbol{p}^* = E_z{}^*(\theta)\,\hat{\boldsymbol{p}}^* \tag{12.18}$$

を考えてみる。この式の右辺の積を展開し，左辺の対応する成分に等しいとおくと，式（12.15）と恒等式 $1=1$ が得られる。このようにして拡張マトリックス $E_z{}^*(\theta)$ は直動と回転を表す変換マトリックスであることがわかる。

式（12.15）と式（12.18）は同じ意味を持つので，マニピュレータの運動学では，これらのいずれの表し方も用いられる。本書では，直感的にわかりやすい，式（12.15）の表し方を用いることにする。

【例題 12.2】 **図 12.4** に示すように，座標系 O-xyz の x 軸に沿って直動するリンク 1 と，リンク 1 の先端 O_2 まわりに回転するリンク 2 がある。リンク 1 が l_1 だけ直動し，リンク 2 が角度 θ だけ回転するときのリンク先端 P の位置を求めよ。リンク 2 の長さを l_2 とする。

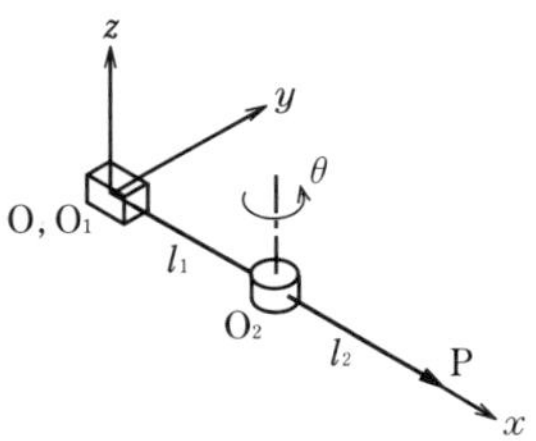

図 12.4　リンクの直動と回転

［**解答**］ 座標系 O-xyz で表して，直動の変位は $\hat{\boldsymbol{l}}_1 = \{l_1 \ \ 0 \ \ 0\}^T$ であり，関節 O_2 を始点とする点 P の位置ベクトルは $\hat{\boldsymbol{l}}_2 = \{l_2 \ \ 0 \ \ 0\}^T$ である。式（12.15）によって，移動後のリンク先端の位置ベクトル $\boldsymbol{p}$ は

$$\boldsymbol{p}=\hat{\boldsymbol{l}}_1+E_z(\theta)\,\hat{\boldsymbol{l}}_2=\begin{Bmatrix} l_1 \\ 0 \\ 0 \end{Bmatrix}+\begin{bmatrix} \cos\theta & -\sin\theta & 0 \\ \sin\theta & \cos\theta & 0 \\ 0 & 0 & 1 \end{bmatrix}\begin{Bmatrix} l_2 \\ 0 \\ 0 \end{Bmatrix}$$

$$=\begin{Bmatrix} l_1+l_2\cos\theta \\ l_2\sin\theta \\ 0 \end{Bmatrix} \qquad (a)$$

となる。

また $\hat{\boldsymbol{l}}_2$ に成分 1 を付け加えて拡張したベクトル $\hat{\boldsymbol{l}}_2{}^*$ を導入すると，$\boldsymbol{p}$ に成分 1 を付け加えて拡張したベクトル $\boldsymbol{p}^*$ は，式（12.18）によって

$$\boldsymbol{p}^*=E_z{}^*(\theta)\,\hat{\boldsymbol{l}}_2{}^*=\begin{bmatrix} \cos\theta & -\sin\theta & 0 & l_1 \\ \sin\theta & \cos\theta & 0 & 0 \\ 0 & 0 & 1 & 0 \\ 0 & 0 & 0 & 1 \end{bmatrix}\begin{Bmatrix} l_2 \\ 0 \\ 0 \\ 1 \end{Bmatrix}=\begin{Bmatrix} l_1+l_2\cos\theta \\ l_2\sin\theta \\ 0 \\ 1 \end{Bmatrix} \qquad (b)$$

となる。式（a），（b）は成分で見れば同じ結果を表す。

12.3 順　運　動　学

順運動学の問題を一般的に定式化するとつぎのようになる。台枠から手先までをつなぐ関節を順に O_1，O_2，…，O_n とし，各関節に与える変位を q_1，q_2，…，q_n とする。ここで q_i は，関節 i が回転関節の場合は回転の角度 θ_i，直動関節の場合は直動の変位 d_i を表す。台枠に固定した基準座標系 O-xyz を導入する。基準座標系で表して，手先の位置ベクトル $\boldsymbol{p}$ を，変位 q_1，q_2，…，q_n の関数

$$\boldsymbol{p}=\boldsymbol{p}(q_1,\ q_2,\ \cdots,\ q_n) \qquad (12.19)$$

の形で求めよ。

前節で導入した座標変換マトリックスを用いると，この問題を系統的に扱うことができる。まず最も先の関節 O_n に変位 q_n を与えた場合の手先の位置ベクトルを求める。つぎに一つ手前の関節 O_{n-1} に変位 q_{n-1} を与えた場合の手先の位置ベクトルを求める。これを繰り返して，最後に関節 O_1 に変位 q_1 を与えた場合の手先の位置ベクトルを求める。それぞれの位置ベクトルを求めるとき，各関節を原点とした座標系を導入し，座標変換マトリックスを利用する。

このようにして求めた最終の位置ベクトル $\boldsymbol{p}$ が，基準座標 O-xyz で表した手先位置である。簡単なマニピュレータを取り上げて，手先位置を求めてみよう。

12.3.1　2関節マニピュレータの順運動学

第1の例として，図 **12.5** に示す，2関節マニピュレータを取り上げる。このマニピュレータは，長さ l_1，l_2 の二つのリンク1，2を回転関節 O_1，O_2 でつないで作られ，リンク2の先端Pが手先となっている。関節 O_1，O_2 は上下方向の軸 s_1，s_2 を回転軸とする。リンク1，2が直線となるときの姿勢を基準として，関節 O_1，O_2 の軸まわりにそれぞれ回転角 θ_1，θ_2 を与えたとする。図（a）に示すように，関節 O_1 を原点Oとする基準座標系 O-xyz を定める。この座標系に対して，回転後の手先Pの位置ベクトル $\boldsymbol{p}$ を求めることがここの問題である。

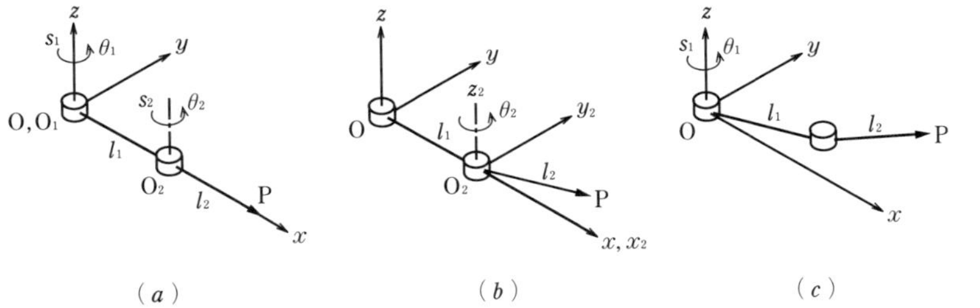

図 **12.5**　2関節マニピュレータの順運動学

まず図 12.5（b）に示すように，リンク2を関節 O_2 まわりに角度 θ_2 だけ回転させたときの手先位置を考える。このため図（b）に示すように，関節 O_2 を原点とする座標系 O_2-$x_2y_2z_2$ を導入する。手先Pの回転前の位置ベクトルは $\hat{\boldsymbol{l}}_2=\{\,l_2\quad 0\quad 0\,\}^T$ である。したがって，角度 θ_2 だけ回転したときの手先Pを同じ座標系 O_2-$x_2y_2z_2$ で表したときの位置ベクトル $\boldsymbol{p}_2$ は，式（12.10）を用いて

$$\boldsymbol{p}_2=E_z(\theta_2)\,\hat{\boldsymbol{l}}_2 \tag{12.20}$$

である。関節 O_1 を原点として座標系 O-xyz に一致する座標系 O_1-$x_1y_1z_1$ で表

した関節 O_2 の位置ベクトルは $\hat{\boldsymbol{l}}_1=\{l_1\quad 0\quad 0\}^T$ であるから，この座標系で表した現在の手先の位置ベクトル $\boldsymbol{p}_1$ は

$$\boldsymbol{p}_1=\hat{\boldsymbol{l}}_1+\boldsymbol{p}_2=\hat{\boldsymbol{l}}_1+E_z(\theta_2)\,\hat{\boldsymbol{l}}_2 \qquad (12.21)$$

となる。

つぎに図 12.5（c）に示すように，リンク1を関節 O_1 まわりに角度 θ_1 だけ回転させる。このときの位置ベクトル $\boldsymbol{p}$ は，ふたたび式（12.10）を用いて

$$\boldsymbol{p}=E_z(\theta_1)\,\boldsymbol{p}_1=E_z(\theta_1)\,(\hat{\boldsymbol{l}}_1+E_z(\theta_2)\,\hat{\boldsymbol{l}}_2) \qquad (12.22)$$

である。これが求める結果である。この式の計算を実際に行うと

$$\boldsymbol{p}=\begin{Bmatrix} l_1\cos\theta_1+l_2\cos(\theta_1+\theta_2) \\ l_1\sin\theta_1+l_2\sin(\theta_1+\theta_2) \\ 0 \end{Bmatrix} \qquad (12.23)$$

となる。

12.3.2　3関節マニピュレータの順運動学

第2の例として，**図 12.6**（a）に示す3関節マニピュレータを考える。このマニピュレータは，長さ l_1，l_2，l_3 のリンクを，上下方向の軸 s_1，水平方向の軸 s_2，s_3 をそれぞれ回転軸とする三つの回転関節 O_1，O_2，O_3 でつないだもので，リンク3の先端が手先Pである。図（a）を基準の姿勢として，関節

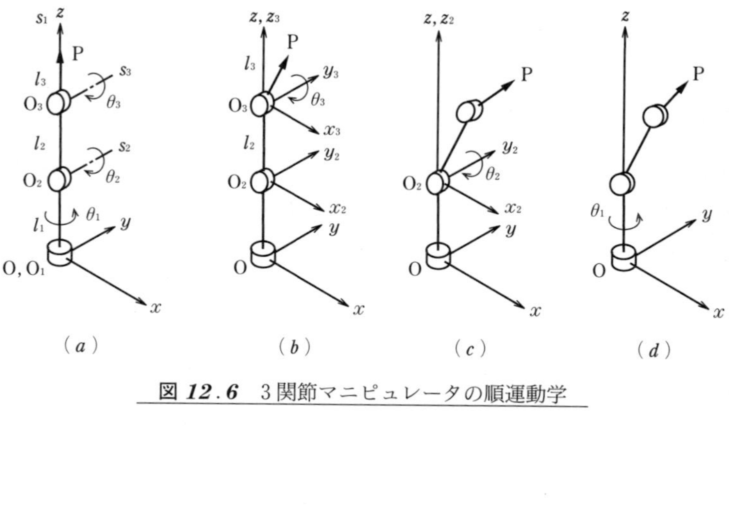

図 12.6　3関節マニピュレータの順運動学

O_1，O_2，O_3 に回転角 θ_1，θ_2，θ_3 を与えたとする。図に示すように，台枠に基準座標系 O-xyz を定める。この座標系で表して，手先 P の位置がいくらになるかを求めることがここの問題である。

まず図 12.6（b）に示すように，リンク 3 を回転関節 O_3 まわりに角度 θ_3 だけ回転したときを考える。図（b）のように，基準座標系 O-xyz に平行に座標系 O_3-$x_3y_3z_3$ を導入する。この座標系上で表して，回転前の手先 P の位置ベクトルは $\hat{\boldsymbol{l}}_3=\{0 \quad 0 \quad l_3\}^T$ であるので，同じ座標系で表して，角度 θ_3 だけ回転したときの点 P の位置ベクトル $\boldsymbol{p}_3$ は

$$\boldsymbol{p}_3=E_y(\theta_3)\,\hat{\boldsymbol{l}}_3 \tag{12.24}$$

である。ここで座標系 O-xyz と平行な座標系 O_2-$x_2y_2z_2$ を導入すると，手先の位置ベクトル $\boldsymbol{p}_2'$ は，上式の位置ベクトル $\boldsymbol{p}_3$ に，関節 O_3 の位置ベクトル $\hat{\boldsymbol{l}}_2=\{0 \quad 0 \quad l_2\}^T$ を加えた

$$\boldsymbol{p}_2'=\hat{\boldsymbol{l}}_2+\boldsymbol{p}_3=\hat{\boldsymbol{l}}_2+E_y(\theta_3)\,\hat{\boldsymbol{l}}_3 \tag{12.25}$$

である。

つぎに図（c）に示すように，リンク 2 を回転関節 O_2 まわりに角度 θ_2 だけ回転したときの手先 P の位置ベクトル $\boldsymbol{p}_2$ は

$$\boldsymbol{p}_2=E_y(\theta_2)\,\boldsymbol{p}_2'=E_y(\theta_2)\,(\hat{\boldsymbol{l}}_2+E_y(\theta_3)\,\hat{\boldsymbol{l}}_3) \tag{12.26}$$

である。ここで座標系 O-xyz に一致するベクトル O_1-$x_1y_1z_1$ を導入する，手先 P の位置ベクトル $\boldsymbol{p}_1$ は，上式の位置ベクトル $\boldsymbol{p}_2$ に，関節 O_2 の位置ベクトル $\hat{\boldsymbol{l}}_1=\{0 \quad 0 \quad l_1\}^T$ を加えた

$$\boldsymbol{p}_1=\hat{\boldsymbol{l}}_1+\boldsymbol{p}_2=\hat{\boldsymbol{l}}_1+E_y(\theta_2)\,(\hat{\boldsymbol{l}}_2+E_y(\theta_3)\,\hat{\boldsymbol{l}}_3) \tag{12.27}$$

である。

最後に図（d）に示すように，リンク 1 を回転関節 O_1 まわりに角度 θ_1 だけ回転したときの点 P の位置ベクトル $\boldsymbol{p}$ は

$$\boldsymbol{p}=E_z(\theta_1)\,\boldsymbol{p}_1=E_z(\theta_1)\,(\hat{\boldsymbol{l}}_1+E_y(\theta_2)\,(\hat{\boldsymbol{l}}_2+E_y(\theta_3)\,\hat{\boldsymbol{l}}_3)) \tag{12.28}$$

である。これが求める結果である。この式の計算を実際に行えば

$$\boldsymbol{p}=\begin{Bmatrix} l_2\cos\theta_1\sin\theta_2+l_3\cos\theta_1\sin(\theta_2+\theta_3) \\ l_2\sin\theta_1\sin\theta_2+l_3\sin\theta_1\sin(\theta_2+\theta_3) \\ l_1+l_2\cos\theta_2+l_3\cos(\theta_2+\theta_3) \end{Bmatrix} \tag{12.29}$$

となる。

【例題 12.3】 図 12.7 のマニピュレータは，リンク 1,2 を，上下方向の軸 s_1，水平方向の軸 s_2 を回転軸とする関節 O_1，O_2 でつないで作られたもので，リンク 2 の先端 P が手先である。図のように台枠に基準座標系 O-xyz を定める。図の状態を基準位置として，関節 O_1，O_2 に回転角 θ_1，θ_2 を与えたときの手先 P の位置を求めよ。

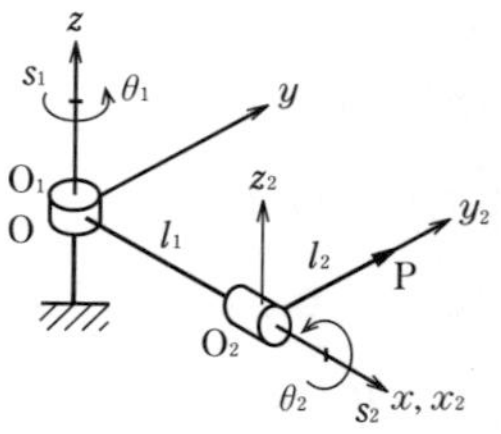

図 12.7　2 関節マニピュレータの順運動学

［解答］　図 12.7 に示す座標系 O_2-$x_2y_2z_2$ 上で見た手先 P の位置ベクトルは $\hat{\boldsymbol{l}}_2=\{0\quad l_2\quad 0\}^T$ である。座標系 O-xyz に一致する座標系 O_1-$x_1y_1z_1$ で見た関節 O_2 の位置ベクトルは $\hat{\boldsymbol{l}}_1=\{l_1\quad 0\quad 0\}^T$ であるから，手先 P を x 軸まわりに θ_2 だけ回転させたときの位置ベクトル $\boldsymbol{p}_1$ は

$$\boldsymbol{p}_1=\hat{\boldsymbol{l}}_1+E_x(\theta_2)\,\hat{\boldsymbol{l}}_2=\begin{Bmatrix} l_1 \\ l_2\cos\theta_2 \\ l_2\sin\theta_2 \end{Bmatrix}$$

となる。これを z 軸まわりに θ_1 だけ回転させたとき，基準座標系 O-xyz で表した位置ベクトル $\boldsymbol{p}$ は

$$\boldsymbol{p}=E_z(\theta_1)(\hat{\boldsymbol{l}}_1+E_x(\theta_2)\,\hat{\boldsymbol{l}}_2)=\begin{Bmatrix} l_1\cos\theta_1-l_2\sin\theta_1\cos\theta_2 \\ l_1\sin\theta_1+l_2\cos\theta_1\cos\theta_2 \\ l_2\sin\theta_2 \end{Bmatrix}$$

である。

12.4 逆　運　動　学

逆運動学の問題を一般的な形で定式化するとつぎのようになる。台枠に固定された基準座標系 O-xyz において，手先の位置を与える位置ベクトル $\boldsymbol{p}$ が，関節 O_1，O_2，…，O_n の変位 q_1，q_2，…，q_n の関数 $\boldsymbol{p}=\boldsymbol{p}(q_1,\ q_2,\ \dots,\ q_n)$ で与えられている。手先の望みの位置が位置ベクトル $\bar{\boldsymbol{p}}$ で与えられたとき

$$\boldsymbol{p}(q_1,\ q_2,\ \cdots,\ q_n)=\bar{\boldsymbol{p}} \tag{12.30}$$

となるように，各関節の変位 q_1，q_2，…，q_n を求めよ。

式（12.30）の左辺は，一般に各関節の変位 q_1，q_2，…，q_n の非線形関数である。したがって，式（12.30）を解いて未知量 q_1，q_2，…，q_n を定める問題は，非線形方程式を解く問題である。このため逆運動学の問題は一般に難しく，またすべての機構について解が存在するわけでもない。逆運動学の問題は，直感的に解かれることが多い。現在実用になっている多くのマニピュレータでは，その構造を，解析解が得られるように作り，それに対して解析解を求めて，望みの運動を実現している。ここでは解析解が得られる構造のマニピュレータを取り上げ，その解析解を求めよう。

12.4.1　2関節マニピュレータの逆運動学

第1の例として，ふたたび図12.5のマニピュレータを取り上げる。このマニピュレータの手先の位置ベクトル $\boldsymbol{p}=\{x\quad y\}^T$ の成分 x，y は，12.3節の式(12.23)によって

$$\left.\begin{aligned} x&=l_1\cos\theta_1+l_2\cos(\theta_1+\theta_2)\\ y&=l_1\sin\theta_1+l_2\sin(\theta_1+\theta_2)\end{aligned}\right\} \tag{12.31}$$

である。なお問題に関係ない z 成分は省略してある。このマニピュレータに対して，望みの手先の位置ベクトル $\bar{\boldsymbol{p}}=\{\bar{x}\quad\bar{y}\}^T$ が与えられたとする。このとき問題は

$$\left.\begin{aligned} l_1\cos\theta_1+l_2\cos(\theta_1+\theta_2)&=\bar{x}\\ l_1\cos\theta_1+l_2\sin(\theta_1+\theta_2)&=\bar{y}\end{aligned}\right\} \tag{12.32}$$

を満たす θ_1，θ_2 を求めることである。

式（12.32）の解を求めるため，この式から

$$\left.\begin{aligned} \bar{x}-l_1\cos\theta_1&=l_2\cos(\theta_1+\theta_2)\\ \bar{y}-l_1\sin\theta_1&=l_2\sin(\theta_1+\theta_2)\end{aligned}\right\} \tag{12.33}$$

を導く。両辺を2乗して加え合わせると

$$2l_1(\bar{x}\cos\theta_1+\bar{y}\sin\theta_1)=l_1^2-l_2^2+(\bar{x}^2+\bar{y}^2) \tag{12.34}$$

を得る。ここで式

$$\gamma=\tan^{-1}\frac{\bar{y}}{\bar{x}} \tag{12.35}$$

で定められる角度 γ を導入する。これを用いると，式(12.34)は

$$2l_1\sqrt{\bar{x}^2+\bar{y}^2}\cos(\theta_1-\gamma)=l_1^2-l_2^2+(\bar{x}^2+\bar{y}^2) \tag{12.36}$$

となる。この式から θ_1 として

$$\theta_1=\gamma\pm\cos^{-1}\frac{l_1^2-l_2^2+(\bar{x}^2+\bar{y}^2)}{2l_1\sqrt{\bar{x}^2+\bar{y}^2}} \tag{12.37}$$

を得る。つぎに式（12.33）の両辺をそれぞれ割ると

$$\tan(\theta_1+\theta_2)=\frac{\bar{y}-l_1\sin\theta_1}{\bar{x}-l_1\cos\theta_1} \tag{12.38}$$

を得る。この式から

$$\theta_2=-\theta_1+\tan^{-1}\frac{\bar{y}-l_1\sin\theta_1}{\bar{x}-l_1\cos\theta_1} \tag{12.39}$$

を得る。この式と式(12.37)によって，θ_1，θ_2 が求められたことになる。

【例題 12.4】 図 12.5 のマニピュレータのリンクの長さが $l_1=l_2=1$ であったとする。このマニピュレータの手先位置を

$$\bar{\boldsymbol{p}}=\{\bar{x}\quad \bar{y}\}^T=\{(1+\sqrt{3})/2\sqrt{2}\quad (3+\sqrt{3})/2\sqrt{2}\}^T$$

とするための関節の回転角 θ_1，θ_2 を求めよ。

［**解答**］ 式(12.35)から $\gamma=\pi/3$ を得る。これを用いると，式(12.37)から θ_1 として

$$\theta_1=\frac{\pi}{3}\pm\cos^{-1}\frac{1+\sqrt{3}}{2\sqrt{2}}=\frac{\pi}{4},\quad \frac{5\pi}{12}$$

の二つを得る。このうち $\theta_1=\pi/4$ に対して

$$\theta_2=-\frac{\pi}{4}+\tan^{-1}\frac{(3+\sqrt{3})/2\sqrt{2}-\sin(\pi/4)}{(1+\sqrt{3})/2\sqrt{2}-\cos(\pi/4)}=\frac{\pi}{6}$$

を，また $\theta_1=5\pi/12$ に対して

$$\theta_2=-\frac{5\pi}{12}+\tan^{-1}\frac{(3+\sqrt{3})/2\sqrt{2}-\sin(5\pi/12)}{(1+\sqrt{3})/2\sqrt{2}-\cos(5\pi/12)}$$

$$=-\frac{\pi}{6}$$

を得る。このときのマニピュレータの姿勢を示すと**図 12.8** のようになる。この図の実線と破線は，上で得られた二つの解を示す。この図から，解が二つ存在することの意味は明ら

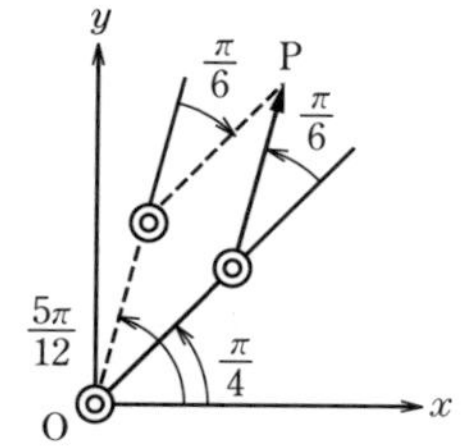

図 12.8　逆運動学の解

かである。

12.4.2　3関節マニピュレータの逆運動学

第2の例として，図 12.6 のマニピュレータを取り上げる。このマニピュレータの手先の位置 $\boldsymbol{p}=\{x \quad y \quad z\}^T$ は，前節の式（12.29）によって

$$\left.\begin{aligned} x&=l_2\cos\theta_1\sin\theta_2+l_3\cos\theta_1\sin(\theta_2+\theta_3)\\ y&=l_2\sin\theta_1\sin\theta_2+l_3\sin\theta_1\sin(\theta_2+\theta_3)\\ z&=l_1+l_2\cos\theta_2+l_3\cos(\theta_2+\theta_3)\end{aligned}\right\}\qquad(12.40)$$

で与えられる。このマニピュレータに対して，望みの手先位置を表すベクトル $\bar{\boldsymbol{p}}=\{\bar{x} \quad \bar{y} \quad \bar{z}\}^T$ が与えられたとする。このとき問題は

$$\left.\begin{aligned} &l_2\cos\theta_1\sin\theta_2+l_3\cos\theta_1\sin(\theta_2+\theta_3)=\bar{x}\\ &l_2\sin\theta_1\sin\theta_2+l_3\sin\theta_1\sin(\theta_2+\theta_3)=\bar{y}\\ &l_1+l_2\cos\theta_2+l_3\cos(\theta_2+\theta_3)=\bar{z}\end{aligned}\right\}\qquad(12.41)$$

を満たす θ_1，θ_2，θ_3 を求めることである。

まず上式の第1，2式の両辺を辺々割り算すると

$$\tan\theta_1=\frac{\bar{y}}{\bar{x}}\qquad(12.42)$$

を得る。この式から θ_1 として

$$\theta_1=\tan^{-1}\frac{\bar{y}}{\bar{x}}\qquad(12.43)$$

を得る。この式から，θ_1 に対して π だけずれた二つの解が存在することがわかる。この解は，z 軸まわりにある角度 θ_1 だけ回転した場合と，そこからさらに角度 π だけ回転した場合に，同じ手先位置が得られることを示している。この解があり得ることは，**図 12.9** に示すように，リンク1を角度 θ_1 だけ回転させ，そこでリンク2，3を角度 θ_2，θ_3 だけ傾けた場合の手先位置と，リンク1

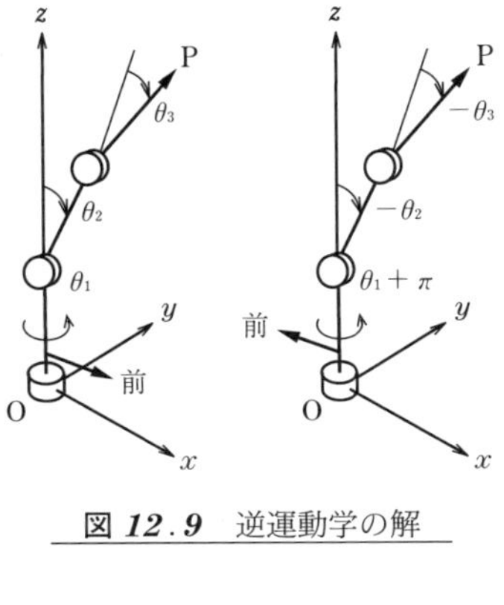

図 12.9　逆運動学の解

を角度 θ_1 からさらに半周だけ回転させ，そこでリンク 2，3 を角度 $-\theta_2$，$-\theta_3$ だけ傾けた場合の手先位置が同じであることを考えれば予想できる。実際に後に，このような解が得られることがわかる。

関節角 θ_3 を求めるため，式(12.41)の第1式，第2式と，第3式の l_1 を右辺に移項した式をそれぞれ2乗して加え合わせると

$$l_2^2+l_3^2+2l_2l_3\cos\theta_3=\bar{x}^2+\bar{y}^2+(\bar{z}-l_1)^2 \tag{12.44}$$

を得る。この式から

$$\cos\theta_3=\frac{\bar{x}^2+\bar{y}^2+(\bar{z}-l_1)^2-l_2^2+l_3^2}{2l_2l_3} \tag{12.45}$$

を得る。この式から，θ_3 の値として

$$\theta_3=\pm\cos^{-1}\frac{\bar{x}^2+\bar{y}^2+(\bar{z}-l_1)^2-l_2^2-l_3^2}{2l_2l_3} \tag{12.46}$$

を得る。

最後に関節角 θ_2 を求めるため，式(12.41)の第1式，第2式を辺々2乗して加え合わせたものと第3式を並べると

$$\left.\begin{aligned}(l_2+l_3\cos\theta_3)\sin\theta_2+(l_3\sin\theta_3)\cos\theta_2&=\pm\sqrt{\bar{x}^2+\bar{y}^2}\\(-l_3\sin\theta_3)\sin\theta_2+(l_2+l_3\cos\theta_3)\cos\theta_2&=\bar{z}-l_1\end{aligned}\right\} \tag{12.47}$$

を得る。θ_3 がすでに求められているので，この式は $\sin\theta_2$，$\cos\theta_2$ の連立方程式となっている。これを解いて θ_2 が定められる。

12.5 微分関係

12.5.1 ヤコビ行列

上で見たように，逆運動学の問題は，非線形方程式に帰着され，一般的に解くことは難しい。関節の変位と手先の位置の関係を，微分関係で表すと，いくつかの問題に有力な解決策を与える。ここでこの微分関係を考える。

基準座標系で見た手先の位置ベクトル $\boldsymbol{p}$ は，関節の変位を q_1，q_2，…，q_n とすると，式（12.19）で与えられる。各関節に，現在の変位に微小変位

dq_1, dq_2, …, dq_n を与える。これをまとめて

$$\boldsymbol{dq}=\{\ dq_1 \quad dq_2 \quad \cdots \quad dq_n\ \}^T \tag{12.48}$$

と表す。この微小変位によって，手先には，現在の位置から微小変位を生じる。この微小変位を，基準座標系で表して dx, dy, dz とおく。これをまとめて

$$\boldsymbol{dp}=\{\ dx \quad dy \quad dz\ \}^T \tag{12.49}$$

と表す。以下，微小変位 dq が加えられたとき，微小変位 $\boldsymbol{dp}$ がいくらかを求める問題を考える。

式 (12.19)の右辺の q_i に q_i+dq_i を代入したものと，もとの右辺との差が微小変位 $\boldsymbol{dp}$ を表すので

$$\boldsymbol{dp}=\boldsymbol{p}(q_1+dq_1,\ q_2+dq_2,\ \cdots,\ q_n+dq_n)-\boldsymbol{p}(q_1,\ q_2,\ \cdots,\ q_n) \tag{12.50}$$

である。この式の右辺をテイラー級数展開すると

$$\boldsymbol{dp}=\frac{\partial\boldsymbol{p}}{\partial q_1}dq_1+\frac{\partial\boldsymbol{p}}{\partial q_2}dq_2+\cdots+\frac{\partial\boldsymbol{p}}{\partial q_n}dq_n \tag{12.51}$$

を得る。そこで

$$\boldsymbol{J}=\left[\ \frac{\partial\boldsymbol{p}}{\partial q_1} \quad \frac{\partial\boldsymbol{p}}{\partial q_2} \quad \cdots \quad \frac{\partial\boldsymbol{p}}{\partial q_n}\ \right] \tag{12.52}$$

を導入する。この $\boldsymbol{J}$ はマトリックスで，その行数はベクトル $\boldsymbol{p}$ と同じ，列数は関節の数 n である。これを用いれば，$\boldsymbol{dp}$ は

$$\boldsymbol{dp}=\boldsymbol{J}\cdot\boldsymbol{dq} \tag{12.53}$$

と書くことができる。この式に表れるマトリックス $\boldsymbol{J}$ を，いまの問題の**ヤコビ行列**，**ヤコビアンマトリックス**あるいは単に**ヤコビアン**(Jacobian) などという。上の式展開からわかるように，ヤコビ行列は一般に変位 q_i の関数である。

例として，図 12.5 のマニピュレータのヤコビ行列を求める。手先の位置 $\boldsymbol{p}=\{\ x \quad y\ \}^T$ は式(12.31)によって与えられるので，この式の θ_1, θ_2 に微小変位 $\boldsymbol{dq}=\{\ d\theta_1 \quad d\theta_2\ \}^T$ を与える場合，手先位置の微小変位 $\boldsymbol{dp}=\{\ dx \quad dy\ \}^T$ は

$$d\boldsymbol{p}=\begin{Bmatrix} dx \\ dy \end{Bmatrix}=\begin{Bmatrix} -l_1 \sin\theta_1\, d\theta_1 - l_2 \sin(\theta_1+\theta_2)(d\theta_1+d\theta_2) \\ l_1 \cos\theta_1\, d\theta_1 + l_2 \cos(\theta_1+\theta_2)(d\theta_1+d\theta_2) \end{Bmatrix} \tag{12.54}$$

となる。この式の右辺を $d\theta_1$，$d\theta_2$ について整理すると，ヤコビ行列 $\boldsymbol{J}$ は

$$\boldsymbol{J}=\begin{bmatrix} J_{11} & J_{12} \\ J_{21} & J_{22} \end{bmatrix} \tag{12.55}$$

となる。ここで成分は

$$\left.\begin{aligned} J_{11}&=-l_1\sin\theta_1-l_2\sin(\theta_1+\theta_2), \quad J_{12}=-l_2\sin(\theta_1+\theta_2) \\ J_{21}&=l_1\cos\theta_1+l_2\cos(\theta_1+\theta_2), \quad J_{22}=l_2\cos(\theta_1+\theta_2) \end{aligned}\right\} \tag{12.56}$$

である。

12.5.2 逆運動学への応用

12.5.1項で導いたヤコビ行列を逆運動学へ応用することができる。ヤコビ行列 $\boldsymbol{J}$ が正則であるとき，すなわち $\boldsymbol{J}$ の逆行列 $\boldsymbol{J}^{-1}$ が存在するとき，式(12.53)から

$$\varDelta\boldsymbol{q}=\boldsymbol{J}^{-1}\cdot\varDelta\boldsymbol{p} \tag{12.57}$$

が得られる。この式は，関節の微小変位 $\varDelta\boldsymbol{q}$ が，手先の微小変位 $\varDelta\boldsymbol{p}$ の関数として定められることを示している。そこでこの関係を用いれば，関節の変位を少しずつ変化させて，手先を望みの位置に到達させる方法を与えてくれる。この方法を考えよう。

手先の初期位置と，手先が望みの位置に到達するまでの途中の経路が与えられているとする。手先を，初期位置を出発点として，与えられた経路に沿って微小変位 $\varDelta\boldsymbol{p}$ だけ移動させるための関節の微小変位 $\varDelta\boldsymbol{q}$ を式(12.57)によって求める。この微小変位 $\varDelta\boldsymbol{q}$ を関節に与えれば，手先は初期位置から $\varDelta\boldsymbol{p}$ だけ移動して新しい位置に達する。つぎにこの新しい位置を出発点として，与えられた経路に沿ってさらに微小変位 $\varDelta\boldsymbol{p}$ だけ移動させるため，関節の微小変位 $\varDelta\boldsymbol{q}$ を式（12.57）によって求める。ヤコビ行列 J は関節の変位 q_i の関数であるから，微小変位 $\varDelta\boldsymbol{q}$ は前の値とは異なる。この微小変位を関節に与えると新しい位置に達する。同じことを，手先が望みの位置に到達するまで繰り返す。

この方法は，ヤコビ行列 $\boldsymbol{J}$ が正則であれば，逆運動学の解法として有効である。ただし実際に応用するにあたっては，累積誤差の問題などを考慮する必要がある。

12.5.3 特　異　姿　勢

ヤコビ行列 $\boldsymbol{J}$ は，関節の変位の関数であり，関節の変位に応じて変化する。したがってヤコビ行列 $\boldsymbol{J}$ は，関節のほとんどの位置で正則であっても，特定の位置で特異になることがある。ヤコビ行列 $\boldsymbol{J}$ が正方行列の場合，これが特異になる条件は $|\boldsymbol{J}|=0$ である。ヤコビ行列 $\boldsymbol{J}$ が特異になるときのマニピュレータの位置を**特異姿勢**（singular configuration）という。

マニピュレータが特異姿勢をとるとき，式(12.57)が成り立たない。これは，望みの微小変化 $d\boldsymbol{p}$ を与える関節変位 $d\boldsymbol{q}$ が存在しないことを意味する。例えばマニピュレータが伸びきった状態では，関節変位をどのように与えても，手先はそれ以上伸びることができない。特異姿勢でこのような状態が起こる。

例として，図 12.5 の 2 関節マニピュレータの場合の特異姿勢を求める。この場合のヤコビ行列は式(12.55)で与えられるので，特異姿勢は，式

$$|\boldsymbol{J}|=l_1 l_2 \sin\theta_2=0 \tag{12.58}$$

によって定められる。この式から

$$\theta_2=0,\quad \pi \tag{12.59}$$

を得る。このときの特異姿勢は，**図 12.10** に示すように，二つのリンクが伸びきった状態，あるいは折り重なった状態である。この姿勢では，θ_1，θ_2 をど

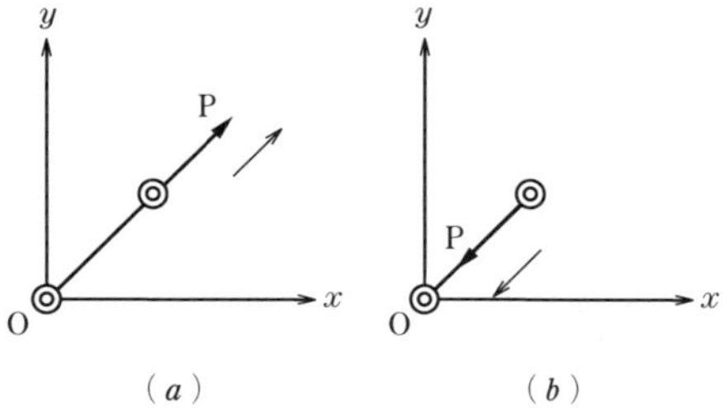

図 12.10　特異姿勢

のように動かしても，手先を図の矢印の方向に動かすことができない。

関節の微小変位 $d\boldsymbol{q}$ と，それによって生じる微小位置変化 $d\boldsymbol{p}$ を，いずれも微小時間 dt 内に行われたものとすれば，式(12.53)は，関節の速度 $d\boldsymbol{q}/dt$ と手先の速度 $d\boldsymbol{p}/dt$ の関係

$$\frac{\partial \boldsymbol{p}}{\partial t}=\boldsymbol{J}\cdot\frac{\partial \boldsymbol{q}}{\partial t} \tag{12.60}$$

を意味する。これから

$$\frac{\partial \boldsymbol{q}}{\partial t}=\boldsymbol{J}^{-1}\cdot\frac{\partial \boldsymbol{p}}{\partial t} \tag{12.61}$$

を得る。この式は，マニピュレータが特異姿勢に近い場合，関節は非常に高い速度で移動しなければならないことを意味する。現実には，アクチュエータに制限があるため，このような移動が実現できなくなり，このとき手先の運動は望みのものからずれてしまう。

【例題 12.5】 直動関節と回転関節からなる，**図 12.11** の平面マニピュレータのヤコビ行列を導き，特異姿勢を調べよ。

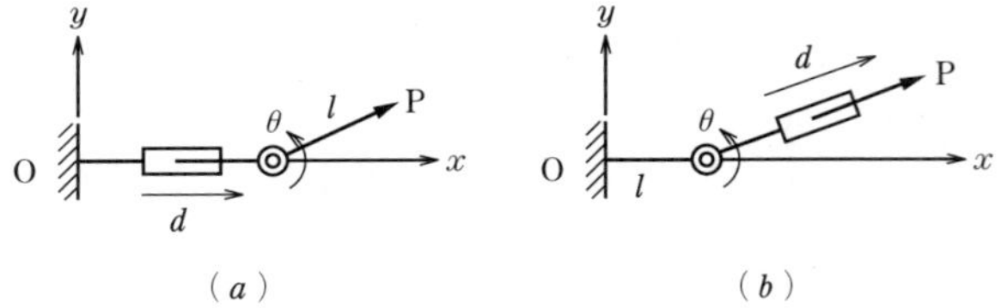

図 12.11　平面マニピュレータ

［**解答**］　図（a）の場合，手先位置は

$$\begin{Bmatrix} x \\ y \end{Bmatrix}=\begin{Bmatrix} d \\ 0 \end{Bmatrix}+\begin{bmatrix} \cos\theta & -\sin\theta \\ \sin\theta & \cos\theta \end{bmatrix}\begin{Bmatrix} l \\ 0 \end{Bmatrix}=\begin{Bmatrix} d+l\cos\theta \\ l\sin\theta \end{Bmatrix}$$

となる。変数は d と θ であり，これによる微分を求めると，ヤコビ行列は

$$\boldsymbol{J}=\begin{bmatrix} 1 & -l\sin\theta \\ 0 & l\cos\theta \end{bmatrix}$$

となる。特異点は

$$|\boldsymbol{J}|=\begin{vmatrix} 1 & -l\sin\theta \\ 0 & l\cos\theta \end{vmatrix}=l\cos\theta=0$$

により定められる。この式から

$$\theta=\pm\frac{\pi}{2}$$

あるいはこれに 2π の整数倍を加えた値を得る。この特異姿勢では，y 軸方向の変位は不可能である。

図（b）の場合，手先位置は

$$\begin{Bmatrix} x \\ y \end{Bmatrix}=\begin{Bmatrix} l \\ 0 \end{Bmatrix}+\begin{bmatrix} \cos\theta & -\sin\theta \\ \sin\theta & \cos\theta \end{bmatrix}\begin{Bmatrix} d \\ 0 \end{Bmatrix}=\begin{Bmatrix} d\cos\theta \\ d\sin\theta \end{Bmatrix}$$

となる。この場合も変数は d と θ である。ヤコビ行列は

$$\boldsymbol{J}=\begin{bmatrix} \cos\theta & -d\sin\theta \\ \sin\theta & d\cos\theta \end{bmatrix}$$

となる。特異点を定める式は

$$|\boldsymbol{J}|=\begin{vmatrix} \cos\theta & -d\sin\theta \\ \sin\theta & d\cos\theta \end{vmatrix}=d$$

である。この式から，$d=0$ でない限り特異姿勢にならないことがわかる。

12.6 マニピュレータの静力学

マニピュレータが手先で作業するとき，反力として，手先は対象物から力を受ける。マニピュレータがこの力に釣り合って作業するために，各関節には必要な駆動力が加えられなければならない。ここで，必要な駆動力の大きさを求める問題を考えよう。

手先が受ける力を，基準座標 O-xyz に対する成分で表して，ベクトル $\boldsymbol{f}=\{f_x \quad f_y \quad f_z\}^T$ であるとする。関節 O_1，O_2，…，O_n の駆動力を τ_1，τ_2，…，τ_n とする。ここで τ_i は関節 i が直動関節のとき力，回転関節のときトルクを意味する。駆動力 τ_1，τ_2，…，τ_n を並べて $\boldsymbol{\tau}=\{\tau_1 \quad \tau_2 \quad \cdots \quad \tau_n\}^T$ と表す。ベクトル $\boldsymbol{f}$ を知って，ベクトル $\boldsymbol{\tau}$ を求めることがこの節の問題である。

5 章で，力を求める方法として，力の釣合いの条件を用いる方法と，仮想仕事の原理を用いる方法を見た。マニピュレータの問題では，多くの場合，後者の方法が用いられる。以下，後者の方法によって駆動力の大きさを求めよう。

各関節の仮想変位を δq_1，δq_2，…，δq_n とし，これを並べて $\delta\boldsymbol{q}=\{\delta q_1 \quad \delta q_2$

$\cdots \quad \delta q_n \}^T$ と表す。これを用いると，駆動力による仮想仕事 δW_τ は

$$\delta W_\tau = \{ \delta q_1 \quad \delta q_2 \quad \cdots \quad \delta q_n \} \begin{Bmatrix} \tau_1 \\ \tau_2 \\ \vdots \\ \tau_n \end{Bmatrix} = \delta \boldsymbol{q}^T \cdot \tau \tag{12.62}$$

である。手先の仮想変位を基準座標で表して δx，δy，δz とし，これを並べて $\delta \boldsymbol{p} = \{ \delta x \quad \delta y \quad \delta z \}^T$ と表す。これを用いると，手先が受ける力 $\boldsymbol{f}$ に逆らってマニピュレータがなす仮想仕事 $\delta \boldsymbol{W}_f$ は

$$\delta W_f = -\{ \delta x \quad \delta y \quad \delta z \} \begin{Bmatrix} f_x \\ f_y \\ f_z \end{Bmatrix} = -\delta \boldsymbol{p}^T \cdot \boldsymbol{f} \tag{12.63}$$

である。式（12.62），（12.63）を，仮想仕事の原理を表す式

$$\delta W_\tau + \delta W_f = 0 \tag{12.64}$$

に代入すると

$$\delta \boldsymbol{q}^T \cdot \boldsymbol{\tau} = \delta \boldsymbol{p}^T \cdot \boldsymbol{f} \tag{12.65}$$

を得る。この式を書き直すと，求める $\boldsymbol{\tau}$ が得られる。

仮想変位 $\delta \boldsymbol{p}$ と $\delta \boldsymbol{q}$ の各成分はいずれも微小量であるから，式（12.53）を導いたと同じようにして，関係

$$\delta \boldsymbol{p} = \boldsymbol{J} \cdot \delta \boldsymbol{q} \tag{12.66}$$

を得る。ここで $\boldsymbol{J}$ はヤコビ行列である。式（12.66）は，仮想仕事の原理を用いるときに必要な，機構の構造で決まる相対的な動きの間の関係を表している。この式の両辺の転置を求めると

$$\delta \boldsymbol{p}^T = (\boldsymbol{J} \cdot \delta \boldsymbol{q})^T = \delta \boldsymbol{q}^T \cdot \boldsymbol{J}^T \tag{12.67}$$

を得る。これを式（12.65）に代入すると

$$\delta \boldsymbol{q}^T \cdot \boldsymbol{\tau} = \delta \boldsymbol{q}^T \cdot \boldsymbol{J}^T \cdot \boldsymbol{f} \tag{12.68}$$

を得る。$\delta \boldsymbol{q}$ は任意であるから，この式が成り立つための条件として

$$\boldsymbol{\tau} = \boldsymbol{J}^T \cdot \boldsymbol{f} \tag{12.69}$$

を得る。この式が駆動力 $\boldsymbol{\tau}$ を与えるである。

【例題 12.6】 **図 12.12** に示す，2関節マニピュレータの手先Pに，力 $\boldsymbol{f}=\{f_x \quad f_y\}^T$ が作用する。仮想仕事の原理を用いて，各関節に必要な駆動力 $\boldsymbol{\tau}=\{\tau_1 \quad \tau_2\}^T$ を求めよ。

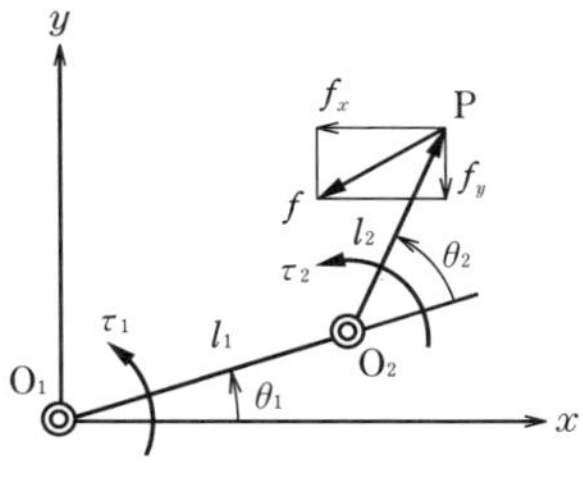

図 12.12 仮想仕事の原理の応用

［**解答**］ 求める駆動力は，式（12.69）を用いて

$$\begin{Bmatrix}\tau_1\\ \tau_2\end{Bmatrix}=\boldsymbol{J}^T\begin{Bmatrix}f_x\\ f_y\end{Bmatrix}$$

となる。この問題のヤコビ行列 $\boldsymbol{J}$ は，式（12.55）で与えられている。この式の $\boldsymbol{J}$ から $\boldsymbol{J}^T$ を求め，上式に代入すると，駆動力 τ_1，τ_2 は

$$\tau_1=-f_xl_1\sin\theta_1-f_xl_2\sin(\theta_1+\theta_2)+f_yl_1\cos\theta_1+f_yl_2\cos(\theta_1+\theta_2)$$
$$\tau_2=-f_xl_2\sin(\theta_1+\theta_2)+f_yl_2\cos(\theta_1+\theta_2)$$

となる。

【例題 12.7】 例題 12.6 と同じ問題を，力の釣合いの条件を用いて求め，前の結果と比較せよ。

［**解答**］ **図 12.13**（a）に示す問題のマニピュレータを，図（b），（c）のように，各リンクに切り離す。

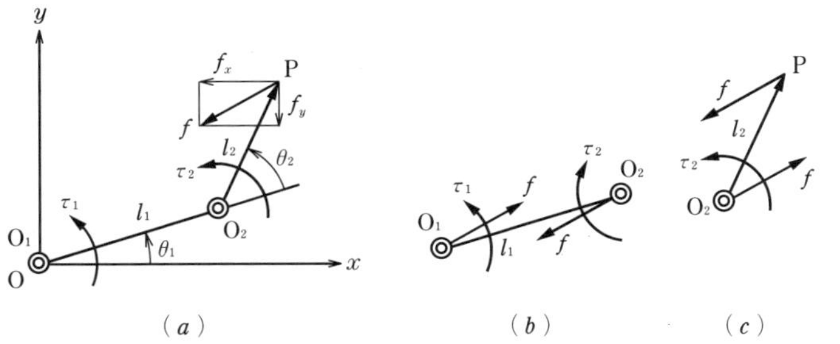

図 12.13 力の釣合いの条件の応用

まず図（c）に示すリンク2の釣合いを考える。リンク2には，手先の力 $\boldsymbol{f}$ のほかに，関節 O_2 で未知の力と，未知の駆動トルク τ_2 が作用する。このうち未知の力は，リンク2の力の釣合いの条件から，$\boldsymbol{f}$ と同じ大きさで向きが逆であることがわかる。また駆動トルク τ_2 は，リンク2の関節 O_2 のまわりのモーメントの釣合いの条件から

$$\tau_2 = -f_x l_2 \sin(\theta_1+\theta_2) + f_y l_2 \cos(\theta_1+\theta_2) \qquad (a)$$

と定められる。この式は，例題 *12.6* で得られた τ_2 と一致する。

つぎに図（*b*）に示すリンク1の釣合いを考える。リンク1には，関節 O_2 でリンク2からの反力と駆動トルクを受ける。このうち反力は力 $\boldsymbol{f}$ に等しい。また駆動トルクは，大きさが τ_2 で，リンク2の駆動トルクと逆向きである。またリンク1は，関節 O_1 で未知の力と未知の駆動トルク τ_1 を受ける。力の釣合いの条件から，未知の力は，手先の力 $\boldsymbol{f}$ と同じ大きさで向きは逆であることがわかる。また駆動トルク τ_1 は，リンク1の関節 O_1 まわりのモーメントの釣合いの条件から

$$\tau_1 = -f_x l_1 \sin\theta_1 + f_y l_1 \cos\theta_1 + \tau_2 \qquad (b)$$

と定められる。式（*a*）の τ_2 を用いれば，この式は例題 *12.6* で得られた τ_1 と一致する。

演　習　問　題

〔***1***〕 図 *12.6* のマニピュレータのヤコビ行列を求めよ。

〔***2***〕 図 *12.6* のマニピュレータの先端が x 軸方向に力 f_x を受ける場合の各関節のトルクを求めよ。得られた結果において，特に直立の姿勢の場合のトルクを求め，釣合いの条件から得られる結果と比較せよ。

参　考　文　献

1 **章〜*11*** **章**

1）　森田鈞：機構学，サイエンス社（1984）
2）　太田博：機構学，朝倉書店（1984）
3）　Hamilton H. Mabie & Charles F. Reinholtz : Mechanisms and Dynamics of Machinery, John Wiley & Sons（1987）
4）　井垣久・他 3 名，機構学，朝倉書店（1989）
5）　小峯龍男：Mathematica によるメカニズム，東京電機大学出版局（1997）
6）　牧野洋：3 次元機構学，日刊工業新聞社（1998）
7）　高行男：機構学入門，山海堂（1998）
8）　井原泰三・松田孝：機構学入門，日新出版（2000）
9）　山川出雲：機構学，朝倉書店（2000）
10）　George H. Martin : Kinematics and Dynamics of Machines, Waveland Pr（2002）

12 **章**

1）　遠山茂樹：ロボット工学，コロナ社（1994）
2）　広瀬茂男：ロボット工学（改訂版），裳華房（1996）
3）　計測自動制御学会編：ロボット制御の実際，コロナ社（1997）
4）　小川鑛一・加藤了三：基礎ロボット工学，東京電機大学出版局（1998）
5）　大熊繁編著：ロボット制御，オーム社（1998）

演習問題の解答

1 章

〔*1*〕（a）3，（b）2，（c）1

〔*2*〕 節の総数 n は，A，B，C，D，E で $n=5$。自由度1の対偶の総数 p_1 は，AとE，AとB，BとC，CとE，DとEの間に1つずつで $p_1=5$。自由度2の対偶の総数 p_2 は，CとDの間に一つで $p_2=1$。ゆえに自由度は $f=3\times4-2\times5-1=1$ である。

〔*3*〕 節の総数 n は，A，B，C で $n=3$。自由度1の対偶の総数 p_1 は，AとC，BとCの間に1つずつで $p_2=2$。自由度2の対偶の総数 p_2 は，AとBの間に一つで $p_2=1$。ゆえに自由度は $f=3\times2-2\times2-1=1$ である。

〔*4*〕 節の総数 n は，A，B，C，D で $n=4$。自由度1の対偶は a，d で，$p_1=2$。自由度2の対偶は，c で $p_2=1$。自由度3の対偶は，b で $p_3=1$。ゆえに自由度 f は $f=6\times3-5\times2-3\times1=1$ である。

2 章

〔*1*〕 図 ***A.1*** に示す通り。

〔*2*〕 図 ***A.2*** に示す通り。

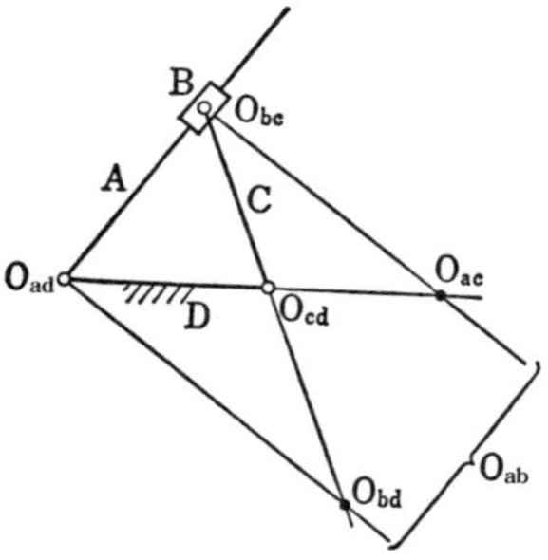

図 ***A.1***

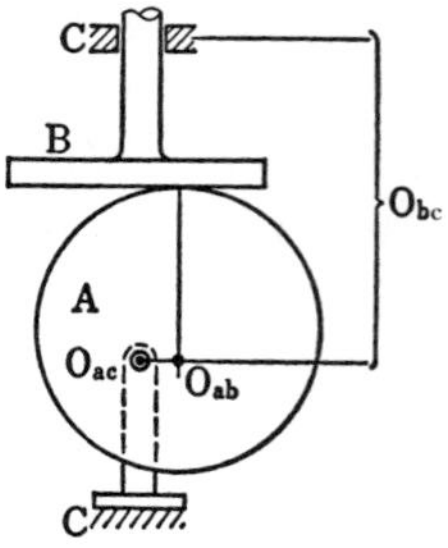

図 ***A.2***

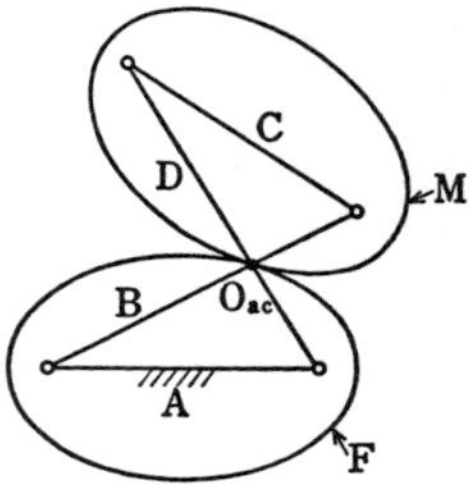

図 ***A.3***

〔*3*〕 瞬間中心 O_{ac} は節B，Dの交点。$a=c$，$b=d$ の条件から，固定中心軌跡，移動中心軌跡は図 ***A.3*** に記号F，Mで示すだ円である。

3 章

〔*1*〕 OQおよびそれに直角方向に単位ベクトル $\boldsymbol{i}_0$，$\boldsymbol{j}_0$ を定めると，$\overrightarrow{OP}=r(\cos\theta\,\boldsymbol{i}_0+\sin\theta\,\boldsymbol{j}_0)$，$\overrightarrow{PQ}=l(\cos\varphi\,\boldsymbol{i}_0-\sin\varphi\,\boldsymbol{j}_0)$，$\overrightarrow{OQ}=(r+l-x)\,\boldsymbol{i}_0$ となる。これらを $\overrightarrow{OP}+\overrightarrow{PQ}+\overrightarrow{QO}=0$ に代入し，両辺の $\boldsymbol{i}_0$，$\boldsymbol{j}_0$，$\boldsymbol{k}_0$ の係数を等しいとおくと

$r\cos\theta+l\cos\varphi=r+l-x$，$r\sin\theta-l\sin\varphi=0$ を得る。これらの二つの式から φ を消去すれば $x=r(1-\cos\theta)+l\left(1-\sqrt{1-\dfrac{r^2}{l^2}\sin^2\theta}\right)$ を得る。

〔*2*〕 $\overrightarrow{OP}=p(\cos\theta\,\boldsymbol{i}_0+\sin\theta\,\boldsymbol{j}_0)+p\boldsymbol{k}_0$，$\overrightarrow{OQ}=(p+y)\boldsymbol{j}_0$ より $\overrightarrow{PQ}=-p\cos\theta\,\boldsymbol{i}_0+(p+y-p\sin\theta)\boldsymbol{j}_0-p\boldsymbol{k}_0$ を得る。これを $\overrightarrow{PQ}\cdot\overrightarrow{PQ}=3p^2$ に代入すると $(p+y)^2-2p\sin\theta(p+y)=p^2$ を得る。ゆえに $y=p\left\{-(1-\sin\theta)+\sqrt{1+\sin^2\theta}\right\}$ となる。

4　章

〔*1*〕 速度多角形，加速度多角形は図 ***A.4***（*b*），（*c*）のようになる。この図から，$v_q=1.88$ m/s，$a_q=19.2$ m/s^2 を得る。

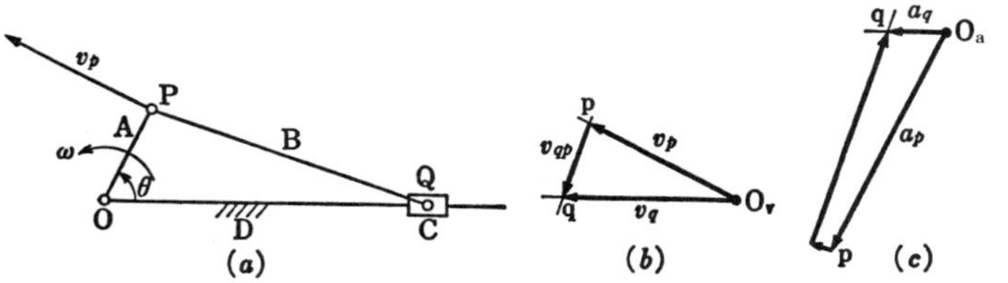

図 ***A.4***

〔*2*〕 速度多角形，加速度多角形は図 ***A.5***（*b*），（*c*）のようになる。この図から，$v_s=1.7$ m/s，$a_s=19.5$ m/s^2 を得る。

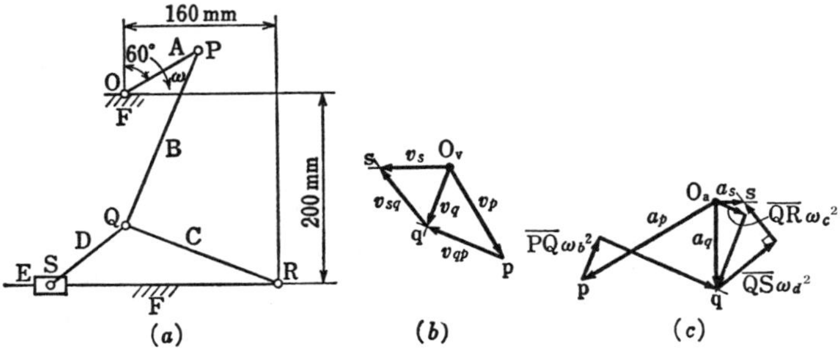

図 ***A.5***

〔*3*〕 速度多角形，加速度多角形は図 ***A.6***（*b*），（*c*）のようになる。この図から，$v_{p_b}=1.04$ m/s，$a_{p_b}=38.9$ m/s^2 を得る。

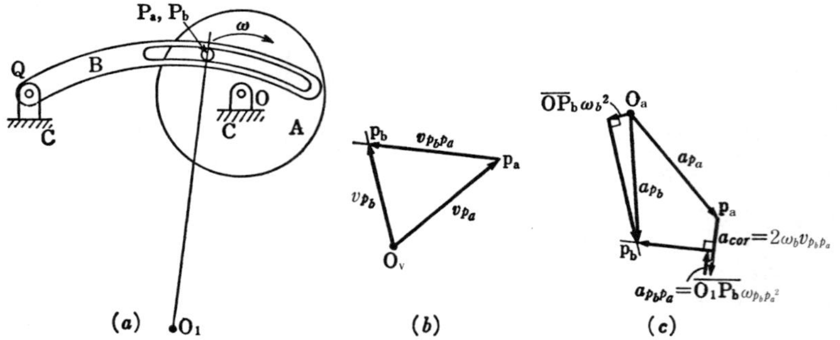

図 *A*.6

5　章

〔*1*〕 図 *A*.7 より $Sd=T$ である。さらに図から $d=r\sin(\theta+\varphi)$ が得られ，$S=\dfrac{T}{r\sin(\theta+\varphi)}$ となる。また

$$R=S\sin\varphi=\frac{T\sin\varphi}{r\sin(\theta+\varphi)},\quad F=S\cos\varphi=\frac{T\cos\varphi}{r\sin(\theta+\varphi)}$$

となる。

摩擦力が存在すると $S=\dfrac{T}{r\sin(\theta+\varphi)}$ となる。ゆえに

$$R=S\sin\varphi=\frac{T\sin\varphi}{r\sin(\theta+\varphi)},\ F+\mu R=S\cos\varphi$$

から $F=\dfrac{T(\cos\varphi-\mu\sin\varphi)}{r\sin(\theta+\varphi)}$ を得る。

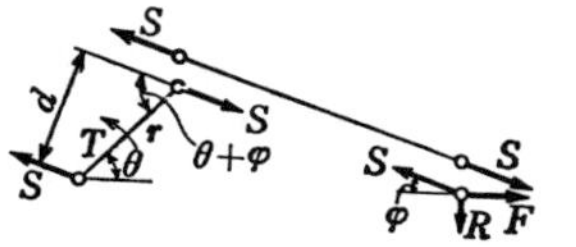

図 *A*.7

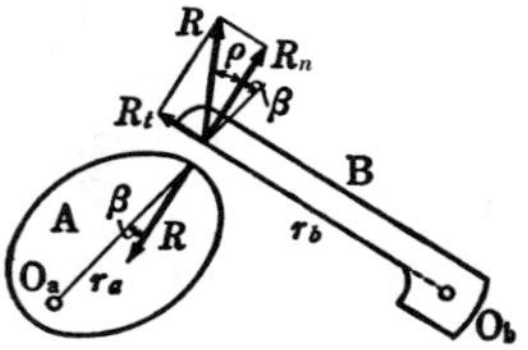

図 *A*.8

〔*2*〕 カムとフォロワの間の力の大きさを R とすると $T=Rr_a\sin\beta$ であるから $R=\dfrac{T}{r_a\sin\beta}$ を得る。ゆえに $T_b=Rr_b=\dfrac{r_bT}{r_a\sin\beta}$ となる。

〔*3*〕 図 *A*.8 から $T=R\cdot r_a\sin(\rho+\beta)$ を得る。ゆえに $R=\dfrac{T}{r_a\sin(\rho+\beta)}$ を得る。したがって $T_b=R_nr_b=R\cos\rho\cdot r_b=\dfrac{r_bT\cos\rho}{r_a\sin(\rho+\beta)}$ となる。

6 章

〔1〕 節Dの揺動角は28°22′，節Bの揺動角は42°1′である。

〔2〕 節Aのモーメントの釣合いの条件は $Fl=Qs$ であり，節Cの釣合いの条件は $Q\cos\alpha=F'$ である。ゆえに $F'=Q\cos\alpha=(Fl/s)\cos\alpha$ を得る。l，$\cos\alpha$ がほぼ一定で $s\to 0$ となる。

〔3〕 角

$$\varphi=\tan^{-1}\frac{e}{\sqrt{(l-r)^2-e^2}}-\tan^{-1}\frac{e}{\sqrt{(l+r)^2-e^2}}$$
$$=\tan^{-1}\frac{e\sqrt{(l+r)^2-e^2}-e\sqrt{(l-r)^2-e^2}}{e^2+\sqrt{(l+r)^2-e^2}\sqrt{(l-r)^2-e^2}}$$

を用いて，早戻り比 $\dfrac{\theta_1}{\theta_2}=\dfrac{\pi+\varphi}{\pi-\varphi}$ を求める。

〔4〕 図6.12から

$$\tan\varphi=\frac{\overline{\mathrm{PH}}}{\overline{\mathrm{RH}}}=\frac{b\sin\theta}{b\cos\theta-a}$$

を得る。この式を微分し，$\dot{\theta}=\omega_b$，$\dot{\varphi}=\omega_d$ とおくと

$$\sec^2\varphi\ \omega_d=\frac{b\cos\theta(b\cos\theta-a)+b^2\sin^2\theta}{(b\cos\theta-a)^2}\ \omega_b$$

を得る。この式から

$$\frac{\omega_d}{\omega_b}=\frac{b^2-ab\cos\theta}{b^2-2ab\cos\theta+a^2}$$

を得る。

7 章

〔1〕 省略。

〔2〕 微分学の公式によって $\tan\alpha=dR/Rd\theta$（図A.9を参照）。この式に $R=r_0+f(\theta)$（r_0：基礎円の半径）を代入すると $\tan\alpha=f'(\theta)/\{r_0+f(\theta)\}$ となるので，$f(\theta)$ が同じなら，r_0 が大きいほど α は小さい。

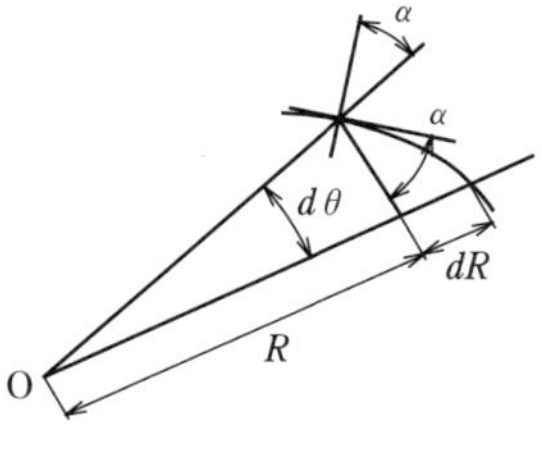

図 A.9

〔3〕 変位 x は $x=\overline{\mathrm{OH}}+\overline{\mathrm{G'P}}-\overline{\mathrm{OA}}=e\cos(\pi-\theta)+r-(r-e)=e(1-\cos\theta)$ である。速度は $v=e\omega\cos\theta$，加速度は $a=e\omega^2\cos\theta$ となる。

8 章

〔1〕 同じ大きさの放物線車を，接触点で接線に関し対称になるように配置し，一方の車Aの回転中心を無限遠，他方の車Bの回転中心を焦点にとれば，だ円の場合と同じように転がり接触する。車Aの回転中心は無限遠にあるから，転がり接触を続けるとき，車Aは並進運動をする。

〔2〕 $\rho_a/\rho_b=1/3$，$\rho_a+\rho_b=400$ から $\rho_a=100$ mm，$\rho_b=300$ mm を得る。

〔3〕 $2a=120$ mm，$2b=60$ mm から軸間距離 $=2a=120$ mm，離心率 $e=$

$\sqrt{a^2-b^2}/a=0.75$，$\varepsilon_{\max}=7$，$\varepsilon_{\min}=1/7$ を得る。

〔***4***〕 前半回転のための輪郭曲線は $\rho_a=\rho_{a_0}e^{\alpha\theta_a}$，$\rho_b=\rho_{b_0}e^{-\alpha\theta_b}$ とおくことができる。題意によって $\rho_{a_0}+\rho_{b_0}=400$，$\rho_{a_0}/\rho_{b_0}=1/3$。ゆえに $\rho_{a_0}=100$ mm，$\rho_{b_0}=300$ mm を得る。つぎに $\theta_a=\theta_b=\pi$ のとき $\rho_a/\rho_b=\rho_{a_0}e^{\pi\alpha}/\rho_b e^{-\pi\alpha}=3$。ゆえに $\alpha=\log_e 9/2\pi=0.350$。ゆえに $\rho_a=100e^{0.350\theta_a}$ mm，$\rho_b=300e^{-0.350\theta_b}$ mm を得る。後半回転のための輪郭曲線は，上の輪郭曲線を逆にしたものである。

〔***5***〕 式（*8.48*）によって $\varepsilon=\tan\varphi_a=\tan 40°=0.839$ となる。

9 章

〔***1***〕 $d_a=3\times18=54$ mm，$d_b=3\times45=135$ mm，$p=3\times\pi=9.42$ mm である。角速度比は $\omega_a/\omega_b=d_b/d_a=135/54=2.5$ である。

〔***2***〕 接触点における節 A，B の法線は，節 A，B の円形の部分の中心を結んだ線に一致する。図を書くと，$\omega_a t=45°$ のとき $\omega_b/\omega_a=45.6/63.8=0.715$。$\omega_a t=90°$ のとき $\omega_b/\omega_a=16.0/56.0=0.286$。$\omega_a t=135°$ のとき $\omega_b/\omega_a=-4.8/35.2=-0.136$ を得る。負号の意味は回転が逆向きになることである。

〔***3***〕 3 瞬間中心の定理を用いる三つの節として，歯形 A_0A_0'，B_0B_0' を持つ歯車 A，B およびこれらを固定している台枠 C を取り上げる。C に対する A，B の瞬間中心は，回転中心 O_a，O_b である。A，B の間の瞬間中心は，接触点において歯形 A_0A_0'，B_0B_0' に立てた法線と直線 O_a，O_b の交点 P である。

点 P は A，B の間で相対運動のない点である。点 P の軌跡を A，B 上に描いてそれをピッチ線とすれば，歯形の滑り接触による運動と，ピッチ線の転がり接触による運動は同一となる。以上のように定めれば，接触点において歯形に立てた法線はピッチ点を通る。

〔***4***〕 省略。

〔***5***〕 省略。

10 章

〔***1***〕 歯車 B，C は遊び歯車である。歯車 D の回転速度は

$$200\times\frac{50}{20}\times(-1)^3=-500\ \text{rpm}$$

したがって反時計方向に 500 rpm で回転する。

〔***2***〕 表 ***A.1*** から $\dfrac{\omega_d}{\omega_c}=1+\dfrac{z_a}{z_d}$

〔***3***〕 表 ***A.2*** において $\omega_a=2$，$\omega_c=x$，$\omega_d=-4$ とおくと

$$\omega_d=x+(2-x)\times\frac{60}{20}=-4$$

を得る。この式を解くと $x=5$ となり，腕 C を時計方向に 5 回転すればよいことがわかる。

表 A.1

	A	B	D	C
全体のり付け	ω_c	ω_c	ω_c	ω_c
腕　固　定	$-\omega_c$	$\omega_c\dfrac{z_a}{z_b}$	$\omega_c\dfrac{z_a}{z_b}\dfrac{z_b}{z_d}$	0
合成結果	0	$\omega_c\left(1+\dfrac{z_a}{z_b}\right)$	$\omega_c\left(1-\dfrac{z_a}{z_d}\right)$	ω_c

表 A.2

	A	B	D	C
全体のり付け	ω_c	ω_c	ω_c	ω_c
腕　固　定	$\omega_a-\omega_c$	$-(\omega_a-\omega_c)\dfrac{z_a}{z_b}$	$(\omega_a-\omega_c)\dfrac{z_a}{z_d}$	0
合成結果	ω_a	$\omega_c-(\omega_a-\omega_c)\dfrac{z_a}{z_b}$	$\omega_c+(\omega_a-\omega_c)\dfrac{z_a}{z_d}$	ω_c

11　章

〔**1**〕 厚さを無視した場合

$$\omega_b=\omega_a\times(d_a/d_b)=280\times250/400=175\ \mathrm{rpm}$$

厚さを考慮した場合

$$\omega_b=\omega_a\times(d_a+t)/(d_b+t)=280\times(450+6)/(400+6)=177\ \mathrm{rpm}$$

〔**2**〕 平行掛けの場合

$$\sin\gamma=(400-250)/(2\times3\,000)=0.025$$

ゆえに $\gamma=0.025\,0\ \mathrm{rad}$ となる。$\beta_a=\pi-2\gamma=3.09\ \mathrm{rad}=177°8'$，$\beta_b=\pi+2\gamma=3.19\ \mathrm{rad}=182°51'$ となる。

$l=\pi/2\times(d_a+d_b)+\gamma(d_b-d_a)+2a\cos\gamma=7\,023\ \mathrm{mm}$。

十字掛けの場合，$\sin\gamma=(400+250)/(2\times3\,000)=0.108\,3$，$\gamma=0.108\,5\ \mathrm{rad}$。

$\beta_a=\beta_b=\pi+2\gamma=3.359\ \mathrm{rad}=192°26'$ となる。

$l=(d_a+d_b)(\pi/2+\gamma)+2a\cos\gamma=7\,056\ \mathrm{mm}$ となる。

〔**3**〕 $2\theta=34°$，$36°$，$38°$ の順に $\mu'=0.47$，0.46，0.44

12　章

〔**1**〕 式（*12.40*）からヤコビ行列 $\boldsymbol{J}=[J_{ij}]$ の成分 J_{ij} は

$$J_{11}=-l_2\sin\theta_1\sin\theta_2-l_3\sin\theta_1\sin(\theta_2+\theta_3)$$
$$J_{12}=l_2\cos\theta_1\cos\theta_2+l_3\sin\theta_1\sin(\theta_2+\theta_3)$$
$$J_{13}=l_3\cos\theta_1\cos(\theta_2+\theta_3),$$
$$J_{21}=l_2\cos\theta_1\sin\theta_2+l_3\cos\theta_1\sin(\theta_2+\theta_3)$$
$$J_{22}=l_2\sin\theta_1\cos\theta_2+l_3\sin\theta_1\cos(\theta_2+\theta_3)$$
$$J_{23}=l_3\sin\theta_1\cos(\theta_2+\theta_3),\quad J_{23}=l_3\sin\theta_1\cos(\theta_2+\theta_3)$$
$$J_{31}=0,\quad J_{32}=-l_2\sin\theta_2-l_3\sin(\theta_2+\theta_3)$$
$$J_{33}=-l_3\sin(\theta_2+\theta_3)$$

〔**2**〕 式（*12.69*）に $\boldsymbol{f}=\{f_x \quad 0 \quad 0\}^T$ と問題〔*1*〕の，ヤコビ行列 J を代入すると

$$\tau_1=-\sin\theta_1\{l_2\sin\theta_2+l_3\sin(\theta_2+\theta_3)\}f_x$$
$$\tau_2=\cos\theta_1\{l_2\cos\theta_2+l_3\cos(\theta_2+\theta_3)\}f_x$$
$$\tau_3=l_3\cos\theta_1\cos(\theta_2+\theta_3)\,f_x$$

を得る。上式に直立の姿勢のとき $\theta_1=\theta_2=\theta_3=0$ を代入すると

$$\tau_1=0,\quad \tau_2=(l_2+l_3)f_x,\quad \tau_3=l_3f_x$$

を得る。これらは釣合いの条件から直ちに得られる結果である。

索　　　引

〖A〗

遊び歯車　*172*
圧力角　*116, 161*
圧力対偶　*6*

〖B〗

バックラッシ　*155*
倍力装置　*93*
ベルト　*182*
ベルト車　*182*
ベルト寄せ　*184*
ベネット機構　*16*
物体中心軌跡　*27*

〖D〗

だ　円　*133*
だ円車　*141*
だ円定規機構　*101*
大歯車　*152*
台　枠　*4*
段歯車　*152*
段　車　*188*
ダランベールの原理　*81*
導　円　*162*
動摩擦係数　*79*
動力学　*73*

〖E〗

永久中心　*19*
円板カム　*127*
エンドエフェクタ　*198*
円ピッチ　*155*
遠心力　*81*
円すいカム　*112*
円すい車　*143*
円筒カム　*112*
円筒歯車　*152*
円筒摩擦車　*138, 150*

〖F〗

フォロワ　*110*

〖G〗

外接触　*129*
外転サイクロイド　*162*
が　た　*155*
原動節　*4*
ギ　ヤ　*152*
互換かみ合い　*160*
グラスホフの定理　*89*
逆運動学　*198, 208*

〖H〗

歯　*150*
歯　厚　*155*
歯　車　*150*
歯車列　*168*
　──の値　*169*
歯車装置　*168*
歯　幅　*155*
ハイポイド歯車　*154*
歯　面　*154*
歯溝の幅　*155*
歯元の面　*154*
歯元の丈　*154*
反対カム　*112*
張り側　*190*
歯先円　*154*
歯底円　*155*
はすば歯車　*152*
はすば傘歯車　*153*
歯末の面　*154*
歯末の丈　*154*
早戻り比　*91*
早戻り運動　*91*
ハートカム　*123*
平行クランク機構　*96*
平行掛け　*182*
平行軸歯車　*152*
平面カム　*111*
平面フォロワ　*113, 125*
平面機構　*17*
平面連鎖　*11*
平面四節リンク機構　*87*
閉ループ方程式　*35*
変換マトリックス　*44*
引張り対偶　*6*
平歯車　*152*
不確動カム　*113*
フック継手　*106*
複　節　*10*

〖I〗

移動回転軸軌跡　*31*
移動中心軌跡　*27*
インボリュート歯形　*161*
インボリュート曲線　*165*
板カム　*111*

〖K〗

開連鎖　*197*
回転双曲面　*146*
回転双曲面車　*149*
回転スライダクランク
　機構　*97*
確動カム　*113*
角速度ベクトル　*70*
確実伝動　*140*

カ　ム　110
カム線図　117
カム装置　110
カミュ　159
冠歯車　153
冠　車　145
慣性力　81
慣性トルク　83
関　節　198
傘　車　143
傘歯車　153
加速度多角形　54,63,64,66
仮想変位　75
仮想仕事　75
　——の原理　75,217
片寄りクランク機構　99
片寄りカム　119
ケネディー　22
器　具　2
機　械　1
機　構　3
　——の解析　4
　——の拡張　98
　——の総合　5
機構学　3
基礎円　119,165
基準座標系　40
木の葉車　143
コリオリの加速度　50,71
コリオリ力　81
転がり円　162
転がり接触　128
転がり接触車　139,150
固定ベルト車　184
固定回転軸軌跡　31
固定連鎖　10
固定スライダクランク機構　97
固定中心　19
固定中心軌跡　27
工　具　2
公式法　173,176
拘束連鎖　10
拘束対偶　6
行　程　98
高次対偶　5,25
構造物　2
食違い軸歯車　153
クランク　87,90
クラウニング　183
クロススライダ連鎖　87
空間中心軌跡　27
空転ベルト車　184
曲面フォロワ　113
局所座標系　40
球面カム　112
球面機構　29
球面連鎖　104
球面両クランク機構　105
球面対偶　8
球面四節回転連鎖　104
球面四節リンク機構　104
求心加速度　50,71

〖M〗

曲がりば傘歯車　153
マイタ車　145
マイタ歯車　153
巻掛け伝動装置　181
巻掛け角　183
巻掛け中間節　181
摩擦角　79
摩擦係数　79
回り対偶　6
面対偶　5,7
モジュール　155
無拘束連鎖　10

〖N〗

内接触　130
内転サイクロイド　162
中　高　183
ねじ歯車　154
ねじ対偶　6
のど円　146
退き側　184

〖O〗

オルダム継手　101

〖P〗

ピニオン　152
ピストンクランク機構　97
ピッチ　33
ピッチ母線　151
ピッチ円　151
ピッチ円すい　151
ピッチ円筒　151
ピッチ曲線　120
ピッチ面　151
ピッチ線　151
ピッチ点　151
ポイントフォロワ　113,122
プーリ　182

〖R〗

ラック　152
ラプソンのかじ取装置　103
らせん変位　33
連　鎖　9
　——の置き換え　10
連　節　88
連接棒　88
リンク　198
輪郭曲線　130
リンク機構　86
立体カム　111
立体機構　17
立体連鎖　11,13
ロープ　195
ロープ車　195
ロボットマニピュレータ　197
ローラフォロワ　113,123
ルロー　2
両クランク機構　90
両フック継手　108
両スライダクランク連鎖　87
両てこ機構　90

〖S〗

差動歯車装置　176
差動傘歯車装置　177
作業器　198

作表法　174,177
サイクロイド歯形　161
サイクロイド曲線　162
3 瞬間中心の定理　22,30
静摩擦係数　79
静力学　73
線対偶　5,9
尖　点　120
線点対偶　5
節　4,10
思案点　92
シルベスタたこ　96
死　点　92
速度多角形　54,56,59
外かみ合い歯車　152
装　置　2
滑り座　88
滑り接触　128
滑り対偶　6
直歯傘歯車　153
スケルトン　4
スライダ　88
スライダクランク連鎖　87
進み側　184
斜板カム　113
写像法　56
小歯車　152
正面カム　111
瞬間回転軸　30
瞬間回転軸軌跡　31
瞬間らせん軸　33
瞬間中心　18
瞬間中心法　57

〖***T***〗

対　偶　5
対偶素　5
対数渦巻き線　134
対数渦巻き線車　142
太陽歯車　172
単弦運動機構　101
端面カム　112
単　節　10
低次対偶　5
適合条件　14
て　こ　87
てこクランク機構　90
点対偶　5,8
手　先　198
力多角形　74
特異姿勢　215
撓性節　10
撓性中間節　181
つ　ば　183
直動カム　111
頂げき　155
中間節　4
中心軌跡　27
中心固定の歯車装置　170
中心多角形　24

〖***U***〗

腕　168
内かみ合い歯車　152

〖***V***〗

V ベルト　193
V ベルト車　193

〖***W***〗

ウィットウォースの早戻り
　機構　100
ウォーム　154
ウォーム歯車　154
ウォーム車　154

〖***Y***〗

ヤコビアン　213
ヤコビ行列　213
やまば歯車　152
四節回転連鎖　87
四節リンク機構　87
揺動スライダクランク
　機構　97
緩み側　190
有効歯丈　155
遊星歯車　172
遊星歯車装置　172

〖***Z***〗

座標変換マトリックス　200
全歯丈　155
軸継手　95
実体カム　112
自由物体線図　74
自由度　7,11
自在継手　106
順運動学　198,204
従動節　4
十字掛け　182

―― 著 者 略 歴 ――

1963年　名古屋大学工学部機械学科卒業
1968年　名古屋大学大学院博士課程修了（機械工学専攻）
　　　　工学博士
1985年　名古屋大学教授
2004年　名古屋大学名誉教授
2004年　愛知工業大学教授
2013年　愛知工業大学退職

改訂 機 構 学
Study of Mechanisms

1983年 3月30日　初　版第1刷発行
2004年 4月 5日　初　版第21刷発行
2005年 4月28日　改訂版第1刷発行
2021年12月10日　改訂版第16刷発行

検印省略

著　者　安（やす）田（だ）仁（きみ）彦（ひこ）
発 行 者　株式会社　コロナ社
　　　　　代 表 者　牛来真也
印 刷 所　新日本印刷株式会社
製 本 所　牧製本印刷株式会社

112-0011　東京都文京区千石4-46-10
発 行 所　株式会社　コロナ社
CORONA PUBLISHING CO., LTD.
Tokyo Japan
振替 00140-8-14844・電話(03)3941-3131(代)
ホームページ　https://www.coronasha.co.jp

ISBN 978-4-339-04069-2　C3353　Printed in Japan　（柏原）